学术引领系列

国家科学思想库

未来10年
中国学科发展战略

农业科学

国家自然科学基金委员会
中国科学院

科学出版社
北京

图书在版编目(CIP)数据

未来10年中国学科发展战略·农业科学/国家自然科学基金委员会，中国科学院编.—北京：科学出版社，2011
(未来10年中国学科发展战略)
ISBN 978-7-03-032303-3

Ⅰ.①未… Ⅱ.①国… ②中… Ⅲ.①农业科学-学科发展-发展战略-中国-2011～2020 Ⅳ.①S-12

中国版本图书馆CIP数据核字（2011）第183241号

丛书策划：胡升华　侯俊琳
责任编辑：付　艳　王　玥／责任校对：陈玉凤
责任印制：徐晓晨／封面设计：黄华斌　陈　敬
编辑部电话：010-64035853
E-mail：houjunlin@mail.sciencep.com

科学出版社 出版
北京东黄城根北街16号
邮政编码：100717
http://www.sciencep.com
北京凌奇印刷有限责任公司 印刷
科学出版社发行　各地新华书店经销
*
2012年1月第一版　开本：B5（720×1000）
2021年1月第四次印刷　印张：22 1/2
字数：441 000

定价：108.00元

（如有印装质量问题，我社负责调换）

联合领导小组

组　长　孙家广　李静海　朱道本

成　员　（以姓氏笔画为序）

王红阳　白春礼　李衍达

李德毅　杨　卫　沈文庆

武维华　林其谁　林国强

周孝信　秦大河　郭重庆

曹效业　程国栋　解思深

联合工作组

组　长　韩　宇　刘峰松　孟宪平

成　员　（以姓氏笔画为序）

王　澍　申倚敏　冯　霞

朱蔚彤　吴善超　张家元

陈　钟　林宏侠　郑永和

赵世荣　龚　旭　黄文艳

傅　敏　谢光锋

战略研究组

组　长	武维华	院　士	中国农业大学
	陈焕春	院　士	华中农业大学
成　员	（以姓氏笔画为序）		
	方荣祥	院　士	中国科学院微生物研究所
	尹伟伦	院　士	北京林业大学
	邓秀新	院　士	华中农业大学
	卢永根	院　士	华南农业大学
	许智宏	院　士	中国科学院上海生命科学研究院
	孙其信	教　授	中国农业大学
	李　奎	研究员	中国农业科学院北京畜牧兽医研究所
	李振声	院　士	中国科学院遗传与发育生物学研究所
	吴孔明	研究员	中国农业科学院植物保护研究所
	张启发	院　士	华中农业大学
	罗云波	教　授	中国农业大学
	相建海	研究员	中国科学院海洋研究所
	顾铭洪	教　授	扬州大学
	蒋有绪	院　士	中国林业科学研究院

秘书组

组　长	孙其信	教　授	中国农业大学
副组长	罗　晶	研究员	国家自然科学基金委员会生命科学部
	薛　淮	副处长	中国科学院院士工作局
成　员	（以姓氏笔画为序）		
	邓秀新	院　士	华中农业大学
	李　奎	研究员	中国农业科学院北京畜牧兽医研究所

杨新泉	副研究员	国家自然科学基金委员会生命科学部
陈　越	研究员	国家自然科学基金委员会生命科学部
罗云波	教　授	中国农业大学

总序

路甬祥　陈宜瑜

进入21世纪以来，人类面临着日益严峻的能源短缺、气候变化、粮食安全及重大流行性疾病等全球性挑战，知识作为人类不竭的智力资源日益成为世界各国发展的关键要素，科学技术在当前世界性金融危机冲击下的地位和作用更为凸显。正如胡锦涛总书记在纪念中国科学技术协会成立50周年大会上所指出的："科技发展从来没有像今天这样深刻地影响着社会生产生活的方方面面，从来没有像今天这样深刻地影响着人们的思想观念和生活方式，从来没有像今天这样深刻地影响着国家和民族的前途命运。"基础研究是原始创新的源泉，没有基础和前沿领域的原始创新，科技创新就没有根基。因此，近年来世界许多国家纷纷调整发展战略，加强基础研究，推进科技进步与创新，以尽快摆脱危机，并抢占未来发展的制高点。从这个意义上说，研究学科发展战略，关系到我国作为一个发展中大国如何维护好国家的发展权益、赢得发展的主动权，关系到如何更好地持续推动科技进步与创新、实现重点突破与跨越，这是摆在我们面前的十分重要而紧迫的课题。

学科作为知识体系结构分类和分化的重要标志，既在知识创造中发挥着基础性作用，也在知识传承中发挥着主体性作用，发展科学技术必须保持学科的均衡协调可持续发展，加强学科建设是一项提升自主创新能力、建设创新型国家的带有根本性的基础工程。正是基于这样的认识，也基于中国科学院学部和国家自然科学基金委员会在夯实学科基础、促进科技发展方面的共同责任，我们于 2009 年 4 月联合启动了 2011～2020 年中国学科发展战略研究，选择数、理、化、天、地、生等 19 个学科领域，分别成立了由院士担任组长的战略研究组，在双方成立的联合领导小组指导下开展相关研究工作。同时成立了以中国科学院学部及相关研究支撑机构为主的总报告起草组。

两年多来，包括 196 位院士在内的 600 多位专家（含部分海外专家），始终坚持继承与发展并重、机制与方向并重、宏观与微观并重、问题与成绩并重、国际与国内并重等原则，开展了深入全面的战略研究工作。在战略研究中，我们既强调战略的前瞻性，又尊重学科的历史延续性；既提出优先发展方向，又明确保障其得以实现的制度安排；既分析各学科自身的发展态势，又审视各学科在整个学科体系和科技与经济社会发展中的地位作用；既充分肯定各学科已取得的成绩，又不回避发展中面临的困难和问题；既立足国内的现状与条件，又注重基础研究的国际化趋势。经过两年多的战略研究工作，我们不断明晰学科发展趋势，深入认识学科发展规律，进一步明确“十二五”乃至更长一段时期推动我国学科发展的战略方向和政策举措，取得了一系列丰硕的成果。

战略研究总报告梳理了学科发展的历史脉络，探讨了学科发展的一般规律，研究分析了学科发展总体态势，并从历史和现实的角度剖析了战略性新兴产业与学科发展的关系，为可能发生的新科技革命提前做好学科准备，并对我国未来10年乃至更长时期学科发展和基础研究的持续、协调、健康发展提出了有针对性的政策建议。19个学科的专题报告均突出了7个方面的内容：一是明确学科在国家经济社会和科技发展中的战略地位；二是分析学科的发展规律和研究特点；三是总结近年来学科的研究现状和研究动态；四是提出学科发展布局的指导思想、发展目标和发展策略；五是提出未来5～10年学科的优先发展领域以及与其他学科交叉的重点方向；六是提出未来5～10年学科在国际合作方面的优先发展领域；七是从人才队伍建设、条件设施建设、创新环境建设、国际合作平台建设等方面，系统提出学科发展的体制机制保障和政策措施。

为保证此次战略研究的最终成果能够体现我国科学发展的水平，能够为未来10年各学科的发展指明方向，能够经得起实践检验、同行检验和历史检验，中国科学院学部和国家自然科学基金委员会多次征询高层次战略科学家的意见和建议。基金委各科学部专家咨询委员会数次对相关学科战略研究的阶段成果和研究报告进行咨询审议；2009年11月和2010年6月的中国科学院各学部常委会分别组织院士咨询审议了各战略研究组提交的阶段成果和研究报告初稿；其后，中国科学院院士工作局又组织部分院士对研究报告终稿提出审读意见。可以说，这次战略研究集中了我国各学科领域科学家的集体智慧，凝聚了数百位中国科学院院士、中国工程院院士以及海外科学家的战略共识，凝结了参与此项工作的全体同志的心血和汗水。

今年是“十二五”的开局之年，也是《国家中长期科学和技术发展规划纲要（2006—2020年）》实施的第二个五年，更是未来10年我国科技发展的关键时期。我们希望本系列战略研究报告的出版，对广大科技工作者触摸和了解学科前沿、认知和把握学科规律、传承和发展学科文化、促进和激发学科创新有所助益，对促进我国学科的均衡、协调、可持续发展发挥积极的作用。

在本系列战略研究报告即将付梓之际，我们谨向参与研究、咨询、审读和支撑服务的全体同志表示衷心的感谢，同时也感谢科学出版社在编辑出版工作中所付出的辛劳。我们衷心希望有关科学团体和机构继续大力合作，组织广大院士专家持续开展学科发展战略研究，为促进科技事业健康发展、实现科技创新能力整体跨越做出新的更大的贡献。

前言

农业科学是关系到我国国民经济和社会发展的重要基础性学科，加强农业科学研究是推动现代农业发展和技术进步的重大需求，是提高我国农业和农业科技国际竞争力的战略选择，也是实施《国家中长期科学和技术发展规划纲要(2006—2020年)》的重要内容。为应对粮食安全、环境安全、生物安全、全球气候变化等国际性挑战，世界各国都非常重视农业科学研究，农业科学已成为生命科学与其他自然科学相互交叉的热点领域。目前我国农业科学整体水平与世界发达国家尚有较大差距，未来10年是我国农业科学跨越发展、缩短与发达国家差距、提高国家竞争力的战略机遇期。在这种背景下，研究未来农业科学的战略发展和科学布局意义重大，也非常迫切。为此，国家自然科学基金委员会生命科学部根据《关于国家自然科学基金委员会与中国科学院合作开展"2011～2020年中国学科发展战略研究"的联合工作方案》的总体部署，成立了农业科学战略研究组，在联合领导小组、联合工作组指导下，组织国内有关专家，开展了系统的农业科学战略研究工作。

农业科学是一门多学科交叉、理论与实践紧密结合的综合性学科。考虑到农业科学的分支学科较多、差别较大，在战略研究中，分别成立了作物学、园艺学、植物保护学、植物营养学、林学、畜牧学、兽医学、水产学、食品科学、农业生物组学等分支学科发展战略研究组，组织调研并形成各分支学科战略研究报告。在此基础上，通过多次集中研讨，形成本书初稿，并多方面征求意见。在中国科学院和中国工程院组织下，先后两次接受院士大会咨询。战略研究组根据咨询意见，对书稿进行了修改完善。

考虑到农业科学的学科特点，在章节内容安排上，采取农业科学总报告、各分支学科报告的方式。总报告有些内容是在分支学科报告基础上归纳凝练的，有些内容会略有交叉。总报告由战略研究组和秘书组撰写，各分支学科战略研究报告的主要负责和起草人为：孙其信（作物学）、邓秀新（园艺学）、吴孔明（植物保护学）、张福锁（植物营养学）、尹伟伦（林学）、李奎（畜牧学）、陈焕春（兽医学）、相建海（水产学）、罗云波（食品科学）、张启发（农业生物组学）。

本书是集体智慧的结晶。除“2011～2020年中国学科发展战略研究”联合领导小组、联合工作组和农业科学学科发展战略研究组、秘书组成员外，中国农业大学的李召虎教授和段留生教授、华中农业大学的匡汉晖教授、北京林业大学的翟明普教授等同志参与了“农业科学总论”的撰写，华中农业大学科技处的付裕贵同志在调研工作协调、会议安排等方面付出了辛勤劳动。还有其他许多农业科学领域的专家参与了分支学科调研、资料提供、报告编写、修改完善等相关工作，由于篇幅有限，难以一一列出，在此一并表示衷心的感谢。

感谢国家自然科学基金委员会、中国科学院、中国工程院、中国农业科学院、中国农业大学、华中农业大学等单位的大力支持。

感谢科学出版社及其编辑人员在文稿编辑和出版方面付出的大量辛勤劳动。

由于科学技术发展日新月异，调研和报告撰写时间比较仓促，难免有不足之处，恳请专家和读者指正。

武维华　陈焕春

农业科学学科发展战略研究组组长

2010年10月10日

摘要

一、学科战略地位

农业科学是研究农业发展的自然和经济规律的科学，是关系到国民经济社会发展的重要基础性学科。加强农业科学研究是推动现代农业发展和技术进步的重大需求，是提高我国农业和农业科技国际竞争力的战略选择，也是实施《国家中长期科学和技术发展规划纲要（2006—2020 年）》的重要内容。农业科学对推动生物、化学、医学、资源与环境等其他学科和相关技术发展有重要作用，是国家总体学科发展布局中的核心学科之一。农业科学已经成为生命科学与其他自然科学相互交叉的热点研究领域，正在成为现代农、林、牧、渔业高新技术应用、关键技术开发和技术体系集成的重要基础。目前我国农业科学整体水平与世界发达国家尚有较大差距，部分学科领域处于国际先进水平，未来 10 年是我国农业科学跨越发展、缩短与发达国家差距、提高国家竞争力的战略机遇期。

二、学科研究特点和发展态势

农业科学是一门多学科交叉、理论与实践紧密结合的综合性学科。其分支学科主要包括作物学、园艺学、植物保护学、食品科学、畜牧学、兽医学、水产学、农业生物组学等农业基础和交叉学科等。农业科学研究的对象主要是具有高度进化的形态特征、复杂的遗传生理基础的各种农作物、林木、畜禽、鱼类等。这些物种的生长发育与所处环境密切相关，并受到各种生物和非生物因素的限制，农业生产目标要同时考虑农产品产量、品质、环境等方面，因此农业科学具有复杂性、系统性和实践性的特点。

农业学科的发展规律主要体现在：人类食物需求、社会经济需求、环境生态需求和国家安全需求是农业科学不断发展的原动力；理论与实践紧密结合是农业科学发展的核心生命力，农业科学基础成果转化迅速，直接支撑农业和国民经济的发展；农业科学各分支学科之间及农业科学与生物学、化学、医学、资源与环境等学科的不断交叉渗透、协调发展是农业科学发展的重要方式。农业科学的基础性、公益性、前沿性突出，科研组织形式要在国家支持下，开展大联合、大协作。

近年来农业科学注重与基础生物学的交叉渗透，从多个学科、多个层次深入研究动植物高产、优质、高效、抗逆等农业基础科学问题，研究领域不断创新和拓展，为动植物产品高产、创造新种质、资源高效利用及环境保护等提供理论和潜在技术支撑。国内外学科发展状况和趋势集中表现为如下几点：粮食安全和农业需求压力持续加大，高产、高效、安全、优质生产仍是农业学科的研究主题；资源制约和生态环境压力日益加重，资源高效利用和可持续发展成为农业科学的重要研究方向；全球气候变化成为国际焦点，农业应对研究和低碳化发展势在必行；现代生命科学重大理论创新步伐加快，推动农业科学加速发展；农业科学与新学科的交叉渗透日益加强，农业生物组学已成为农业基础学科的前沿热点。

三、学科发展现状

随着国家对基础研究的重视和科研投入的不断增长，我国农业科学取得显著成绩，但是从整体上看，也存在不少问题，主要表现在：取得了一批有国际影响力的重大成果，国际地位不断提升，但与发达国家尚有较大差距；形成了较完整的农业科学学科体系，但自主创新性不足，对农业的支撑和服务能力尚待加强；农业学科平台、队伍建设不断加强，科研条件和装备水平不断改善，科研基地在建设数量和规模上得到快速发展，研究队伍在数量和质量上不断提升，但尚不能满足农业科技创新的需要；国家在推动农业科学学科发展、促进人才培养、营造创新环境等方面出台了一系列重要政策和举措，初步形成保障学科发展的政策体系，但尚需加大体制机制创新力度。

四、学科发展布局

未来10年，农业科学研究的指导思想和战略目标是：围绕“保证使我国在未来10～20年逐步成为世界农业基础科学创新与农业高新技术创新研究方面的先进国家”，瞄准世界农业科学基础研究发展的前沿，结合国家重大需求和农业发展的重大科学问题，加强原始性创新，在更深的层面和更广泛的领域进行重大农业科学问题的基础研究，提高我国自主创新能力和解决重大问题的能力，为国家未来发展提供科学支撑。

在未来10年农业科学的学科发展布局中，将面向我国农业生产和科技实际，继续巩固作物学、植物保护学、园艺学、畜牧学、兽医学、水产学、林学、食品科学等分支学科的主要研究领域。重点支持以揭示重要农业生物（植物、动物、微生物）生命活动、遗传改良、高效生产和调控相关的基础和应用基础研究，进一步推动我国在农业生产、食物安全、资源高效利用、生态环境保护、生物产业发展等方面基础研究的发展；以国家重大战略需求蕴涵的科学问题，把握国际学科发展态势，明确并优先发展一批我国有优势和特色的重点和前沿领域；大力提倡和鼓励学科交叉与合作，培植农业生物组学等新兴领域和学术生长点，促进源头创新。同时，依据农业科学各分支学科的特点、发展现状和趋势，继续深化传统优势学科领域，在作物学、植物保护学、畜牧学和兽医学等方面重点布局。此外，加强新兴学科发展，将食品安全、农业生物组学和农产品非食品利用等作为强化培育领域。在交叉学科发展布局方面，重点支持农业学科与气候学、生态学及生物学前沿领域的交叉和合作。

五、优先发展领域与重大交叉研究领域

未来10年农业科学优先发展领域为：

1）农业生物种质资源基因发掘、高通量评价。基因资源挖掘和利用已成为现代动植物育种的关键，对确保我国粮食、动物产品生产的可持续发展意义重大。该领域重点研究：农业生物起源、演化、基因克隆和高通量评价等。

2）主要农业生物重要性状遗传改良及分子设计育种。分子设计育种已成为引领生物遗传改良的最先进技术。该领域重点研究：农业生物重要性状的分子遗传机制和基因调控网络；基因互作及基因—环境互作；规模化分子标记开发；品种分子设计和基因聚合育种；杂种优势及利用的分子机制等。

3）主要农业植物水分、养分需求规律与高效利用机制。水分、养分等资源制约已成为农业发展的重大问题，资源高效利用的基础研究对提高生产效益、保护农田生态环境、实现可持续发展有重要指导意义。该领域重点研究：植物对水分高效利用的分子机制和调控；协调作物高产与环境保护的养分管理理论与技术；节水高效、区域农业用水调控及水土资源区域优化配置等。

4）主要农业植物高产、优质、高效栽培的生理机制和调控。高产、优质、高效一直是大田作物、园艺植物栽培和人工林管理的核心目标。阐明农业植物多基因复杂性状发生及其表达的分子机制，对新型超级作物品种培育、作物超高产、农业植物优质和高效栽培都有重要的理论与实践意义。该领域重点研究：作物超高产机制和理论途径；作物品质形成的机制和调控；农业植物高产、优质、高效协调形成规律；人工林培育和可持续生产的机制等。

5）农业植物对非生物逆境的响应和抗逆机制。我国农业生产区域辽阔，环境复杂，气候灾害频发，给植物生产造成巨大损失。但是目前对作物抗逆性的遗传规律、生理生态特征和分子机制的认识尚不够深入全面，限制了抗逆育种及栽培调控技术的开发与应用，加强这方面的基础研究，对提高育种效率，建立抗逆栽培技术体系有重要指导意义。该领域重点研究：重要植物响应逆境的分子机制和调控；植物抗逆性的遗传规律、生理生态和分子机制；植物逆境信号转导途径及调控网络等。

6）农业植物病虫害发生规律及防控机制。有害生物是影响我国农业持续、稳定和健康发展的重要障碍。该领域将为减轻农业生产损失、促进农产品持续增长提供保障和支撑。该领域重点研究：重要植物病、虫害发病规律；重要植物病虫害致害性的分子机制；农业植物抗/耐病虫害的机制；入侵有害生物的扩张机制及其预警等。

7）主要农业生物健康养殖基础。健康养殖是解决畜禽、水产疾病、农业动物产后安全和环境污染问题的根本出路，既是我国国情的现实需求，也是全球倡导绿色农业背景下的必然选择。该领域重点研究：优质、高产、强适应性、高免疫力及抗病性协调形成的规律和生理基础；逆境条件对畜禽机体健康的作用规律和机制；畜禽场温室气体排放和减排机制等。

8）主要农业动物营养高效利用机制和调控。畜禽、水产动物对营养成分的消化和利用是其生长发育的基础，是安全、优质、高效畜禽生产的保障。该领域重点研究：营养物质在动物体内生物合成、分解、定向转化的分子机制和调控途径；机体营养代谢类型为适应生长发育和生产而发生转化的信号调节机制等。

9）主要农业动物疾病发生规律和防控。我国动物疫病种类多而复杂，每年给我国畜牧、养殖、水产业带来巨大直接损失，严重制约我国动物生产的健康、稳定发展，部分人畜共患病呈上升态势，严重威胁人民健康和公共安全。该领域重点研究：重要动物疫病的病原学和病原生态学；病原与宿主的免疫识别和互作机制；重要动物疫病的病原学和病原生态学；基于重要普通群发病的营养调控和药物设计等。

10）食品营养和品质形成机制及调控机制。主要农产品产后生物学的应用基础研究是探索农产品有效、安全应用的基础。研究植物产品和动物产品产后、贮运以及加工过程中的生物学变化，探明食品营养和品质形成机制，明确调控机制，可以为建立高效安全的食品贮运、加工技术提供理论指导。该领域重点研究：农产品产后生物学；食品营养的生理生化基础；主要农畜产品品质生物学及对外源因子的应答机制；果蔬采后代谢及调控；动物产品产后品质形成与调控等。

11）食品安全预警及危害控制。食品安全已成为影响全球公众健康的首要问题。尽管，近年国内外已经开始针对食品安全问题展开研究，但是在食品中污染物质及潜在污染物质的预测分析和危害控制机制以及方法学基础研究仍然较为薄弱。该领域将重点研究：食品有害因子和污染物行为；动物源病原耐药性的产生、扩散机制与控制；食品有害因子和污染物的检测和风险评估等。

农业科学与其他学科的重大交叉领域为：

1）农业生物重要性状的生物组学研究。生物组学从整体水平研究农业生物生命活动及解决农业生产所面临生物学问题，将为农业生物的生命规律认识和遗传改良提供新的策略。该领域重点研究：农业重要农业生物的基因组结构和功能；农业生物重要性状的全基因组解析和调控网络；农业生物比较基因组学等。

2）主要农业生物对全球气候变化的响应和适应。全球气候变化已经成为当今世界关注的焦点。针对农业生物对气候变化的要求和响应，并充分利用农业生物自身的适应性机制，采取相应的环境调控措施，将是农业积极应对全球气候变化的必然趋势。该领域重点研究：农业植物应对气候变化的生理生化和分子机制；植物生产系统和农作制度对全球气候变化的响应与适应；气候变化下农业有害生物的演变规律和灾变机制等。

3）农林生产系统的环境生态互作机制和功能调控。随着农业生态系统环境压力的加大，农业生产导致的生态和环境问题日益凸现，迫切需要开展农业生产系统的环境生态互作和功能调控的基础研究，为农业生态系统的可持续发展和生态服务功能的提高提供理论基础和技术支撑。该领域重点研究：农林生物多样性与生态系统调控；植物—土壤—微生物的生态互作机制；农林生产系统可持续发展的生态学基础等。

4）农林生物资源多功能利用的生物学基础。农林生物资源的多功能开发是农业现代化进程中的必然和重要阶段，对促进农产品循环利用，提高增加农民收入、改善生态环境都有重要意义。该领域重点研究：能源、纤维、药用等特用植物产量和品质形成的机制与调控；木质纤维素降解转化的机制与调控；重要天然产物代谢、调控和分子生物学等。

六、国际合作交流

改革开放30多年特别是进入21世纪以来，我国农业科学领域国际合作取得长足发展，取得显著成就，呈现出良好的发展态势。主要表现在：国际合作的普及性明显提高；国际合作的对象进一步丰富和多元化；合作方式更加灵活和多元化，合作层次不断提高；对促进农业生产发展、改善研究单位科研手段、加速人才培养和提高科学研究能力都起到很大作用。我国要适应世界农业科学发展特点开展科技创新，赶超国际发达国家，高层次人才培养和学术队伍建设，服务国家外交等都迫切需求加强国际交流合作。结合目前农业科学相关的主要国际合作计划，确定国际交流的主要优先领域如下：农业生物组学；农业生物种质资源保护和利用；动植物分子设计育种；食品安全和检疫；植物病虫害防治；动物疾病防控；农业生态系统和应对全球气候变化；农产品加工与贮运；转基因生物安全；园艺作物栽培；生物质能源开发；水产健康养殖；蚕丝蛋白改良和综合利用等领域。

七、保障措施与建议

为加快农业学科发展和农业科学进步，提出如下政策和措施建议：①进一步提高国家对农业基础研究经费的投入。在国家自然科学基金、国家重点基础研究发展计划（“973”计划）等国家各类科技计划中，加大对农业科学的政策性倾斜，增加资助比例和支持力度，建立灵活有效的科技激励机制；结合国家中长期重大需求和科技发展规划，实施一批农业科学相关的重大科技专项、重大科学计划和重大科学工程。②努力改善农业基础研究的支撑条件。启动建设农业科学国家实验室；结合我国农业生产的区域特色，科学布局和重点建设一批农业科学领域的国家重点实验室等国家级农业科学基础研究平台和试验基地，保障一流学科建设和农业科学发展。③着力加强农业基础研究队伍建设。要加大人才培养和引进力度；“千人计划”（海外高层次人才引进计划）、“长江学者”特聘教授、国家杰出青年科学基金等人才计划和各类团队计划中，要充分考虑农业科学的特点，给以必要的倾斜；建立健全人才培养、引进和流动的良性机制，建设一支适应创新型国家建设需要的、有国际竞争力的、高水平农业科学研究队伍。④进一步提高农业国际合作交流工作的成效。加强基础研究国际合作，拓宽国际合作领域，采用灵活高效的合作交流方式，充分利用国际科技资源，促进农业学科跨越式发展。

Abstract

Agricultural sciences are the exploration of the natural and economic principles related to modern agriculture. They are of pivotal importance for the national economy and sustainability in China. Promoting agricultural research is a strategic decision aimed at improving global competitiveness of China. This strategy is an important component of the "*Guidelines on National Medium- and Long-term Program for Science and Technology Development* (2006-2020)". Agricultural science also is one of the core scientific disciplines and their development is expected to have broad impacts on other related disciplines including biology, chemistry, medicine, natural resources and environmental sciences. Furthermore, as interdisciplinary subjects they are influenced by life sciences and other natural sciences, and form an important foundation for the development of modern agriculture, forestry, animal husbandry, and fishery. Although in certain areas of agricultural sciences China has already established great reputations, a wide gap remains between the overall state of agricultural sciences in China and that in the developed world. Hence, it is critical for China to accelerate the development of agricultural sciences in the next 10 years in order to narrow down the gap and improve the national competitiveness.

By being practical, complex, and systematic, agricultural sciences include many sub-disciplines such as crop sciences, horticulture, plant protection, food science, animal science, veterinary medicine, fisheries science, agricultural "Omics", etc. The species of interest also are highly diverse both morpho logically and physiologically, including crops, trees, livestock, and fish. In the meantime, different biotic and abiotic factors must be taken into account in order to maximize the quality and yield of agricultural production, because the growth of all species is directly influenced by environmental conditions.

Due to the tight connection between agricultural sciences and basic sciences, subjects derived from agricultural sciences have expanded considerably. The expanded studies provide theoretical and technical bases for improving yield, creating new animal and plant germplasm, promoting the efficient use of resources, and ensuring environmental conservation and sustainability.

The overall advancement of agricultural sciences in China as well as the rest of the world is primarily driven by: a) increasing demands for high quality agricultural products; b) wide recognition of the roles that agriculture plays in improving environmental quality; c) responses to global climate changes and goals of reducing carbon footprint; d) innovations and discoveries in life sciences.

Currently, the rapid development of China's agricultural sciences faces the following major challenges:

1) Although a number of internationally recognized achievements have been made, the gap between the overall status of agricultural sciences in China and that of the developed world has not been satisfactorily eliminated.

2) Although a relatively comprehensive research system in many areas of agricultural sciences has been established, there are greater demands for fundamental innovations to serve and support agricultural needs.

3) The improvements in infrastructure and workforce do not yet allow us to meet our actual needs for agricultural innovations.

4) Although China has established a series of policies aimed at promoting agricultural disciplinary development, accelerating personnel training, and creating an innovative environment, these policies need to be optimized.

The strategic objectives of scientific research in agriculture over the next decade are as following: a) ensuring China to be one of the advanced countries in agricultural science research and high-tech innovation, b) standing at the world frontiers of basic research in agricultural science, c) incorporating both major national needs and scientific problems of agricultural development, and d) improving the capability of independent innovation and solving major problems.

For the agriculture research development in the next 10 years, the traditional areas, including crop sciences, plant protection, horticulture, animal husbandry, veterinary science, fisheries science, forestry, food science and others, will be continuously supported as required so that advancement will be made in agricultural production and technological development. Both basic and applied research areas will be supported. These areas include subjects of genetic improvement, efficient production and regulation of the important agricultural organisms (plants, animals, microorganisms), food safety, efficient use of resources, environmental protection, biotechnology, and other scientific problems related to major national strategic demands. It is expected that China' s agricultural science research will keep up with the global developmental trend. Priorities will be given to a number of key areas that are specifically important to the country. It is encouraged to develop interdisciplinary and emerging areas, such as agricultural Omics, food security, non-food utilization of agricultural products.

Priorities are given to the following areas of agricultural sciences:

1) Gene discovery from agricultural germplasm and high-throughput functional evaluation. To help ensure the sustainable agricultural production, the discovery and utilization of genetic resources have become major foci in modern plant and animal breeding. Research in this area mainly focuses on understanding the domestication of major agricultural species, gene cloning and high throughput evaluation of agriculturally important species.

2) Improvement of agronomically important traits by molecular breeding. Molecular breeding is the most advanced technology for trait improvement. Research in this area mainly focuses on understanding molecular and genetic mechanisms, defining gene regulatory networks of agronomically important traits and gene/gene interactions as well as environmental impacts on gene expression , large-scale development of molecular markers, variety development through genome-wide design assisted by molecular makers and gene pyramiding, and discovering molecular mechanisms responsible for heterosis and its utilization.

3) Enhancing the efficiency of water and nutrient utilization by crop plants. Constraints of water, nutrients and other resources have become major issues in agricultural development. Basic research in efficient utilization of these resources will have great impacts in increasing crop productivity and protection of the environment in order to achieve sustainable development. Research in this area

mainly focuses on molecular mechanisms that regulate water utilization by plants; development of nutrient management theory and technology to reach balances in crop yield and environmental protection; water conservation and efficient regulation of regional agricultural water use, and optimal allocation of regional water resources, etc.

4) Physiological mechanisms responsible for the cultivation of high yield, high quality, and high efficiency crops. High yield, quality and efficiency are always the core objectives for the management of field crops, horticulture and plantations. It is both theoretically and practically important in order to develop new high yield crop varieties and to understand molecular mechanisms responsible for genetic regulation of complex agronomic traits in plants. Research in this area mainly focuses on mechanisms that are responsible for high crop yield and quality, as well as efficient nutrient use by plants; development of artificial forest and its sustainable production, etc.

5) Responses to abiotic stresses by crops and understanding mechanisms that regulate stress resistance. China's agricultural system suffers from huge losses due to its wide area, complex environment and frequent climatic disasters annually. But the current knowledge about crop resistance against abiotic stresses and the inheritance of corresponding traits is incomplete, and related regulatory mechanisms have not been fully understood yet. Thus the knowledge gap limits the development and application of breeding and cultivation technology. Furthermore, strengthening basic research in this area will focus on the following aspects: the molecular mechanisms that regulate responses of agriculturally important plants to abiotic stress, the inheritance of plant stress resistance traits, physiological and ecological aspects of plant stress resistance and the underlying molecular mechanisms, signal transduction pathways of plant stress response and its regulatory networks, etc.

6) The occurrence and prevention of plant diseases, and mechanisms of plant responses to biotic stresses. Insect pests form a major obstacle that hinders sustainable, stable and healthy development of China's agriculture. This area of research will provide support aimed at reducing losses of agricultural productivity. Future research will focus on occurrence characteristics of pests causing important plant diseases, molecular mechanisms behind resistance

against major plant pests and diseases , patterns of disease epidemics and early warning systems of new invasive species.

7) The fundamentals of healthy production of livestock. Healthy production reduces the occurrence of diseases in livestock, poultry, and fisheries, and minimizes environmental pollution. Healthy feeding not only will meet the need of the nation, but also become the choice by the global green agriculture concept. Future research of this area should focus on: the physiological basis that coordinates high quality and yield, strong adaptability, immunity and disease resistance, the impact of adversity on the animal health; the impact of greenhouse gas emission and procedures aimed at reducing these emissions.

8) Efficient nutrition usage and its regulation in livestock. Nutrient digestion and utilization by livestock and aquatic animals are of fundamental importance to their growth, as well as to the resulting food production, safety, and quality. Future research in this area should focus on: understanding pathways and mechanisms that regulate digestion of food and conversion of food into animal products, and signaling systems that coordinate metabolic pathways in order to achieve optimal growth, development and production, etc.

9) Occurrence of major agricultural animal diseases and their prevention and control. In China, animal diseases are diverse and complex. Each year diseases cause drastic direct losses in crops, livestock, poultry and aquaculture. In addition, zoonotic diseases threaten people's health and public safety. Future research of this area should focus on: nosetiology and pathogen ecology of important animal diseases, immune recognition and interaction mechanisms between pathogens and hosts, nutrition regulation and drug design based on important general epidemics, etc.

10) Food nutrition and quality. The development of nutritious, high-quality agricultural products is dependent on the application of fundamental research on the postharvest biology of major agricultural products. Understanding food nutrition and quality will benefit from the establishment of sophisticated technologies through the research on physiological changes of plant and animal products in the process of postharvest, storage and processing. Future research of this area should focus on: the postharvest biology of agricultural products, the physiological and biochemical basis of nutrition, the effects of exogenous factors

on the quality of major agricultural and livestock products and the mechanisms associated with such changes, etc.

11) Food safety. Food safety has significant impacts on human health. In recent years, the importance on studies related food safety has been widely recognized. However, the research in the following aspects needs to be strengthened: predictive analyses of the effects of food pollutants and potential pollutants and the related mechanisms, and methods of risk control. Thus, future research in this area should focus on: mechanisms by which harmful factors and pollutants affect food safety and those by which drug resistant animal pathogens arise and spread, and are detected and controlled.

Major interdisciplinary interactions between agricultural sciences and other fields include:

1) "Omics" -based studies of major agronomic traits. Newly developed Omics technologies have been widely applied in life sciences and studies aimed at solving agriculturally important problems at the systems level. Thus they will provide new strategies and result in novel insights which would accelerate trait incorporation and improvement in agricultural species. In this field, the key study areas include structural and functional genomics of important agricultural species, genome-wide analyses of major agronomic traits and related regulatory networks, comparative genomics of agricultural species, etc.

2) Responses of important agricultural species to global climate changes and adaptation. Global climate changes have drawn worldwide attentions. The corresponding environmental regulations are taken according to responses of crops to the climate changes and the findings in agricultural studies, in addition to the effective uses of the auto-adaptive mechanisms of the agricultural eco-systems. The outcome of related studies will result in predicting trends of future agricultural practices in response to global climate changes. In this field, the key study areas include the physiological, biochemical and molecular mechanisms by which crops respond to climate changes, the response and adaptation of agricultural production systems and their pests to global climate changes, and the mechanisms by which natural disasters could occur as a result of global climate changes, etc.

3) Environmental and ecological systems and their functional regulation of

agricultural and forest production systems. With increased environmental pressures on agricultural ecosystems, the ecological and environmental problems resulted from agricultural production have become increasingly evident. Therefore, there is an urgent need to conduct basic research on environmental and ecological systems and their functional regulation of agriculture-forest production systems. The outcome will provide the theoretical foundation and technical support for the sustainable development and improvement of the eco-service functions of the agricultural ecosystem. In this field, the key study areas include defining the biological diversity of agriculture-forest systems and ecosystem regulation, the interactive ecological mechanisms regarding plants, microorganisms, and soil, the ecological basis of sustainable development in agriculture-forest production systems, etc.

4) Biological basis of the multifunctional use of agricultural forest resources. The multifunctional exploitation of agricultural forest resources is an integral component of modern agriculture. It is important to promote recycling of agricultural products, increase the income of farmers and improve the environment. In this field, the key study areas include understanding mechanisms underlying yield and quality formation and the regulation of the special crops including energy, fiber and medicinal crops, mechanisms that regulate lignin biosynthesis and decomposition; molecular biology of important natural metabolic products and related regulatory mechanisms.

In the past 30 years, China has made great progresses in boosting international cooperation and exchange in the field of agricultural sciences. These progresses have promoted agricultural development, improved technological development, accelerated the training of scientific talents, and enhanced national research competence. Future international cooperation and exchange programs are aimed at minimizing the scientific gap between China and the developed world, training elite researchers, and establish world-renowned research laboratories. Considering the focus of the current primary international cooperation programs in agricultural sciences, the priority is given to the following areas: agricultural genomics, conservation and utilization of germplasm resources, molecular breeding of crops and livestock, food safety and quarantine, control of crop diseases and pests, control and prevention of livestock diseases, responses of agricultural ecosystems to global climate changes, the processing and storage of agricultural products, the safety of genetically modified organisms, cultivation of horticultural crops, development of renewable bioenergy sources, production of healthy aquatic systems, and improvement and utilization of silk proteins.

In order to accelerate the development of agriculture and agricultural sciences, the following policy measures are suggested: a) To increase national funding for fundamental agricultural research. In the national science and technology funding systems, such as that of the National Natural Science Foundation of China and the 973 projects, both the total amount of funding and the funding rate for agricultural sciences need to be increased. There are also needs to establish flexible and effective award mechanisms for the development of agricultural science and technology. b) To improve the infrastructure of fundamental agricultural research. National laboratories focused on agricultural sciences need to be established. Based on the regional characteristics of agricultural production, a system of national agricultural research platforms and test bases, such as state key laboratories, need to be established. c) To enhance agricultural research workforce. In order to attract and promote scientific talents, mechanisms such as the "One Thousand Scholar Program", Cheung Kong Scholar Chair Professorships, National Outstanding Youth Foundation and other scientific workforce improvement programs must be implemented. d) To promote the effectiveness of international cooperation in basic research. Flexible and efficient mechanisms shall be employed to further develop international cooperation for the advancement of agricultural sciences in China.

目录

第一章

农业科学总论

农业科学是研究农业发展的自然和经济规律的科学，是一门多学科交叉、理论与实践紧密结合的综合性学科。农业科学不仅是农业发展的基础，还是经济发展、社会稳定、国家自立的重要科技支撑。农业科学已经成为生命科学与其他自然科学相互交叉的热点研究领域，正在成为现代农、林、牧、渔业高新技术应用、关键技术开发和技术体系集成的重要基础。目前我国农业科学整体水平与世界发达国家尚有较大差距，部分学科领域处于国际先进水平，未来10～20年是我国农业科学跨越发展、缩短与发达国家差距、提高国家竞争力的战略机遇期。做好农业科学发展战略研究和规划，对农业科技进步、农业经济又快又好发展、建设创新型国家都有重大意义。

第一节　战略地位

农业科学不仅关系到国民经济和社会发展，而且是农业发展和技术进步的必要支撑。发展农业科学是提高我国科技和农业国际竞争力的战略选择，是实施《国家中长期科学和技术发展规划纲要（2006—2020年）》（以下简称《纲要》）的重要内容，在国家总体学科发展布局中有重要地位。

一、农业是国民经济社会发展的重要基础

农业是我国国民经济的基础，是关系到经济发展、社会稳定和国家自立的全局性重大战略行业。农业处于经济链条的前端，它为工业提供原材料的同时，又是生产资料和生活资料的巨大市场。根据国家统计局发布的数据，2009年我国国内生产总值（GDP）为335 353亿元，其中农业增加值为35 477亿元，占

GDP的10.58%。随着我国综合国力的不断增强，虽然农业增加值在GDP中的比重还会不断下降，但是农业对宏观经济的巨大拉动潜力将会逐渐释放出来。农业发展是我国经济社会又快又好发展的基础。

“民以食为天”，我国是一个人口众多的农业大国，粮食安全始终是关系国民经济发展、社会稳定和国家自立的全局性重大战略问题，对建设社会主义新农村和全面建设小康社会都有重要意义。目前我国粮食生产能力为5.3082亿吨，粮食平均单产为4743千克/公顷，2009年中国人均粮食占有量只有398千克。我国《农业及粮食科技发展规划（2009—2020年）》指出，到2020年我国粮食综合生产能力要达到5.5亿吨以上。粮食供求在未来将处于紧平衡状态，水稻、小麦、玉米、棉花、油菜、大豆等重要农作物和各类水果、蔬菜的生产在保障食物供应和粮食安全、在促进国民经济产业结构优化和社会稳定方面起着举足轻重的作用。农业动物（含家畜、家禽、水产、特种经济动物和驯养昆虫等）在提供动物性蛋白食物和轻工原料、改善居民膳食结构和提高平均营养水平等方面均发挥了至关重要的作用，这些都离不开农业科学的发展。

二、加强农业科学研究是发展现代农业的重大需求

新中国成立60多年来，特别是改革开放30余年来，我国农业农村发生了翻天覆地的变化，农业综合生产能力显著增强，农产品供给状况持续好转，农民收入稳定增加，农村经济结构不断优化，人民生活实现了由温饱不足向总体小康的历史性跨越。农业科技进步对农业发展的贡献巨大，并已成为推动我国农业农村经济发展的决定性力量。“十一五”期间，我国农业科技取得了一系列重大成就，科技进步对农业增长的贡献率为48%，但仍显著低于发达国家的60%～80%。目前我国农业科技发展仍然不能满足发展现代农业的迫切需求，亟须加快发展步伐。没有农业科学的发展，就谈不上农业科技的进步，就谈不上农业现代化。

发展农业科学已成为农业发展和技术进步的紧迫需求。当前，我国农业已经跨入由传统农业向现代农业加速转变的新阶段，但是我国自然资源的硬约束不断增强，人均耕地、水资源量明显低于世界平均水平；粮食、棉花等主要农产品的需求呈刚性增长，农业增产、农民增收和农产品竞争力增强的压力将长期存在；农业结构不合理、产业化发展水平及农产品附加值低；食物安全、生态安全问题依然严峻，严重制约农业的可持续发展。我国的基本国情及面临的严峻挑战，决定了必须把科技进步作为解决“三农”问题的一项根本措施，大力提高农业科技水平，加大先进适用技术推广力度，突破资源约束，持续提高农业综合生产能力，加快建设现代农业的步伐。要解决这些农业发展中的问题，归根结底要靠农业科学的发展和进步。

三、发展农业科学是提高我国农业和农业科技国际竞争力的战略选择

纵观全球，许多国家都把强化科技创新作为国家战略。从国际上看，我国将长期面临发达国家在经济、科技等方面占有优势的巨大压力。经济全球化加剧了农业的国际竞争，农业竞争实质上就是科技竞争，也就是农业科技自主创新能力的较量。由于农业的重要战略地位，特别是进入 21 世纪，新科技革命迅猛发展，生命科学和信息技术日新月异，多学科交叉的农业科学已经成为国际科技竞争的主战场之一。尽管新中国成立 60 多年来，我国在农业科技方面取得了杂交水稻等巨大成就，但是与发达国家相比，总体水平还有较大差距。我国要在激烈的国际竞争中掌握主动权，就必须把握国际发展前沿，立足于我国国情，围绕国家重大战略需求和农业科学中的重大科学问题，增强农业科技自主创新能力，抢占农业科技制高点；同时，应对未来挑战，超前部署前沿基础研究，有效增加科技储备，提高持续创新能力。从总体上提升我国农业科技水平，增强农业的国际竞争优势。

四、发展农业科学是实施《纲要》的重要内容

《纲要》明确提出了我国科学技术的中长期发展目标，其中之一是：经过 15 年的努力，农业科技整体实力进入世界前列，促进农业综合生产能力的提高，有效保障国家食物安全。《纲要》中明确把农业作为重点发展领域，并提出 9 个优先主题，即种质资源发掘、保存和创新与新品种定向培育，畜禽水产健康养殖与疫病防控，农产品精深加工与现代储运，农林生物质综合开发利用，农林生态安全与现代林业，环保型肥料、农药创制和生态农业，多功能农业装备与设施，农业精准作业与信息化，现代奶业都是农业科学的研究领域。另外，在能源、水和矿产资源、环境、公共安全等重点领域中，有不少优先主题都与农业科学有关。例如，能源领域中的可再生能源低成本规模化开发利用；水和矿产资源领域的水资源优化配置与综合开发利用、综合节水、海洋资源高效开发利用、综合资源区划；环境领域的综合治污与废弃物循环利用、生态脆弱区域生态系统功能的恢复重建、海洋生态与环境保护、全球环境变化监测与对策；公共安全领域的食品安全与出入境检验检疫、突发公共事件防范与快速处置、生物安全保障、重大自然灾害监测与防御等。《纲要》中还把农业科学为基础的“转基因生物新品种培育”列为重大专项，把“农业生物遗传改良和农业可持续

发展中的科学问题”列为面向国家重大战略需求的基础研究。

五、农业科学与其他学科的交叉日益广泛

农业科学是国家总体学科发展布局中的核心学科之一，同时农业科学与生物学、化学、能源科学、信息科学、材料科学等非农业学科的交叉渗透不断增强，交叉学科和领域不断增加，农业科学在研究范围不断拓展、研究水平不断提升的同时，有力促进了其他非农业学科的发展和应用。

基础农学学科是生物学科的一个分支，其基础研究极大促进了生物学科的发展。首先，农业生物有着丰富的表型变异，对表型变异的机制研究推动了遗传学和数量遗传学理论的发展。农业生物遗传变异的鉴定和功能研究促进了功能基因组学的发展，如水稻中控制产量、抗逆以及品质等性状的基因鉴定；动物中影响皮特兰猪瘦肉率和应激的氟烷基因，影响皮尔蒙特牛双肌表型的抑制素基因等。农业动物器官发育的遗传机制、体细胞克隆机制等方面研究，丰富和发展了发育生物学的相关理论。其次，农业生物基因组研究丰富和拓展了基因组学、进化生物学以及生物信息学等方面的内容。

农业动物为生命科学和医学提供了重要研究模型。兽医学与医学有共同的基础理论和治疗准则，而且农业动物遗传性疾病的机制研究有助于理解相应人类疾病的发病机制，人畜共患传染病的研究、动物外科手术等动物疾病为模型的研究，促进了人类医学的发展。此外，预防医学、公共卫生学、比较医学已成为兽医学和医学共同发展的学科。

蚕学研究拓宽了材料科学研究领域。蚕学基础研究，特别是蚕丝结构与功能研究，推动了仿生材料学、生物材料学的发展。20世纪以来，人们模仿蚕吐丝的过程研制了各种化学纤维的纺丝方法；利用蚕丝原料的人体易吸收性，作为生物材料运用到临床上，可以帮患者大大降低医疗费用；此外，蚕丝纤维形成与改性的基础研究有助于发展用于国防和航天领域的高分子材料，如防弹衣等。

动物行为学，尤其是蜜蜂的舞蹈行为和社会化行为方面的研究，促进了行为科学、社会生物学的发展。卡尔·冯·弗利（K. Von Frisch）所进行的蜜蜂舞蹈行为调查研究丰富了动物行为学的内涵，促进了行为学的发展；弗利对蜜蜂社会行为的研究是社会生物学形成的基础之一。

随着农业学科发展的不断深入，部分研究领域催生了一批新兴、前沿技术，如动物体细胞克隆技术、植物转基因技术、动植物分子设计育种技术等。同时，这些技术的诞生又极大地促进了农业学科的发展，满足了农业发展的科技需求。农业学科发展还丰富了已有技术的内涵，如DNA条形码技术、分子诊断技术、农业信息技术等，使得这些技术的应用更为广泛。

第二节　发展规律与发展态势

一、学科内涵

农业科学是研究农业发展的自然和经济规律的科学，是一门多学科交叉、理论与实践紧密结合的综合性学科。其分支学科主要包括作物学、植物保护学、园艺学、植物营养学、林学、畜牧学、兽医学、水产学、食品科学、农业生物组学等农业基础和交叉学科等。

作物学是以高等栽培植物（农作物）为研究对象，充分利用自然资源（水、肥、光、热等）进行大规模高效生产的科学。是整个农业科学的核心学科之一，是农业发展的战略基础学科。作物学涵盖作物遗传育种学、作物栽培与耕作学、作物生理学、作物种子学等二级学科。

园艺学是研究园艺作物起源与分类、种质资源、遗传育种、栽培管理、病虫害防治及采后处理、贮藏加工等应用技术与原理的综合性学科。园艺学包括果树学、蔬菜学、观赏园艺学、设施园艺学、茶学等二级学科。

植物保护学是研究植物病害、虫害、草害和鼠害等有害生物的种类识别、生物学特性、发生规律、危害损失、成灾机制以及防治策略与技术的多学科交叉的综合性学科。其分支学科包括植物病理学、农业昆虫学、农田草害、农田鼠害、植物化学保护、生物防治、农业有害生物检疫与入侵生物学和植物保护生物技术等。

植物营养学是研究土壤物质的形态转化、植物吸收、运输和利用的规律以及植物与外界环境之间物质和能量交换的科学。它以土壤—植物系统为对象，涵盖植物营养的土壤过程、植物营养生理、植物营养遗传与改良、根际互作与调控、肥料与施肥、养分资源与养分循环及土壤—植物系统的环境效应与污染控制等 7 个二级学科方向。

林学是研究森林的形成、发展、经营管理以及保护利用的理论与技术的科学，是以林木和环境为主要研究对象的综合性学科。一般包括森林植物学、森林土壤学、林木遗传育种、森林培育、森林经理、森林保护、野生动植物保护、园林植物与观赏园艺、水土保持与荒漠化防治、木材物理与林产化学等二级学科。

畜牧学是研究与畜牧生产有关理论和技术的科学，是促进畜牧业发展的基础，涉及农业动物和经济动物的遗传育种、繁殖、饲料营养、饲养管理、草地与饲料生产、环境卫生、畜产品加工等学科内容。

兽医学是研究预防和治疗家畜疾病的科学。二级学科包括家畜解剖学、家畜组织学和胚胎学、家畜生理学、家畜病理学、兽医药理学、兽医微生物学和家畜传染病学、家畜寄生虫学和寄生虫病学、家畜内科学、家畜外科学、家畜产科学、中兽医学等。

水产学是管理和理解渔业的学科，是研究可成为“水产品”的水生生物、其生存环境和人类社会相互作用的过程与规律的科学。包括水产养殖、捕捞学、渔业资源等二级学科。

食品科学是应用生物学、化学等基础科学及工程知识来研究食品的物理、化学及生化性质，食品败坏的原因及食品加工原理的一门科学。涉及的学科领域包括食品化学、食品生物化学、食品品质学、营养学、食品微生物学、食品安全、食品工程、卫生学和物流学等，当前热点包括食品营养与健康、食品贮藏与保鲜、食品加工基础理论、食品安全与质量控制四个方面。

农业生物组学是以一系列新技术新方法为基础，系统研究农业生物生命活动规律的新兴交叉学科。主要包括基因组学、功能基因组学、代谢组学和蛋白质组学等研究领域。

二、学科发展规律和特点

（一）学科发展特点

农业生产和农业科学研究的对象主要是具有高度进化的形态特征、复杂的遗传生理基础的各种农业动物、农业植物，如作物、林木、畜禽、鱼类等。这些物种的生长发育与所处环境密切相关，并受到各种生物和非生物因素的限制。因此，在制定农业科学发展战略时，必须充分认识和考虑农业科学的复杂性、系统性和实践性的特点，围绕农产品产量、品质、环境等方面开展研究。

（二）学科发展规律

作为重要的基础性学科，农业科学学科发展的进步对推动生物、医学、资源与环境、能源等学科的发展发挥了重要作用，并且正在成为现代农、林、牧、渔业高新技术应用、关键技术开发和技术体系集成的重要基础。农业科学的学科发展规律主要体现在以下几个方面。

1. 人类和社会、国家需求是农业科学不断发展的原动力

农业是人类衣食等最基本需求的根本来源。随着人口增长、生活水平的提高，人们对主要农产品的需求持续增长，特别是随着农业资源的日益紧缺，全球粮食危机不断，农业已经成为关系到人类生存和健康、社会稳定和发展、国家自立和安全的重大战略基础。这些重大战略需求都是驱动农业科学不断发展的源头动力。应对资源、环境、能源压力，支撑农业植物、农业动物的高产、高效、安全、优质生产一直是农业科技的主题，围绕相关科学问题的基础研究更成为农业科学研究的重点，将为确保人类社会和谐发展提供知识基础和技术支撑。

2. 理论与实践紧密结合是农业科学发展的核心生命力

理论与实践的结合是农业科学学科发展的重要规律和特点。农业科学研究的问题多来源于农业生产实践，农业科学基础研究的突破，又引发农业技术的更新，成果迅速转化后，直接促进农业的发展，支撑农业和国民经济的发展。从植物营养基础研究到施肥增产、半矮秆基因到“第一次绿色革命”、杂种优势利用到杂交水稻的推广、基因工程到抗虫棉大面积商业化生产，这些都是农业科学基础理论突破与重大应用成果有机结合的范例。我国在超级杂交水稻、多倍体小麦、双低油菜等动植物新品种培育，禽流感疫苗、生物农药等动植物疫病防控，节水、节地、节肥、节药等节约型技术，设施农业、现代农业装备等方面取得和推广的一大批重大原创性成果，这些都与农业科学基础研究的发展紧密相关。目前农业科技竞争的全球化、激烈化趋势明显，从基础研究到生产应用的转化步伐显著加快，我国要在国际竞争中把握主动权，必须加快农业科学基础研究和前沿领域的原始创新。

3. 多学科交叉综合、协调发展是农业科学发展的重要方式

农业科学是一个涵盖多个分支学科的综合性大学科。农业科学与生物学、化学、医学、资源与环境、能源等学科的交叉渗透，相互促进发展，随着现代科学技术的发展，这种发展规律表现更为突出。生命科学的迅猛发展是农业科学进步的强大推动力，随着基因工程、蛋白质工程、发酵工程、酶工程、细胞工程、胚胎工程技术等生物技术的日趋成熟和应用，引发了农业科学研究的根本性变化，不仅对农业生物的认识深入到分子水平，而且增加了工程操作的可行性。农业科学正从多个学科、多个层次深入研究动植物高产、优质、高效、抗逆等农业基础科学问题，研究领域不断拓展，这些都为动植物产品生产、新种质创造、资源高效利用及环境保护提供理论和潜在技术支撑。同时农业科学的发展，

也为相关学科不断提出新的问题，提供研究模型，促进其他学科的发展。

三、学科国际发展状况与趋势

总体来看，近年来国内外农业科学学科发展状况和趋势集中表现为如下几点。

（一）粮食安全和农业需求压力持续加大，高产、高效、安全、优质生产仍是农业科学的研究主题

从世界范围看，人口持续增长和生活水平提高，对农产品的需求不断增加，而耕地、水等资源不足对农业的制约日益加强。因此未来5～10年，农业植物、农业动物的高产、高效、安全、优质生产仍是农业的主题，围绕相关科学问题的基础研究将仍是农业科学的重点。预计到2030年，我国人口将达到16亿，要在稳定解决温饱的基础上，满足城乡居民食品多样化的消费需求，今后30年内粮食生产能力要提高1.5亿～2亿吨。要在粮食播种面积保持在1亿公顷的基础上，粮食单产必须提高到6450千克左右的水平。实现这一目标从根本上要靠农业科技的发展。

目前，国际范围内对作物超高产理论和技术的探索正蓬勃开展，提高农业生物对光能、水分、营养等资源的利用率，挖掘生产潜力，建立超高产、高效、安全生产理论与技术体系是未来10年农业科学的主战场。积极应对全球性气候变化，如何有效控制病、虫、草、鼠等生物危害，干旱、盐碱、高温等非生物逆境，探索粮食、果菜、林木、畜禽、水产等可持续、高效、轻简生产的理论和技术，防止土地退化、控制和修复退化农业生态系统也是我国农业科学研究的重要任务。食品安全和监测已成为国际研究热点，在动植物生产和加工链中，如何评估、监测和控制农药、兽药、病原、转基因产物等可能威胁食品安全和人类健康的因子，也是未来10年不容忽视的研究课题。

（二）资源制约和生态环境压力日益加重，资源高效利用和可持续发展成为农业科学的重要研究方向

耕地、水等资源不足对农业的刚性制约日益凸显。“十五”期间，全国耕地面积净减少9240万亩[①]，由2000年的19.24亿亩减至2005年的18.31亿亩。

① 1亩≈667平方米。

2005年我国人均耕地面积1.4亩，仅为世界平均水平的40%左右。水资源是人类赖以生存最基础的自然资源，是农业生产的物质基础之一。全球水资源短缺日益严重，水资源紧缺、水环境恶化已成为制约我国农业乃至整个国民经济可持续发展的瓶颈。2000年，据唐登银估计，全国总用水量为5570亿立方米，其中农业用水3920亿立方米。粮食生产始终没有摆脱"靠天吃饭"的局面，农田有效灌溉面积仅占总耕地的40%左右，仍有40%的耕地处于不断退化的状态。1998年以来，许多国家的谷物单产出现了多年的停滞或下降，这与作物高产带来的资源短缺、环境恶化、土地退化等问题密切相关，持续农业研究成为国内外关注的焦点。

同时，经济发展和不合理农业投入带来的水、土、大气等污染对农业的影响不断加大。"第一次绿色革命"以来，粮食产量不断提高，随着化肥、农药、水、劳动力等投入不断增加，环境污染和资源代价问题日益突出，农产品安全、农业面源污染和农田生态环境问题已相当严重。我国农业面临耕地质量下降、生态恶化、污染加剧等严峻的生态问题。大量化学农药、化肥的滥用，造成农业面源污染严重，农产品中有机磷、有机氯等农药残留和亚硝酸盐、重金属等有毒物质超标时有出现，严重威胁国民健康。资源节约和高效利用相关基础研究将为农业生产方式根本转型，实现农业可持续发展提供依据，为"第二次绿色革命"奠定基础，已成为农业科学重要研究方向。

（三）全球气候变化成为国际焦点，农业应对研究和节能减排势在必行

随着全球人口和经济规模的不断增长，能源使用带来的环境问题越来越凸显，全球气候变化已成为不争的事实，将直接影响到未来作物生产力及全球粮食安全，甚至对全球的生态安全构成威胁，已成为人类生存和发展的严峻挑战。目前多个针对全球气候变化的国际性研究计划已经启动，由国际全球变化研究计划协调组织机构国际科学理事会（ICSU）倡导并实施的"全球变化计划"，由国际地圈生物圈计划（IGBP）、国际全球环境变化人文因素计划（IHDP）、世界气候研究计划（WCRP）、国际生物多样性计划（DIVERSITAS）四个研究计划组成，其中很多与农业科学密切相关。

农业对未来气候变化的响应与适应正受到国际科学界的广泛重视。全球气候变化、温室气体排放与农业密切相关，又直接影响农业生产发展。一方面，气候变暖、日照减少、降水分布不均在改变区域气候资源量的同时，也使极端气候事件频繁发生，导致区域性干旱、洪涝、热害、冷害、冰雪灾害等极端事件凸显，草原"黑灾"和"白灾"增加，农牧业生产和经济损失增大，必须加强防控。另一方面，为积极应对全球气候变化，研究全球气候变化后的农业生

物响应过程和规律，采用人为调控技术自主适应气候变化；同时围绕生物质等绿色新能源、农林系统固碳、节耗减排的理论与技术研究，利用现代高新技术，逐渐改变农业生产经营方式，逐步实现环境友好和资源节约，这是当前世界农业发展的必由之路。

（四）现代生命科学重大理论创新步伐加快，农业生物组学已成为农业基础科学研究的前沿

农业生物学的研究已全面跨入基因组学阶段，现已完成水稻全基因组测序并转向功能基因组、蛋白质组和代谢组学的研究。玉米、高粱、大豆、葡萄、杨树等农业植物，家蚕、鸡、牛、文昌鱼等农业动物的基因组测序工作也已完成；多种植物和动物的基因组测序即将完成，从全基因组范围内研究基因的功能和代谢的工作正在全面展开。微生物组学研究中，全球有979种原核微生物，其中300多种农业微生物基因组已完成测序，包括高致病性禽流感病毒、口蹄疫病毒等数百株动物病原体及黄单胞甘蓝黑腐病菌、水稻稻瘟菌和白叶枯菌等植物病原菌。在人类基因组计划取得巨大成就的鼓舞下，美国、欧盟及日本等一些发达国家和地区为了在生命科学领域抢占制高点，纷纷制订出重要动植物的基因组测序计划及其衍生出来的各种基因组计划，投入大量人力、物力开展相关研究。随着各种高通量生物技术和高维数据处理技术的快速发展，对生命活动分子调控机制的整体、动态描述已成为生命科学研究的重要途径，联合不同层次分子信息综合解析生命复杂网络和动态活动规律已成为农业生物组学领域新的发展趋势之一。

（五）学科交叉渗透日益加强，推动农业科学的加速发展

农业科学的发展伴随着各分支学科的交叉渗透，同时基因组学、蛋白组学、生物信息学等新学科新技术的迅猛发展，不断推动农业学科基础研究的深化和拓展。一方面，利用分子生物学和现代生物技术，在农业生物分子设计育种、营养分子机制、有害生物成害分子机制、分子生态学等方面进展迅速，催生了一批农业生物高技术新产业的崛起，特别是基因产业和生物种业的迅速发展，促进了现代农业的转型。另一方面，应用生态学和系统工程学的原理和方法，建立有利于农业综合生产能力提高、新鲜园艺产品的生产与贮藏、生物多样性保护、农产品安全、环境污染控制的资源节约型现代农业综合技术体系。信息、材料等高技术的渗透和融合，还衍生出农业信息学、新型食品、现代装备等新型交叉学科和高技术领域。学科交叉融合和快速发展，使传统农业学科研究领

域不断创新和拓展，将为保障粮食安全、生态安全和提高资源利用率提供理论和技术支撑，为提高人类健康与生活质量、经济社会与自然的和谐发展提供可靠保障。

第三节 发展现状

随着国家对基础研究的重视和科研投入的不断增长，我国已基本形成农业科学的完整体系，初步具备农业科学研究的平台，国际地位不断提升。但是从整体上看，我国农业科学研究与国际发达水平还有较大的差距，对农业的支撑和服务能力尚待加强，在经费投入、平台建设、队伍建设等方面仍然存在不足。

一、国际地位不断提升，与发达国家尚有较大差距

近年来，我国科技人员在农业科学的基础研究方面获得了明显的成绩，国际影响力不断提升。直接表现为我国近几年农业科学论文的数量有了很大的增长，代表基础研究水平的 SCI 文章的质量显著提高。例如，我国独立完成了籼稻基因组精细图和粳稻第 4 染色体精细图，克隆了水稻分蘖、水稻匍匐—直立等株型控制基因；我国科学家采用新一代 DNA 测序技术与全基因组霰弹法测序相结合的方法，构建了黄瓜全基因组的精细图；我国科学家参与国际猪、鸡等动物基因组计划，独立构建了第一张鸭的遗传图谱；我国还完成了家蚕全基因组工作框架图的绘制，构建了世界第一张鳞翅目昆虫基因组框架图；我国在动物疫病病原学基础研究方面取得了一些国际领先水平的基础研究成果，完成了高致病性禽流感病毒、口蹄疫病毒等数百株动物病原体的全基因组序列测定，揭示了高致病性禽流感病毒致病性增强的分子机制、遗传变异与衍化特征。这些重大基础成果发表在《科学》(*Science*)、《自然》(*Nature*) 系列、《美国科学院院报》(*PNAS*) 等国际顶尖期刊发表，在国际学术界产生了重要影响。

目前，我国农业科学部分研究领域和方向已达国际先进水平，但是从整体上看，我国农业科学研究与国际发达水平还有较大的差距。突出表现在：基础研究原创性不强，有重大国际影响的成果少；科技投入不足不稳，学科持续发展受制约；学术队伍分布不平衡，缺乏国际有重大影响的学术大师；科研条件有待改善，离国际一流尚有差距；国际交流尚待拓展，国际影响需进一步提升。

二、形成了较完整的农业科学学科体系，对农业的支撑能力和引领作用尚待加强

经多年发展，我国在农业科学中形成了一些有优势和特色的分支学科和学科方向，对我国农业发展起到了重要的支撑作用。作物学、园艺学、植物营养学、植物保护学的发展形成的一大批植物新品种、新肥料、新农药、新栽培技术、有害生物综合防控技术，在支撑我国粮食和农产品稳定增产，保障粮食安全、改善生活质量等方面贡献巨大。杂交水稻、染色体工程小麦、转基因抗虫棉、测土配方施肥等一系列重大农业成果，不仅对我国粮食安全、农业发展贡献巨大，而且在国际上有重要影响。畜牧学、兽医学和水产学的发展，培育了多样特色畜禽、水产品种，丰富了国民的食物结构，研制的防控高致病性禽流感、口蹄疫等的新型疫苗，在我国重大动物疫病、人畜共患病的防控中发挥了不可替代的作用。

但是与发达国家水平相比，我国的农业科学研究普遍存在深度不够、跟踪模仿多、自主创新性不够的问题，导致农业科技对农业发展的引领和支撑作用还未充分发挥。目前我国农业领域重大原始性创新成果、产业发展关键技术成果供给和储备明显不足。例如，我国植物新品种、作物栽培技术还满足不了粮食超高产、优质专用、安全高效的重大需求；除水稻等主要农作物育种外，大多数农业生物的研究还比较薄弱，一些畜产品、园艺产品的品种和重大农业装备还主要依赖进口；农产品优质、安全、高效生产方面，对植物病虫草害的为害机制的研究还不充分，制约了植物保护技术的创新，不仅每年农业损失巨大，农产品安全、外来生物入侵的威胁依然严峻；拓展农业功能，延伸农业产业链的养殖业、加工业等重点领域技术成果严重缺乏；提高农业资源产出率、劳动生产率和农产品商品率的技术成果明显不足。在动物疫病病原的致病与免疫的基础研究方面还不够深入和系统，制约了我国动物疫病的防治效果；食品科学起步较晚，食品生产、贮藏、加工等过程中的“瓶颈”问题尚未解决，影响食品行业发展和国际竞争力；林学基础研究相对薄弱，制约森林培育、林产发展和生态建设。

在基础研究领域，农业生物基因组测序后，基因组序列的分析和利用不够，功能基因克隆后作用机制研究不深入，系统研究信号途径的科研较少，阻碍我国农业科学研究再上新台阶，农业生物组学应作为优先发展的重大交叉领域。重要有害生物的功能基因组、植物抗病性的信号途径、植物养分信号途径的互作机制、根际生物互作机制等方面，动物源病原耐药性、动物疫病病原的致病与免疫的基础研究，鱼虾类营养生理和营养参数、食品安全和药物残留等学科

研究方向也有待加强。针对上述问题，必须针对我国农业科学研究的薄弱领域，加大培育和扶持力度，促进跨越式发展。

三、农业学科平台、队伍建设不断加强，但尚不能满足农业科技创新的需要

经过改革开放以来特别是“十五”以来的建设，我国农业科研条件和装备水平不断改善，科研基地在建设数量和规模上得到快速发展，目前已初步形成一个比较科学、完善的体系。根据教育部统计，截至2008年，我国有农业普通高校83所，林业院校18所，在533所综合性大学中也有不少设置农业科学相关学科和专业；2008年农学学科研究生毕业人数12 879人，其中，博士1936人，硕士10 943人。截至2008年，我国有农业科研院所300多个；已建成与农业科学相关的国家重点开放实验室14个，国家级野外观测试验站5个，农业部重点开放实验室131个，农业部重点野外观测试验站68个，国家农作物改良中心24个、分中心82个；建成了国家农业图书馆及农业信息中心等。通过建设，初步形成了国家和部级重点实验室、野外科学观测试验站相结合，农作物改良中心、分中心为补充的科研基地网络，这些基地已逐渐成为农业科技创新必不可少的重要场所。

在人才队伍方面，通过平台汇聚、团队建设和项目带动，农业学科人才队伍日益壮大，学科结构逐步完善，研究实力不断提升，已形成一支老、中、青结合，从基础到应用多学科协作，有较强科研竞争力的学术队伍。从国外引进和国内培养的高水平科技人才数量迅速增加，素质不断提高。目前我国拥有世界上最大的农业科技队伍，但与科研产出不成正比，整体上农业基础研究队伍不足，国际竞争力尚待提升，关键在于农业学科投入不够，科研领军人才匮乏。加强青年杰出人才引进、培养领军人物和国际学术大师是我国农业科学研究进一步发展的重要保障。

四、具有保障学科发展的政策体系，但尚需加大体制机制创新力度

国家在推动农业科学学科发展、促进人才培养、营造创新环境等方面出台了一系列重要政策和举措，国家重点基础研究发展计划（以下简称“973”计划）、国家高技术研究发展计划（以下简称“863”计划）、国家自然科学基金等重要科研计划都把农业科学列入重点支持范围。但是在科研体制机制方面也存

在不少问题，必须加大改革力度，营造创新环境，推动学科发展，促进人才培养。

同发达国家相比，我国农业科技投入严重不足，没有形成稳定的科技投入机制。据现有统计结果，农业科研财政投入占农业 GDP 比重不到 1%，低于国际平均水平，科研基础条件不能适应新时期创新任务的需要。农业科技投入的结构、方式还不完善，一些长期性和基础性农业科技工作尚需建立稳定的支持机制。

另外，农业科学创新和应用体系不完备，还存在一些体制性和机制性障碍。农业科研体系条块分割、力量分散仍未得到根本解决；科研联合协作不强，导致突破性大成果少；科技评价制度有待完善，自由稳定创新氛围尚未形成；科研和生产还有脱节现象，农科教、产学研联系仍不紧密；高水平农业科技人才不足的问题比较突出，农业技术推广队伍不稳定，农业科研与推广的体制、机制有待进一步健全。

第四节 学科发展布局

一、总体发展战略布局

（一）战略目标

未来 10～20 年，农业科学发展布局的指导思想是：围绕“保证使我国在未来 10～20 年逐步成为世界农业基础科学创新与农业高新技术创新研究方面的先进国家”的战略目标，瞄准世界农业科学基础研究发展的前沿，结合国家重大战略需求和农业发展的重要科学问题，加强原始性创新，在更深的层面和更广泛的领域进行重大农业科学问题的基础研究，提高我国自主创新能力和解决重大问题的能力，为国家未来发展提供科学支撑。

至 2020 年，农业学科基础研究的主要战略目标是：阐明农业生物基因资源原生性保护的理论基础和农业生物基因组演变规律以及驯化与逆境适应性选择机制；完成主要农业生物基因组结构与功能分析，结合农业生物组学信息，发掘、评价并利用各种农业生物种质资源中的优良基因，并解析农业生物重要农艺和经济性状的形成机制，建立优良等位基因高效导入或聚合技术，完善农业生物重要性状遗传改良及分子设计育种的技术和理论基础，为我国农业生物新品种培育奠定基础；初步阐明农业植物病虫害和动物疾病的致病机制并建立相关的防控理论，阐明农业植物养分、水分和农业动物营养高效利用的理论基础，完成农业生物高效健康生产理论和模式研究，为实现我国农作物、畜禽水产高产与资源高效利用提供理论依据；探明农产品产后主要品质变化的发生规律及机制，结合先进的食品安全检测技术，为建立高效安全的农产品贮运、加工技术提供理论指导；通过对农业生产系统与环境和生态互作机制和调控基础的阐述，探明全球气候变化对农业生产的影响以及主要农业生物响应和适应其变化的主要过程、机制和规律，为农业生态健康发展提供理论基础和技术支撑。

（二）发展布局

未来10年农业科学的发展布局中，将面向我国农业生产和科技实际，继续巩固作物学、植物保护学、园艺学、畜牧学、兽医学、水产学、林学、食品科学等分支学科的主要研究领域；重点支持以揭示重要农业生物（植物、动物、微生物）生命活动、遗传改良、高效生产和调控相关的基础和应用基础研究，进一步推动我国在农业生产、食物安全、资源高效利用、生态环境保护、生物产业发展等方面基础研究的发展；以国家重大战略需求蕴涵的科学问题，把握国际学科发展态势，明确并优先发展一批我国有优势和特色的重点和前沿领域；大力提倡和鼓励学科交叉与合作，培植农业生物组学等新兴领域和学术生长点，促进源头创新。

二、重点发展方向

（一）农业学科重点发展方向

1. 农业生物遗传资源保护、利用与现代育种

农业生物种质资源是一种极为重要的战略资源，重要经济性状遗传改良和新品种培育是农业生产的基石。主要研究内容包括农业生物种质资源的保护、作物农艺性状和农业动物经济性状的形成机制、主要农业生物重要性状遗传改良及分子设计育种关键基础等。

2. 资源节约型农业体系与农业生物健康生产和养殖基础

植物生产受养分、水分、能源等资源短缺的制约日益加重，而动物生产则受饲料原料短缺的限制，如何提高资源利用率是未来农业可持续发展必须解决的关键问题。而发展高效健康农业生物生产不仅是我国国情的现实需求，也是

全球倡导绿色农业背景下的必然选择。主要研究内容包括农业植物养分和水分高效利用基础研究、农业动物营养高效利用基础、农业植物健康生产基础、农业动物健康养殖基础等。

3. 农业植物病虫害与动物疾病防控基础

农业植物病虫害和动物疾病防控是当前和未来10年我国农业生产的重大科技需求。主要研究内容有：农作物对病虫害抗性机制，转基因农作物对有害生物种群演化的影响，农业有害生物抗药性分子机制，天敌昆虫保护与利用基础，动物疫病的病原学与病原生态学，动物免疫的分子基础与疫苗创新，寄生虫感染与致病的特殊机制，动物重要普通群发病发生机制与诊疗的基础以及药物作用的分子机制及药物创新等。

4. 农产品产后加工、利用与食品安全

主要农产品产后生物学的应用基础研究是探索农产品有效、安全应用的基础。在食品生产和加工过程中，药物残留、病原微生物和毒素污染、违禁化学品滥用等引起的食品安全事件时有发生，食品安全已成为影响全球公众健康的首要问题。主要研究内容包括：食品产后营养与品质形成机制及调控机制，食品安全的预测分析及危害控制相关的应用基础，农产品非食品利用的生物学基础等。

（二）各分支学科重点发展方向

在作物学领域，围绕揭示作物生长发育规律、解析作物—环境（含资源、其他生物）关系、作物遗传改良和分子设计育种、作物高产高效栽培等核心内容和主要领域统筹安排、协调发展。

在植物保护领域，深入研究主要农作物重大生物灾害的区域性发生规律和灾变机制，发展检测、监测、预警和控制新技术，全面促进植物病虫害测报、植物病害与防治、农业昆虫与害虫防治、农业有害生物检疫学等学科方向的融合与发展。

在园艺学领域，要重点发展一些特异的生物学特性和农艺性状形成的分子机制、园艺产品品质形成机制和优质安全生产中的基础科学问题等研究。

在植物营养领域，要重点支持面向国家战略性需求的土壤—植物营养学的基础研究和应用基础研究，以土壤—植物系统物质转化、营养过程与调控为核心，突出土壤—植物相互作用这一特色，涵盖从土壤过程到根际互作过程，再到植物过程相互关联等分支学科。

在林学领域，要加强林木分子生理和分子育种、森林资源科学培育和保护、森林资源管理和信息化、森林可持续经营。同时要重点研究和解决短周期工业用材林和珍贵用材林、经济林、能源林等良种选育和高效栽培技术，植被恢复重建技术、各类防护林的树种选择、空间配置及其效益监测评价技术，新型木基复合材料制造成套技术及生产工艺等。

在畜牧学领域，优先支持健康养殖、动物食品安全、公共卫生方向的基础与应用基础研究。围绕农业动物生产、草地种质资源，利用现代生物组学技术，解析重要经济性状形成的遗传机制，通过建立现代分子育种、高新繁殖技术体系，推进农业动物重要性状的遗传改良，拓展草地系统结构、功能与生产力的基础研究。

在兽医学领域，要重点开展病原学与病原生态学、病原与宿主相互作用、分子致病与免疫机制、基因调控与网络、疫苗、诊断试剂、药物作用机制及药物靶标分子设计等前沿领域的研究。

在水产学领域，要大力发展健康养殖等新生产技术体系，加强水产品安全与控制、水生生物资源养护和增殖等研究，鼓励水生生物质能源开发利用、海洋新生物资源等交叉学科发展。

在食品科学领域，要重点发展食品品质学、营养学、食品微生物学、食品安全、食品工程、卫生学等分支学科和方向，同时兼顾食品原料采后领域的成熟生理、保藏生理、工程技术、物流学等。

在农业生物组学领域，要以发展农业生物组学为主要手段，进一步推动我国在现代农业可持续发展、公共食品安全、资源利用效率、环境保护和农业生态等方面研究的深入发展。

三、交叉学科发展布局与发展方向

重点培植新兴学科和学术生长点，注重学科交叉合作，鼓励前沿和自由探索。在交叉学科发展布局上，重点支持农业学科与基础生物学、资源环境、信息科学、化学、能源、医学等学科前沿领域的交叉。主要的学科交叉领域和发展方向有以下几方面。

（一）农业科学与生物组学交叉领域

生物组学为从整体水平研究农业生物生命规律和解决农业生产重点的生物学问题提供了有力工具，农业生物组学已经成为新兴的交叉领域，并逐渐形成多学科、多层次、多角度、多时空（发育和进化）的整体研究格局。主要发展方向为农业生物功能基因组学、比较基因组学、蛋白质组学、代谢组学等。

（二）农业科学与资源环境科学交叉领域

环境生态直接影响农业生产的产量、品质和效率，农业生产系统也不可避免地影响环境生态，不当农业生产造成的环境污染、生态破坏已得到普遍关注。主要发展方向为：资源要素在农业生态系统中的运转规律；农业生物响应和适应全球气候变化的主要过程、机制及规律；农业生产系统与环境生态互作的机制和调控；环境污染的控制和农业修复等。

（三）农业科学与信息科学交叉领域

信息科学的发展为农业研究中信息的实时、高通量、准确地获取、传输和处理提供了有效工具，已交叉形成农业信息学。主要发展方向为：基于信息技术的作物栽培管理优化；作业精准化和智能化；农业植物营养诊断；作物病虫害预测；农产品可追溯系统和质量保障体系等。

（四）农业科学与化学交叉领域

农业科学的发展离不开化学，化学的快速发展为农业科学提供了良好基础，已形成农业化学、食品化学、农药化学、林产化学、营养化学等交叉学科。主要发展方向为：动植物代谢的化学机制；动植物药物设计、创制和作用机制；新型高效肥料；食品营养、安全和检测等。

（五）农业学科与能源科学交叉领域

农业生产需要能源，也提供有潜力的新能源。农业科学和能源的交叉也日益紧密，两者交叉的发展方向有生物质能源和利用、节约型农业、能源植物培育和栽培等。

四、国家重点实验室等平台建设计划需求分析

根据农业学科国际发展态势和我国科技实际需要，在优势学科和重要新兴前沿学科领域，建设一批国家实验室、国家重点实验室和国家工程实验室等科

研平台。根据学科发展需求，将研究方向切合学科发展方向和国家需求的部级实验室晋升为国家重点实验室。未来10年，为全面满足国家需求，支撑学科均衡协调和可持续发展，需要在作物栽培与耕作、动物遗传育种与繁殖、森林培育、草业科学、园艺学、食品安全与控制、植物营养与肥料、生物质能开发利用、水产养殖等领域布局建设一批国家级实验室。

第五节　优先发展领域与重大交叉研究领域

一、确定优先发展领域的基本原则

确定农业科学的优先发展领域时，在遵循生命科学研究规律和基本原则的基础上，主要考虑以下原则：关注农业科学国际前沿和热点问题，强化自主源头创新；围绕国家重大需求和农业战略产业培育，针对重要科学问题；突出我国优势和特色领域，兼顾薄弱方向提升；重视学科交叉和方法创新，着力培育新生长点；体现农业学科特点，注重科学积累和系统性研究。

二、优先发展领域

从农业科学整体着眼，在各分支学科调研基础上，凝练、确定优先发展领域11个，重大交叉研究领域4个。

（一）农业生物种质资源基因发掘和高通量评价

基因资源已成为现代动植物育种的关键，全球生物资源的基因争夺已成为21世纪的热点之一。如何充分利用优良的基因资源，确保农业生产的可持续发展是目前我国农业科学的重要课题。作物遗传改良中突破性成就的取得依赖于优异种质的发现及其有效应用。水稻、小麦等作物矮秆基因的发掘和利用带来了“第一次绿色革命”，水稻野败型雄性不育细胞质的发掘带来了杂种优势的利用，大幅度提高了单产。我国生态环境复杂多样、自然灾害频发、病虫害严重等极大限制了农业植物生产潜力的充分发挥，现有推广品种普遍存在遗传基础狭窄问题，难以满足生产需求。在动物生产方面，我国高端畜禽种源严重依赖于国外进口。虽然我国拥有大量优异的畜禽种质资源，但资源利用率低、相应的基础研究薄弱。因此，需要在对农业生物种质资源保护和引进的基础上，进一步发掘和利用各种遗传资源中所蕴涵的优良等位基因，从遗传上解决或缓解现有品种所面临的困境。

主要科学问题：

1）农业生物基因资源原生性保护的理论和策略；

2）我国稀有特有优质生物资源的保护和利用；

3）农业生物野生近缘种野生居群的遗传多样性和分化；

4）“外源”引入种质生态驯化的生理生化和分子机制；

5）基于进化基因组学的农业生物起源和演化规律；

6）重要性状的精细连锁图构建和特异分子标记；

7）各种种质资源中优良基因的规模化发掘和高通量评价；

8）畜禽种质创新新技术。

（二）主要农业生物重要性状遗传改良及分子设计育种

要进一步提升主要农业生物产品产量、品质，实现农业生产的可持续发展，经济性状遗传改良和新品种培育是重要基础和关键保障。传统的农业生物育种通过表现型的选择来富集优良基因而培育新品种，有规模大、周期长、效率较低等不足。基于分子标记技术、生物信息学和基因工程的品种分子设计是在认识目标性状关键控制基因或 QTL（quantitative traits loci）功能的基础上，采用紧密连锁或共分离的分子标记将优良等位基因聚合到优良遗传背景中，创造出集中众多优良基因、性状得到明显改良的新种质或新品种。分子设计育种具有优良基因的定向转移、基因型的精确鉴定、育种周期短等优点，已成为国际上引领生物遗传改良的最先进的技术。随农业生物学基础研究的迅猛发展，一些植物全基因组序列测定的相继完成，重要农艺性状分子解析和功能基因的克隆不断突破，进一步促进作物分子设计育种研究的全面开展。一旦建立了完善的品种分子设计体系，就可以很快将功能基因组学的研究成果用于改良生物品种而创造出巨大的经济效益。另外，在作物生产上，杂种优势利用是大幅度提高单产的有效途径，目前农作物杂种优势的利用面临严峻挑战：一是已经在生产上利用杂种优势的作物，其杂种优势潜力急需进一步提高；二是一些重要的农作物（如小麦和大豆）因缺乏有效的杂种优势利用途径导致生产上不能大规模利用杂种优势。因此，深入阐明杂种优势形成机制，提出杂种优势利用的新途径和新方法，使杂种优势潜力和利用效率得到进一步提高，将具有重要的科学意义和应用价值。我国优质畜禽品种严重依赖国外，近年来动物基因组学的快速进展，使得对重要性状的分子设计和定向改良也成为可能。

主要科学问题：

1）农业生物重要性状的分子遗传机制和基因调控网络解析；

2）基因互作、基因—环境互作和基因生态安全；

3）规模化分子标记开发和基因型分析体系的建立；

4）主要农业生物基因组单倍型结构研究；

5）品种分子设计理论、模型和工具；

6）多基因聚合分子设计育种；

7）杂种优势形成的分子机制及其利用途径；

8）染色体工程和多倍体育种。

（三）主要农业植物水分、养分需求规律与高效利用机制

水资源是人类赖以生存的自然资源，是农业生产的物质基础。中国农业用水占用水总量的70%，是水资源开发利用的大户。水资源紧缺、水环境恶化已成为制约我国农业乃至整个国民经济可持续发展的重要问题。土壤是植物营养的基础，土壤水分直接影响土壤中养分的形态和生物有效性，如何为植物根系创造适宜的土壤水分等物理条件是进一步提高我国农田养分利用效率的关键课题。在气候变化和强人类活动干扰下，农田和区域水循环过程发生了变化，研究变化环境下农业水资源转化规律与高效利用理论，可以进一步了解变化环境下的水循环过程和农业用水转化与消耗的规律，探索农业高效用水的新途径，较大幅度提高水资源利用率和作物水分利用效率和效益。从世界范围看，植物生产受水分、养分等资源短缺的制约日益加重，特别是我国农作物高投入集约化生产中施肥不合理、养分损失多、环境污染重等问题所造成。因此，进一步加强农业植物对水分、养分等资源高效利用的基础研究，揭示土壤、肥料、环境等养分资源的特征及其时空变化规律，阐明养分流动与循环规律及其关键驱动因素，将为进一步挖掘产量潜力、提高农业资源利用效率和种植业效益、保护农田生态环境、实现种植业的可持续发展奠定理论基础和提供强有力的科技支撑，为保障国家水安全、粮食安全和生态安全做出贡献。

主要科学问题：

1）农业植物对水分、养分的需求规律；

2）植物水分、养分高效利用的机制和调控；

3）协调植物高产与环境保护的养分管理；

4）农田水分运行转化规律与作物响应过程；

5）根际互作的生态过程；

6）农田水分—养分耦合机制和调控。

（四）主要农业植物高产、优质、高效栽培的生理机制和调控

我国新时期农业植物生产中，在不断增加产量的前提下，还必须统筹改善品质、资源高效、适应性广、生产安全等多重目标，这不仅是持续保障我国食物安全的核心问题，也是我国种植业的长期、重大战略性任务。近年来，育成的一批“超级”作物品种，在大面积推广后产量往往仍与一般品种相似，尚有约 1/3 的产量潜力并未得到表达。另外，超高产栽培的重演性差、品质不稳，资源利用差异大、效率低，在大面积应用上也有明显的局限性。对进一步高产是否导致品质下降，水、肥等资源利用率降低，是否带来生态安全隐患等也是人们普遍关心的重要问题。究其原因，主要是作物高产、优质、高效协调涉及众多性状的遗传控制、性状间相关和性状—环境互作，而相关基础研究滞后，高产、优质、高效形成规律尚未被系统揭示与认识，可重演的高产、优质、高效协调栽培原理尚未确立，严重制约了大面积作物产量、品质和资源利用率的协同提高。园艺植物栽培和人工林管理方面也存在类似问题。因此开展农业植物高产、优质、高效栽培的生理机制和调控研究，对农业植物生产发展和提升有重要的理论与实践意义。

主要科学问题：

1）作物高产机制和理论途径；

2）作物周年高产的生理机制及调控；

3）高产群体的结构和功能；

4）农业植物品质形成的机制和调控；

5）农业植物高产、优质、高效协调机制和调控；

6）农业植物激素调控机制；

7）农业植物节耗、简化栽培的生理基础；

8）设施园艺植物优质、高效生产的生理基础；

9）人工林培育和可持续生产的机制。

（五）农业植物对非生物逆境的响应和抗逆机制

随着全球气候变化，温度升高、水资源匮乏、盐渍化加快、极端天气事件频发等逆境条件趋势增加，给植物生产造成巨大损失，农业植物抗逆遗传、生理及栽培调控机制研究的重要性凸显。通过现代生物技术和育种手段培育抗逆的植物新品种，以及利用农艺锻炼和生化调控等耕作栽培措施，均可有效地防控非生物逆境。加强作物抗逆性的遗传规律、生理生态特征和分子机制的基础

研究，将对提高育种效率，建立抗逆栽培技术体系有重要指导意义。随着设施栽培的扩大，设施园艺植物生产受弱光、亚高温、低温、高湿、CO_2亏缺、土壤次生盐渍化等亚适宜环境的影响加大，出现很多与田间生产条件下不同的逆境问题。进一步加强农业植物对非生物逆境的响应和抗逆机制研究，对减轻逆境伤害和损失，实现农业植物的高产、高效、可持续生产有重要意义。

主要科学问题：

1）农业植物响应逆境的分子机制和调控；

2）植物抗逆性的遗传规律、生理生态和分子机制；

3）植物群体对非生物逆境的响应规律和机制；

4）设施栽培条件下亚适宜环境的作用机制和调控；

5）植物对多种逆境因子的交叉响应和耐性诱导；

6）植物抗逆栽培的理论基础。

（六）主要农业植物病虫害发生规律及防控机制

我国农业生态环境脆弱、生物灾害频繁发生。植物病、虫、草、鼠害是影响我国农业持续、稳定和健康发展的重要障碍。我国农业生物灾害分布广、突发性强、成灾频率高，每年都有几种重大病虫害暴发和流行，导致农作物大面积减产甚至绝收，品质严重下降，造成巨大经济损失。同时，化学农药的大量投放及其不合理使用导致农产品农药残留超标和生态环境恶化，影响食物安全和农产品贸易。目前对农业有害生物为害、成灾机制认识尚不够深入，迫切需要加强相关基础研究和技术创新，发展农业有害生物检测、监测、预警和控制的新理论与新技术。生物防治是最有效且环境友好的病虫害防治方法，包括抗性作物的使用和生物绿色药物设计等。我国生物防治还处于较低的水平，迫切需要加强对野生物种中抗性资源的筛选，加大作物抗病虫性的生理、遗传和分子机制方面的基础研究，为培育抗性品种及设计新绿色药物奠定理论基础，对保障国家粮食安全、生态安全、公众健康、促进农民增收和农业可持续发展有重要意义。

主要科学问题：

1）重要植物病、虫害发病规律；

2）重要植物病、虫害致害性的分子机制；

3）病原菌、昆虫与农业植物的协同进化和互作机制；

4）农业病虫害区域性灾变机制与调控；

5）农业植物抗/耐病虫害的机制；

6）生物多样性和农业生态系统调控病虫害的生态机制；

7）天敌昆虫保护与利用的基础研究；

8）农业有害生物抗药性分子机制；

9）入侵有害生物的扩张机制及其预警；

10）新农药作用机制。

（七）主要农业动物健康养殖基础

近年来，对动物疫病的主动控制难度大，药物防治威胁动物产品安全，同时养殖造成的环境压力越来越大，世界各国纷纷实施动物产品的绿色贸易壁垒，健康养殖成为全球畜禽、水产领域的研究热点。健康养殖以保护动物健康、人类健康、畜产品安全为目标，根据养殖对象正常活动、生长、繁殖所需的生理、生态要求，选择科学的养殖模式，在全生育期提供优质、全面、经济、环保的饲料，最大限度发挥畜产品生产潜力，降低疾病发生，生产出无污染、个体健康的畜禽产品。在全球倡导绿色农业的背景下，发展健康养殖是我国国情的现实需求，是解决畜禽、水产疾病及农业动物产后安全、环境污染问题的根本出路。我国畜禽养殖方式正逐渐由传统的散户饲养向规模化饲养方式发展，规模化养殖场的高密度饲养以及常年温暖潮湿，为某些疾病的发生和传播创造了有利条件。同时畜禽养殖业是农业温室气体重要源头之一，国际社会对畜禽养殖业及其废弃物管理过程中的GHG（温室效应气体）和氨气等十分关注。由于我国对农业动物养殖环境的影响因素、因子间相互关系及作用机制等方面的基础研究十分薄弱，已成为制约现代农业动物生产水平提升和科技进步的瓶颈。加强主要农业动物健康养殖的基础研究，是现代畜牧、水产生产可持续发展的迫切需求。

主要科学问题：

1）优质、高产、强适应性、高免疫力及抗病性协调形成的规律和生理基础；

2）逆境条件对畜禽机体健康的作用规律和机制；

3）养殖过程中环境因子变化规律和污染物迁移规律；

4）畜禽场温室气体排放和减排机制；

5）饲料营养及代谢产物对动物免疫机能的影响及分子机制。

（八）主要农业动物营养高效利用机制和调控

畜禽、水产动物对营养成分的消化和利用是其生长发育的基础，是安全、优质、高效生产的保障。我国饲料资源严重短缺，能量饲料供应极其脆弱，每年需从国外进口大豆、鱼粉等大宗原料，并威胁粮食安全。然而我国的饲料转化效率显著低于发达国家，根本原因在于过分强调营养本身对个体生长发育的影响，而没有从动物营养、遗传和环境的结合处着手。将动物优良生产性状的遗传潜能与营养和养殖环境相结合，从分子、细胞、组织器官和整体不同层次系统研究揭示动物安全、优质、高效生产中营养代谢和调控的基本规律，建立饲料安全和高效利用的理论和方法，将为建立我国现代动物营养学新体系奠定理论基础。动物以日粮中碳水化合物、脂肪、蛋白质等碳氮有机营养物质为底物，通过体内合成代谢和分解代谢，实现在靶组织的定向沉积与转化，目前对其所涉及的代谢规律及其调节机制还了解甚少，应加强对微量元素、氨基酸、脂肪酸、寡肽及非淀粉多糖等饲料养分在动物体内消化、吸收、代谢利用及调控的生理与分子机制的研究。通过畜禽饲料养分高效转化利用的生理与分子机制的基础研究，可发展高效的资源节约型和环保型养殖业，即质量型养殖业，将促进我国动物养殖业实现优质、安全和高效可持续发展，为保障我国粮食安全和减少环境污染提供科学依据与方法、途径，为发展我国现代动物营养代谢与调控的理论新体系奠定科学基础。

主要科学问题：

1）营养物质在动物体内生物合成、分解、定向转化的分子机制与调控途径；

2）机体营养代谢类型转化的信号调节机制；

3）畜禽能量代谢效率差异性的分子基础；

4）微量元素代谢的基因表达与信号转导；

5）畜体营养物质转换与差异沉积的分子调控机制；

6）替代动物蛋白的饲料生化和生理基础。

（九）主要农业动物疾病发生规律和防控

与发达国家相比，我国口蹄疫、高致病性禽流感、猪瘟、猪繁殖与呼吸综合征、新城疫等动物疫病种类多而复杂，而且控制水平低，每年给我国畜牧业、养殖业、水产业带来巨大直接损失，严重制约我国动物生产的健康、稳定发展，而且布鲁氏菌病、动物结核病、狂犬病等人畜共患病呈上升态势，严重威胁人民健康和公共安全。SARS、禽流感、疯牛病、甲型H1N1流感等的暴发和流行，不断挑战人类的控制能力，而新的人畜共患病的威胁更不容忽视。而且，近年来，高致病性禽流感病毒、猪繁殖与呼吸综合征病毒等病原的变异加剧，病原的多重感染现象十分普遍，使动物疫病的控制难度加大，造成畜牧业的重大经济损失。此外，动物常发病以其常发性、多发性和顽固性而成为制约畜牧业发展以及影响畜牧业经济效益的主要问题。环境污染、动物频繁异动、营养失衡、机体免疫功能下降，动物正常的信号转导和调控紊乱，致使普通群病发病率不断上升。解决这类疾病问题，将在不提高动物存栏量和不增加饲料消耗的基础上，大幅度提升我国畜牧业的生产力，增强我国畜牧业产品的国际竞争力。由于对多种动物疫病病原的致病和免疫机制的研究还不深入，在疫苗设计和研发上存在很大的偏差和盲目性，严重影响动物疫病的控制效果。因此加强农业动物疾病防控方面的基础研究，将为建立农业动物疾病的监测/检疫、指导新绿色药物设计和研发奠定理论基础，为减轻农业动物生产损失、促进农产品持续增长提供保障和支撑。

主要科学问题：

1）重要动物疫病的病原学和病原生态学；

2）病原与宿主的免疫识别和互作机制；

3）动物病原体跨种间传播和感染的分子机制；

4）病原协同致病机制；

5）寄生虫感染与致病机制；

6）动物普通群发病的发生规律和防治；

7）重要农业动物疾病的诊疗基础；

8）药物作用的分子机制及药物创新。

（十）食品营养和品质形成机制及调控机制

食品营养与品质涉及食品生产的各个环节，包括食品原料的收获、贮藏与保鲜、食品组分的相互作用、营养素的保留以及食品贮藏、加工和流通过程中营养和品质稳定性等问题。粮食、经济作物、果蔬等植物产品采后及动物性产品产后仍然进行着一系列的生命活动，包括生理生化过程、基因和蛋白质的表达调控、外源刺激信号的应答反应等，这些过程直接影响食品的最终品质。同时，环境条件和加工因素变化也影响食品的营养和品质，包括引起食品组分相互作用、生物转化与合成、生物活性物质转化和迁移、风味形成及食品质构变化等。加工及贮藏过程中由于腐烂、变质、加工不当、毒素产生等也降低食品营养和品质，甚至失去商品和食用价值，造成大量经济损失和资源浪费。通过研究植物产品和动物产品产后、贮运以及加工过程中的生物学变化，探明食品营养和品质形成机制，明确调控机制，可以为建立高效安全的食品贮运、加工技术提供理论指导。

主要科学问题：

1）食品营养的生理生化基础研究；

2）主要农畜产品品质生物学及对外源因子的应答机制；

3）果蔬采后代谢及调控；

4）动物产品产后品质形成与调控；
5）加工因素参与的食品营养和品质变化及风味形成机制；
6）食品生物活性物质的形成、转化、迁移及调控机制；
7）食品组分相互作用与食品营养和品质；
8）食品加工中生物变化、生物合成及调控。

（十一）食品安全预警及危害控制

在食品原料生产和加工过程中，抗生素、兽药等药物残留，黄曲霉等病原微生物、毒素污染，违禁化学品滥用等引起的食品安全事件时有发生，食品安全已成为影响全球公众健康的首要问题。尽管近年国内外已经开始针对食品安全问题展开研究，但是在食品中污染物质及潜在污染物质的预测分析和危害控制机制以及方法学基础研究仍然较为薄弱。多层次系统研究植物产品（粮食、经济作物、果蔬等）、动物产品生产后和加工过程中化学性、生物性污染物等危害因素的消长动态、机制，以及对人体健康的影响，将为食品安全风险预测分析以及控制食品危害的发生提供重要的基础科学数据。结合免疫学、分子生物学等研究多残留、痕量、便携、快速检测食品安全危害的新技术、新方法，对保障我国的食品安全监管，具有十分重要的意义。

主要科学问题：
1）食品有害因子和污染物行为；
2）食品中化学性污染物的代谢规律及调控机制；
3）食品中生物性污染物的消长规律和阻控途径；
4）动物源病原耐药性的产生、扩散机制与控制原理；
5）转基因食品检测和风险评估；
6）食品中有害病菌、污染物、有毒物质的检测和风险评估。

三、重大交叉领域

（一）农业生物重要性状的生物组学研究

农业生物组学主要从整体水平研究农作物、农业动物和农业有害生物生命活动及解决农业生产所面临生物学问题。农业生物组学在广泛应用分子生物学、生物化学、遗传学等研究手段和方法的同时，通过发展各种高通量技术和高维数据分析方法为大规模系统解析各种农业生物性状和生命过程的调节控制提供了前所未有的基础平台和手段。随着研究的不断深入，农业生物组学正逐渐形成多学科、多层次、多角度、多时空的整体研究格局。农作物组学中，以模式作物水稻的研究最为深入，现已经完成水稻的全基因组测序，开始转向水稻功能基因组、蛋白质组和代谢组学的研究，并带动了其他作物基因组计划的发展，许多作物的基因组测序工作已接近完成。与此同时，以家蚕、鸡、文昌鱼等基因组测序完成为代表的农业动物组学也取得了一系列重要研究成果。在农业生物组学已有的各分支学科进一步深入发展的基础上，充分利用生物组学的各种新方法和新技术，发挥生物组学学科交叉的优势，从整体水平对生命过程活动中重要性状进行系统的分子生物学、生物化学研究，鉴定重要的功能基因和调控元件，揭示其调控规律，将为农业生物的遗传改良提供新的策略，有助于保障我国农业的可持续发展。

主要科学问题：

1）重要农业生物的基因组结构和功能；

2）优异种质资源和品种的基因组重测序；

3）农业生物重要性状的全基因组解析和调控网络；

4）农业生物品质的代谢组学；

5）农业生物蛋白质组学；

6）农业生物比较基因组学。

（二）主要农业生物对全球气候变化的响应和适应

全球气候变化已经成为当今世界关注的焦点。长期实际监测、历史资料分析和模型预测均已显示，全球气候正在并已经发生了显著变化。气候变化不仅造成极端天气发生频繁以及干旱、高温、盐渍化等农业生物逆境，而且直接影响到农业生物的生产、品质和安全，并调节作物与有害生物的种间关系。因此，农业生物对未来气候变化的响应与适应正受到科学界和政界的广泛重视。而气候变化及与之伴生的极端性天气存在明显的区域特征，国家及区域层次的农业生物生产研究更为重要。面对气候变化，农业生物会产生一系列的物理、化学和生物机制响应和适应，探讨和认识主要农业生物响应和适应全球气候变化的过程、机制和规律具有重要意义。目前关于农业生物对气候变化响应的关键过程及其深层机制还缺乏比较深刻与完善的科学认识；尤其是缺乏对区域性农作制度和特色农业生物品种对气候变化的响应和适应机制的了解。因此，针对农业生物对气候变化的要求和响应，并充分利用农业生物自身的适应性机制，采取相应的环境调控措施，合理配置农业生物种类和品种，将是我国未来粮食、畜禽和水产品生产应对全球气候变化的重要途径之一。

主要科学问题：

1）农业植物应对气候变化的生理生化和分子机制；

2）植物生产系统和农作制度对全球气候变化的响应与适应；

3）气候变化下农业有害生物的演变规律和灾变机制；

4）重要农业生物在极端气候条件下的适应性；

5）气候变化下作物生产潜力预估。

（三）农林生产系统的环境生态互作机制和功能调控

农业生产系统是地球上最大的人工或半人工生态系统，是农业生物、环境和人类活动相互作用的有机复合体系。农、林、牧、渔生产导致的资源浪费和环境污染、生态失衡、生物多样性危机和全球变化是当前我国和世界各国需要解决的迫切问题。随着农业生态系统环境压力的加大，农业生产导致的生态和环境问题日益凸现。面对提高农业生产系统的生态服务功能和可持续性的迫切需求，农业生产系统的环境生态互作机制和功能调控研究成为农业科学中备受关注的重要研究课题。环境生态直接影响农业生产系统的产量、品质和效率，农业生产系统也不可避免地影响农业生态系统的生态服务功能和环境生态。在我国，不当农业生产造成的环境污染、生态破坏已得到普遍关注；草、畜二者的不协调导致草地生态系统退化；畜禽生产，海水、淡水养殖也引起严重的面源污染和水体污染；随着全球性气候变化，各类农业气象灾害、生物逆境频发。农业气象灾害造成的产量损失已成为农业自然灾害损失的主体。因此，迫切需要对农业生产系统的环境生态互作和功能调控的关键基础问题开展研究，为农业生态系统的可持续发展和生态服务功能的提高提供理论基础和技术支撑。随着生态系统结构、功能及其调控理论的完善，分子生物学和基因组学与生态学、农业科学的相互渗透，从宏观和微观不同层次来探索农业生产系统的环境生态互作机制已成为该领域研究的发展趋势。

主要科学问题：

1）农林生物多样性与生态系统调控；

2）植物—土壤—微生物的生态互作机制；

3）农林生产系统可持续发展的生态学基础；

4）农林生产系统生态健康评价和环境效应综合评价；

5）农林生产系统生态障碍的生物修复原理；

6）草原放牧系统、农牧交错带生产系统生态生产力的形成机制与环境生态效应；

7）脆弱生态系统退化过程及驱动和修复机制研究。

（四）农林生物资源多功能利用的生物学基础

农林生物资源的多功能应用是指在传统的食物、饲料、纤维、木材、薪柴等用途之外，开发农林业生物资源的生物质能源、可再生材料、功能食（药）品、可降解塑料等产品。农林生物资源的多功能开发是农业现代化进程中的必然和重要阶段。传统农产品对农林资源的利用不充分，秸秆、糠壳、枝杈、有机废水、糟渣等剩余物不仅造成巨大浪费，往往还形成污染。近年来我国COD（化学需氧量）污染形势严峻，农林废弃物是主要污染源之一；秸秆焚烧影响交通、林草落叶引发火灾，其根源是农林废弃物未得到合理利用。国际上大规模开展农林生物资源多功能应用始于20世纪30年代，70年代后美国、巴西、日本和北欧国家重点进行了生物质能源和生物质材料的研究和开发。近年来欧洲、北美洲和日本等发达国家和地区在木质纤维素乙醇、生物油、微藻利用、生物放氢、高效专用能源植物培育、产业沼气等领域的基础研究和技术开发方面取得了一系列成果，在生物功能成分提取与加工、可降解材料等方面取得了重要进展。我国农林生物质资源丰富，常年农作物秸秆和可利用林木剩余物10亿吨以上，有超过耕地面积数倍的边际性土地可用于生产能源植物，还有面积更广阔的水域可用于海洋藻类生产，产业潜力巨大，亟须开展相关科学问题探索。农林生物资源的多功能应用不仅能够解决废弃资源利用的问题，通过产业链的延长提高农林业产值，帮助解决农村就业，促进农村新主导产业的发育，还能够满足社会经济发展所需要的新能源、新材料等产品需求。特别是在全球能源供应形势紧张、前景堪忧，温室效应加剧，极端灾害天气频繁的大背景下，充分、合理利用农林生物资源，建设低碳经济是重要的历史使命。

主要科学问题：

1）能源、纤维和药用植物产量、品质形成机制与调控；

2）木质纤维素降解转化的机制与调控；

3）复合微生物系的协同工作机制与调控；

4）甲烷菌群工作机制与调控；

5）重要天然产物代谢、调控和分子生物学；

6）生物质资源物料特性；

7）生物质资源评估。

第六节　国际合作与交流

农业基础研究涉及广泛的新知识、新观点和新技术，随着基础研究不断向微观和宏观世界的深入和扩展，研究的规模、复杂程度、投资强度日益扩大，需要整合和发挥各国的知识、技术、人才和资源优势，通过不同国家、文化背景、思维方式、学科领域的科学家之间多渠道、多形式的合作交流，为我国农业科学创新带来更多的机会和动力。

一、农业科学领域国际合作的发展态势

（一）农业科学领域国际合作发展态势

改革开放30多年特别是进入21世纪以来，我国农业科学领域国际合作取得长足发展，呈现出良好的发展态势。

1. 国际合作的普及性明显提高

我国农业基础研究人员中，具有国际背景和国际视野的人数显著增长，而且比例不断提高；国际著名学术机构的专家来我国开展合作交流的人数、频率和停留时间显著增长，而且有部分国外专家受聘于我国学术机构短期或长期工作；通过国际合作交流以提高“973”计划和国家自然科学基金各类项目完成质量日趋普遍；国际重要农业科学研究计划中我国科学家的身影和承担的任务越来越多；在国际学术机构和学术期刊兼任重要职务的科学家越来越多；1998年至2009年8月，我国农学学科通过国际合作完成而发表的论文数量增长明显，在各学科中的相对位置上升了3位（中国科学技术信息研究所，2009）。

2. 国际合作的对象进一步丰富和多元化

我国政府部门（科技部、农业部）与相关国家签署的多边、双边科技（含农业科技）和农业科技合作协议近年来又有了新的发展，我国与国际农业研究磋商组织（CGIAR）及其所属15个研究中心等国际组织合作关系得到进一步深化，国家自然科学基金委员会与国际科学基金组织、学术机构签署的合作协议（或备忘录）达到62个，国内农业高校与研究院所与一批国际一流大学、研究所和跨国公司等签订了双边合作交流协议。

3. 合作方式更加灵活和多元化，合作层次不断提高

国际合作方式已经由前些年的引进设备、交换科技资料和动植物品种资源、学术交流为主转变为以项目合作为主，并进一步建立了一批合作研究小组、联合实验室和研究中心；其中，长期、稳定、实质性的强强合作或双方优势互补，平等、互利、互惠的合作方式成为发展方向；合作双方人员往来频繁并日趋平衡；多边合作分担大型研究计划任务与经费、共享研究成果；利用互联网和通信技术开展国际合作交流，如建立国际学术网络、国际科学数据库、国际虚拟研究中心（实验室）等；在继续从发达国家引进先进的农业基础研究资源和成果的同时，兼顾了向其他发展中国家和欠发达国家，如东南亚和非洲国家等输出农业科学创新资源和成果。

4. 人才培养和人才引进力度加大

教育部主管的国家留学基金管理委员会资助农业国际合作交流主要是通过选派人员出国留学的方式，资助类别包括高级研究学者、访问学者（含博士后研究）、博士研究生赴国外攻读博士学位、联合培养博士研究生（攻读博士学位期间赴国外从事课题研究）。通过合作举办学术研讨会、培训班，邀请专家来华讲学、技术指导等形式对我国农业科研人员进行培训，提高了科研人员的研究水平。

同时，国家有关部门以及高等院校和科研院所加大人才引进力度。教育部、国家外国专家局高等学校学科创新引智计划（“111”计划），教育部的“长江学者计划”，中国科学院的“百人计划”，地方省市及院校的“特聘教授计划”等，均对引进高层次的海外农业研究人才起到积极作用。

（二）主要国际合作计划

目前，农业科学领域国际合作计划主要有以下几个方面。

1. 综合性合作计划中包含农业主题

“欧盟科研框架计划”，是当今世界最大的官方科技计划之一，资金投入预算已上升到第七个研究与技术开发框架计划（2007～2013 年）的 505.21 亿欧元，各主题领域均对国际合作开放，框架计划中列有“食品、农业和生物技术”主题领域；“全球变化计划”，由 IGBP、IHDP、WCRP 和 DIVERSITAS 4 个研究计划组成。

2. 国际组织资助的合作计划

国际农业组织如 FAO（联合国粮食及农业组织）、CGIAR 及所属研究中心

等均设有国际合作交流计划，如由 IRRI（国际水稻研究所）组织的“全球水稻分子设计育种计划”。此外，WHO（世界卫生组织）、IAEA（国际原子能机构）也资助农业科技合作交流。

3. 国外基金会资助的合作计划

国际科学基金会（IFS）、美国比尔和梅琳达·盖茨基金会等面向我国农业科学研究人员资助合作交流项目。

由多国政府、国际组织共同资助或科学家共同发起的动植物，如水稻、玉米、油菜、黄瓜、马铃薯、鸡、猪、鲤鱼等基因组计划。

（三）发表国际论文情况

据中国科学技术信息研究所统计，1999 年至 2009 年 8 月，我国农学学科发表 SCI 论文 6810 篇，占世界农学学科论文的 3.6%；合计被引用 30 457 次，占世界份额的 2.5%，世界排名第 11 位，10 年间位次提前了 3 名；篇均被引次数 4.47 次，比世界平均 6.4 次少 1.93 次。我国农学和食品科学表现不俗的论文占全部论文的比例 26.9%，排在前五名的还有化工、力学和能源科学等，全国平均比例为 11.5%；2008 年，我国国际合作产生的 SCI 论文为 23 481 篇，占其总数的 20.1%，其中第一作者为我国作者的有 13 175 篇，占合著论文的 56.1%。我国农学学科国际合著论文数量位列在前 6 个学科以外。

二、国际合作与交流的基本情况

（一）合作领域与国别、合作计划与模式

1. 主要合作领域

我国农业科学与国际交流合作的范围广泛，已涉及农业科学各分支学科从基础到应用的所有领域。主要有：农业生物资源研究；动植物分子育种；农业生物组学；水稻、番茄、黄瓜、鸡、蚕等农业动植物的基因组计划；基因克隆技术；资源高效利用；全球气候变化；农业生命科学前沿的新知识、新技术和新方法合作交流等。

2. 合作国别、国际组织、跨国公司

合作国别：新中国成立以来特别是改革开放以来，在政府间科技合作协定

的框架下，我国与世界一批国家开展了农业科学研究合作交流，截止到 2005 年，与 140 多个国家具有合作交流关系，与其中 20 个国家签订了双边农业合作协议或备忘录，有的还成立了双边农业联合委员会或农业联合工作组，定期商讨双边合作交流项目。与我国农业合作交流最多的国家是美国、日本、英国、德国、加拿大、澳大利亚 6 国。

合作的国际组织：与此同时，与 UNDP（联合国开发计划署）、FAO、CGIAR 及所属研究中心、IAEA、JICA（日本国际协力事业团）等国际组织建立了合作关系。

合作的跨国企业：我国农业高校、科研单位还与孟山都、先正达等国际大公司开展了多种形式的交流合作。

3. 我国主要国际合作计划

除国际组织支持外，我国也对国际合作和交流给予专项支持，目前我国主要的国际合作计划有：国家国际科技合作计划；国家自然科学基金委国际（地区）合作与交流项目，资助中国科学家的各类合作交流活动、参与重大国际合作研究项目和组织间合作研究项目、国际学术会议、外国青年学者研究基金；引进国际先进农业科学技术计划（以下简称“948”计划）；“111”计划。

4. 合作方式

目前农业科学国际合作与交流的模式主要有：专家来华讲学、技术指导、技术引进；派遣访问学者、研修生；双边或多边项目合作研究；合作举办学术研讨会、培训班；交换科技资料和动植物品种资源；引进设备等；合作培养研究生；共同承担重大科技计划等。我国还积极参与了水稻等基因组计划、全球变化计划等国际性重大科技计划，并做出了重要贡献。

（二）合作成果与经验

我国通过国际交流与合作，对促进农业生产发展、改善研究单位科研手段、加速人才培养和提高科学研究能力都起到很大作用。

促进了农业生产的发展。据农业部 2009 年统计，1996～2008 年“948”计划立项 1300 余项，先后从 40 多个国家和地区引进各类先进农业技术 1500 多项，种质资源 8 万多份，仪器设备等 1300 余套（台、件）。在引进动植物优异种质资源基础上，培育了大量适合我国不同类型生态区的动植物新品种，提升了我国农业的综合生产能力。截至 2008 年底，共引进粮食、棉花、油料等优良品种自交系、亲本和种质材料 8 万余份，挖掘出高产、优质、抗病虫、抗逆的育种材料近 50 万份，培育新品种 500 多个，累计推广 14 亿亩以上，为农业生产提供了强有力的技术支撑。目前，直接推广面积达 100 万亩以上的国外水稻品种有 19 个，推广面积达 1000 万亩以上的国外小麦品种 6 个。

推动了科技发展和缩短了科技攻关的时间。通过科技合作与交流大大加快了我国一些攻关课题的完成和科学研究与世界水平的接轨，对我国科技走向世界起到了积极的作用。1998 年，我国作为主要发起和参与国参与了“国际水稻基因组测序计划”。2007 年，我国牵头发起了“国际黄瓜基因组计划”，组织美国康奈尔大学等 7 家国内外学术机构参加，采用新一代测序技术对黄瓜约 3.5 亿个碱基对的全基因组进行了测序，自主开发了一套全新的序列拼接软件，以较低成本绘制了黄瓜基因组精细图，是世界上第一个利用 Solexa 法完成的植物基因组，相关研究成果 2009 年发表在著名的《自然-遗传学》上。2005 年，“中丹家猪基因组计划”对外公布了猪基因组序列测定的阶段性成果。中国科学家参与的“国际鸡基因组计划”也取得了具有全球性影响力的重大成果。这些重大研究成果的获得，都是与国际合作交流分不开的。

提高了科研人员的素质和培养了杰出人才。通过国际交流与合作，提高了我国农业科研人员的素质，培养了一批高级科技人才。自改革开放以来，我国派出的农业科学访问学者、出国留学人员中，大多数人把从国外学到的先进技术和取得的研究成果带回国内，在各自的岗位上，成为国内新学科和重点学科的学科带头人，在加速我国农业发展和农业科技现代化进程、缩短我国农业与世界先进水平的差距上起了重要作用，如在水稻抗虫育种，花培育种，小麦、胡椒遗传育种，家兔、牛胚胎工程技术，单克隆抗体，多肽疫苗，酶等研究方面派出人员，将国外所学到的先进技术应用于国内研究，很快提高了我国的研究水平，一些成果达到国际先进水平。

提升了我国农业科学的国际影响和学术地位。近年来，通过国际合作，展示了我国农业科研成果，显著提高了我国农业科学的国际影响和学术地位。我国已积极参与了一批前沿的国际大科学计划和大科学工程，如水稻、玉米、番茄、鸡、猪等多种动植物的基因组测序计划等项目，并取得了重大突破，为提升我国科技水平、在更深层次参与全球科技合作与竞争、提高我国国际影响力等方面发挥了重要作用，同时也为世界科技的发展做出了贡献。我国食品学科参与的欧盟第六框架计划中的欧洲食品-食品质量安全重大国际合作项目已正式启动。2008 年，我国与美国国家食品安全与毒物学研究中心共同组建中美食品安全联合研究中心；与加拿大农业与农业食品部建立了中加食品科学技术创新中心和中加合作食品研究发展中心；成功举办第 14 届世界食品科技大会、第 13 届国际生物技术大会等国际学术会议，这些都扩大了我国在全球食品科技界的影响。

（三）存在的问题与不足

在农业科学国际合作交流方面，我国目前存在的主要问题与不足是：人员互访形式多，项目合作和实质性合作不够；合作范围尚待扩大；我国在国际重大项目和计划中的主导作用不足等。

三、我国在该领域开展国际合作交流的战略需求分析

（一）适应世界农业科学发展特点开展科技创新的需要

目前，我国经济高速发展，综合国力空前提高，科技创新能力也明显提高。同中国经济的日益开放一致，中国科技也逐渐走向国际化。但是我国在开展“大科学”项目方面的投入、人才队伍、设备设施等方面还明显不足，要把握先机、赢得主动，抢占世界农业科技制高点，必须准确把握农业科技发展规律和未来发展趋势，积极参与或组织世界范围内的大联合、大协作，充分利用国际科技资源，加快我国农业科研进步，才能尽快缩短与国际农业科技先进水平的差距，使我国农业科技整体实力率先进入世界先进行列。

（二）国际合作交流是我国农业科学赶超国际发达国家的需要

农业科学正向深度与广度不断发展，以生物技术、信息技术的重大突破为标志，世界范围内正在掀起一场新的农业科技革命竞争。发达国家纷纷加大农业科技投入，加强农业基础科学研究和高新技术研究，掌握了一批具有重大应用价值的核心技术，催生了一批以生物育种为代表的农业新兴产业，主导着农业发展的新格局。近 20 年来，我国农业科学及各分支学科基础研究取得了长足的进步，一些研究领域或方向在国际上已有较高的学术影响和地位。但总体而言，与国际先进水平仍有较大差距，突出表现在研究内容多属跟踪性的，原创性的成果较少；论文数量增长快，而质量提升较慢；在国际作物科学学术舞台上参与的人数快速增加，但起主导或引领作用的国际级大师缺乏。在今后的 10 年中，可以预计我国部分学科和个别科学家在此领域定会处于国际前沿或领先地位，但整体仍然处于追赶发达国家的地位。今后 10 年是我国农业科学赶超国际发达国家最关键的时期，进一步加大国际合作与交流意义重大。

（三）我国农业科学高层次人才培养和学术队伍建设的需要

科技发展的核心是人才，高层次人才竞争国际化的趋势越来越明显。我国要在农业科学的前沿和高技术领域占一席之地，要切实加大对海外高层次人才的引进，通过国际合作和交流，吸引和凝聚海外高层次科技人才和管理人才，鼓励海外专家和优秀团队以合作研究或学术交流、技术培训以及工作任职等多种形式回国服务。同时，通过多种方式，鼓励国内农业科研人员参与国际科技合作研究，到美国和欧洲等发达国家和地区留学、进修，加快国内高层次人才的培养。与国际发达国家或前沿优势科研机构合作建设科研基地、大型科研装置等，改善人才培养条件。

（四）服务国家外交战略的需求

近年来，科技外交在国家外交体系中的地位日趋上升，科技外交水平已成为衡量一个国家综合外交水平的重要标志。美国等西方大国非常重视科技外交，并作为解决全球性问题的重要手段。我国在“平等互利、成果共享、保护知识产权、遵从国际惯例”的原则下，“请进来，走出去”的双向渠道越来越通畅，中外科技合作与交流日益蓬勃发展。作为一个实力不断增强的大国，中国应当在国际事务中做出更多的贡献，承担更大的责任。我国政府也承诺中国愿意做一个负责任的大国。服务国家外交战略，在农业科技合作交流中，除要注意与发达国家的“强强合作”外，还要与“我弱他强合作”并重，实施“走出去”战略，通过人才培训、智力支持、学术交流、科技合作、合作建设等方式，为非洲国家等发展中或欠发达国家培养高级人才、提供所需要的先进技术。

四、我国在该领域开展国际合作交流的总体布局

在国际合作交流的优先领域上，要充分考虑分支学科的特点，明确各分支学科未来10年国际合作的优先领域、重点国家和地区。重点是美国、加拿大等北美洲发达国家，英国、德国、法国等欧洲发达国家，日本、韩国等亚洲发达国家；同时要重视与欠发达国家的农业科技合作。

（一）美国

美国农业代表着当今世界农业的最高水平，在农业绝大部分领域有着无可

比拟的发展优势，尤其是现代生物技术在农业中的应用最为广泛。开展和美国农业学科领域的交流和合作有利于提高我国农业生产水平和国际竞争力。

优先合作领域：农业生物种质资源保护和利用，动植物分子设计育种，动植物卫生、食品安全和检疫，植物病虫害防治和动物疾病防控，农业生物技术。

主要科学问题：农业生物遗传资源评价与利用；功能基因组学和农艺性状以及经济性状的分子解析；作物新品种选育理论与方法学；重大农业有害生物为害成灾机制、致害性的分子机制及防控新理论与新方法，转基因抗病虫作物农田抗性稳定性影响因素、机制和调控；具有跨境转移为害的重大有害生物区域性监测与治理研究；新兴生物技术在农业生物生产中的应用基础；规模化养殖环境影响畜禽健康和生长发育机制，动物重要群发普通病的信号转导与网络调控机制，食品安全检测、控制理论与方法；转基因食品安全性评价。

主要国际研究计划：IFS、美国洛克菲勒基金会、美国比尔和梅琳达·盖茨基金会等。

国际合作形式：合作研究、人员交流、合作培养学生、利用美国大型信息数据和高新技术平台以及联合考察等，与孟山都和先正达等公司合作建设品种分子设计平台。

优先开展的组织和机构：FAO、美国农业部、美国农业研究局（ARS）、美国的高等院校和科研院所等。

（二）欧盟

优先合作领域：动物疾病防控，农业生态系统，气候变化，农产品加工与贮运，食品安全，转基因生物安全等。

主要科学问题：作物生产与气候变化的理论研究；作物品质形成与生理代谢调控研究；森林生态系统碳、氮、水长期连续定位观测的关键方法和技术，尺度转换技术，空间信息技术大尺度监测评价荒漠化土地的集约经营技术和管理；动物源温室气体的减排机制；病原与宿主的互作及其信号转导与调控网络；外来病防控基础研究；食品加工新技术对食品物料的影响。

主要国际研究计划：欧盟科研框架计划、德国洪堡基金等。

国际合作形式：合作研究、双边会议、人员交流、合作培养学生以及联合考察等。

优先开展的组织和机构：欧盟主要成员国农业机构、科研院所。

（三）日本

优先合作领域：园艺作物栽培，植物种质资源创新与利用，生物质能源开发，水产健康养殖，蚕丝蛋白改良和综合利用。

主要科学问题：作物逆境分子和生态机制研究，生物质能源次生代谢途径整合，逆境环境中高抗速生林木良种树种的选育与培养和优质木材产业化，水产资源养护和增殖的理论和技术；水产品的质控和安保的基础研究；海洋新生物资源的代谢特征与利用途径的研究，蚕丝蛋白合成机制，蚕丝改性的基础理论等。

主要国际研究计划：中日联合基金，日本小渊基金。

国际合作形式：合作研究、人员交流、合作培养学生。

优先开展的组织和机构：日本国际协力机构（JICA）。

（四）澳大利亚

优先合作领域：农林生产系统的环境生态互作机制，牧草/作物—家畜综合系统管理，全球气候变化对草地生态系统的影响，食品安全。

主要科学问题：植物—土壤—微生物互作机制与调控；土壤—植物系统过程定量化，外来入侵有害生物的风险评估与控制；农业生物药物作用机制和创新，信息技术与精准草业，作物—家畜综合系统管理，放牧型栽培草地稳定性维持机制，可持续放牧系统，危害因子的风险评估；主要污染物在食物和环境中的迁移转化机制。

主要国际研究计划：中澳青年科学家交流计划、中澳科技合作特别基金。

国际合作形式：合作研究、人员交流、合作培养学生。

优先开展的组织和机构：澳大利亚科学院（CSIRO）。

（五）加拿大

优先合作领域：林木改良，食品安全检测与监测，动物健康养殖。

主要科学问题：林木生长、生殖发育过程中的生物基因组学研究；针叶树遗传改良理论及技术研究；天然产物中生理活性物质的作用机制及调控，逆境条件对畜禽机体健康与生产性能的作用规律及其行为表现与应激机制和应答模式；畜禽场粉尘、臭气、温室气体的排放、扩散与减排机制；畜禽场病原微生物传播途径与规律。

主要国际研究计划：中加农业发展计划、中加政府间科技合作基金。

国际合作形式：合作研究、人员交流、合作培养学生。

优先开展的组织和机构：加拿大农业部、圭尔夫大学等。

（六）国际性科研机构

优先合作领域：作物栽培技术，农业生物资源保护和利用，有害生物综合治理（IPM）和生物多样性，生物组学。

主要科学问题：各种种质资源（如近缘野生资源、地方种质、育成品系品种等）中优良基因的发掘；重大农业有害生物的重要生物学性状的功能基因组学、转录组学、蛋白质组学和代谢组学研究，重要农业动植物的基因组测序和比较基因组测序；水稻功能基因组（稻2020）计划；主要农业动植物重要性状的功能基因组；蛋白质组学、代谢组学研究平台建立和完善。

主要国际研究计划：全球变化计划，全球水稻分子设计育种计划。

国际合作形式：合作研究、人员交流、合作培养学生

优先开展的组织和机构：WHO、IAEA、CGIAR、ILRI（肯尼亚国际畜牧研究所）、CIMMYT（国际玉米小麦改良中心）、IRRI。

第七节　保障措施与建议

相对于其他学科而言，国家对农业领域的科学研究经费与支撑条件建设投入一直较少、历史欠账较多，近年来虽然有所改观，但总体上农业科学研究的条件还是比较艰苦和薄弱，不堪承载相应的社会责任和使命。

为了保障2011～2020年我国农业科学发展战略目标的实现，结合目前的工作基础和存在的主要问题与不足，立足于机制创新和制度建设，采取积极有效措施，推动农业科学各分支学科均衡、协调和可持续发展，促进我国农业科学总体水平接近或进入国际先进行列。

一、进一步提高国家对农业基础研究经费的投入

国家自然科学基金是农业基础研究经费的主渠道，与同属于生命科学的生物学和医学相比，设置的农业学科和分配的资助指标偏少，建议进一步提高对农业科学所属10个分支学科项目的资助经费，增加对农业领域创新群体科学基金、国家杰出青年科学基金、重大研究计划、重大项目和重点项目的支持。

“973”计划是以国家重大需求为目标导向的基础研究计划，是农业基础研究的重要经费支持渠道，但该计划实施12年以来，农业科学类资助项目的比例

极低。因此，国家有必要进一步增加对“973”计划经费的投入，并加强对引领和支撑农业经济未来发展的重要方向及早和全面布局重大基础研究项目。

结合国家中长期重大需求和科技发展规划，实施一批农业科学相关的重大科技专项、重大科学计划和重大科学工程，带动农业科学发展。

二、努力改善农业基础研究的支撑条件

国家重点实验室建设计划实施25年来，在七大领域已经布局和建设国家重点实验室200多个，但农业领域仅有国家重点实验室14个，在多个重要分支学科和研究领域（如作物生理与栽培、园艺学、动物遗传育种与繁殖、水产养殖、食品安全、林学等）尚未布局和建设国家重点实验室。建议尽快在上述重要领域建设一批国家重点实验室和3个左右的国家实验室，切实保障在我国农业基础研究的重点领域和主要方向具有国家基础研究基地。

农业领域的部门重点实验室建设计划已经实施20年，但一直没有得到国家财政的支持。相对于有国家财政支持的中国科学院和其他部门重点实验室的装备水平来说，131个农业部重点开放实验室大多数没有专项建设经费投入，从而严重地制约了农业基础研究和人才培养的整体水平发展。因此，建议国家尽快将农业领域的部门重点实验室建设和运行管理纳入财政支持的范畴。

三、着力加强农业基础研究队伍建设

进一步扩大研究人员规模，并科学布局。未来10年我国需要进一步扩大农业科学研究人员规模。新增农业基础研究人员的科学布局主要包括三个方面：一是借鉴国内外一流学术机构的成功经验，重构我国农业大学（含涉农大学）和研究院所研究人员与实验技术人员的合理比例与结构，提高农业基础研究的工作效率和效益；二是新增的农业基础研究人员主要充实到农业大学和国家级农业和涉农研究机构，以尽快发挥其效能；三是要注重分支学科中优势学科和薄弱学科人员的合理配置，优先保障在经济社会发展的急需领域和国际前沿、优势领域及新兴学科、交叉领域的研究人员的数量增长，保障各分支学科均衡、协调和可持续发展。

着力提高我国在优先发展领域和重大交叉领域的原始创新能力，围绕重点工作建设、锻炼和培养农业科技人才队伍。

加强研究生创新素质和创新能力培养。学术型研究生既是目前基础研究项目实施的生力军，也是未来我国基础研究人才队伍的后备力量。通过进一步提

高农科研究生生源质量和改善培养条件，集成创新过程、创新思维、创新方法和创新技能训练于一体，并追求创新结果，开展学术型研究生培养模式改革创新。

进一步解放思想，充分利用海外相关人才和智力资源。国家实施海外高层次人才引进计划（以下简称“千人计划”）和国家杰出青年科学基金等计划时应更加重视农业科学的基础和战略地位，应予以扶持和倾斜支持；农业类大学和研究所也应采取更加积极和有效措施，吸引更多的优秀海外华人和留学生回国工作，尝试聘用优秀的外国学者来校来所全职工作。

四、进一步提高农业国际合作交流工作的成效

国际合作交流是提高基础研究工作效率和效益的有效途径，从海外科技人才吸纳，学术思想、研究方法和技术的交流与应用，项目实施过程、科学数据共享、研究成果公布等多方面提高农业基础研究的国际化水平，培养和造就一批具有重要国际学术影响与地位的农业科学家和创新团队；以我国为主发起、积极参与农业领域相关国际合作研究计划，提高我国在农业研究领域的国际参与度并做出较大的和应有的贡献；倡导强强合作或优势互补的合作方式，在国内建设一批具有较大学术影响、稳定和实质性的国际联合实验室；通过合作研究取得一批重大重要研究成果，提高合作发表科学论文的数量和质量；在我国举办和承办一批国际系列学术会议、技术培训班、工作研讨会等，扩大国内相关人员的受益面，从整体上促进我国农业基础研究达到国际先进水平。

◇参考文献◇

科学技术部等. 2009. 农业及粮食科技发展规划（2009—2020 年）

美国农业部农业研究中心. 2010-05-17. 美国国家农业发展计划. http：//www. ars. usda. gov/research/programs. htm

信乃诠，许世卫，孔繁涛. 2008. 我国基础农学学科发展战略研究. 前沿科学，3：9～18

张启发. 2009. 绿色超级稻的构想与实践. 北京：科学出版社

中国科学技术协会，中国水产学会. 2009. 2008～2009 水产学学科发展报告. 北京：中国科学技术出版社

中国科学技术协会. 2009. 2008～2009 基础农学学科发展研究报告. 北京：中国科学技术出版社

中国林学会. 2007. 2006～2007 林业科学学科发展报告. 北京：中国科学技术出版社

中国畜牧兽医学会. 2008. 2007～2008 畜牧兽医科学学科发展报告. 北京：中国科学技术出版社

中国园艺学会. 2008. 2007～2008 园艺学学科发展报告. 北京：中国科学技术出版社

中国植物保护学会. 2008. 2007～2008 植物保护学学科发展报告. 北京：中国科学技术出版社
中华人民共和国国家统计局. 2009-02-26. 2008 年国民经济和社会发展统计公报. http://www.stats.gov.cn/tjgb/ndtjgb/qgndtjgb/t20090226_402540710.htm
中华人民共和国国务院. 2006-02-09. 国家中长期科学和技术发展规划纲要（2006—2020 年）. http://www.gov.cn/jrzg/2006-02/09/content_183787.htm

第二章

作 物 学

作物学是以高等栽培植物（农作物）为研究对象，充分利用自然资源（水、肥、光、热等）进行大规模高效生产的科学。作物学是整个农业科学的核心学科之一，是农业发展的战略基础学科。

第一节 战略地位

作物生产维系着人类最基本的生活需求，是国民经济建设中最为重要的领域之一，直接关系着我国的国计民生。因而，作物学是整个农业科学的核心，是农业发展的战略基础学科。人类要解决所面临的人口、粮食、资源和环境等问题，迫切需要作物科学取得新发展和突破。在作物优良品种培育、耕作栽培等方面不断创新，推动作物生产水平不断提高和现代农业的可持续发展，将为保障国家粮食安全、保护农业生态环境、维持经济持续发展、不断提高人民生活质量提供理论基础和技术支撑。

一、作物学科发展是提高农业生产能力、确保国家粮食和农产品供给安全的根本措施

我国自然资源的硬约束不断增强，人均耕地、水资源量明显低于世界平均水平。粮食、棉花等主要农产品的需求呈刚性增长，农业增产、农民增收和农产品竞争力增强的压力将长期存在。这就决定了农产品保障有效供给，特别是保障粮食安全，是种植业发展的首要任务。要在稳定解决温饱基础上满足城乡居民食品多样化的消费需求，对粮食质量和数量的需求还要进一步增加，粮食安全问题更加严峻。同时棉花、油料等作物的生产能力和需求矛盾也不断加剧，

对增产的需求也日益迫切。

目前我国粮食生产能力为5.3082亿吨，粮食平均单产为4743千克/公顷，2009年中国人均粮食占有量只有398千克。我国《农业及粮食科技发展规划(2009—2020年)》指出，到2020年我国粮食综合生产能力要达到5.5亿吨以上，平均单产要达到5250千克/公顷。据测算，我国人口在2030年前后将达到16亿，要满足粮食需求，粮食单产需提高到6450千克/公顷左右。这就要求必须加强粮食主产区生产能力，在现有基础上大幅度提高我国农作物的单产水平，实现低产变中产、中产变高产、高产再高产。

要提高单产，迫切需要在作物新品种培育和超高产栽培理论与技术上取得重要突破。目前我国作物优良品种还远不能满足超高产的要求，应用生物技术等新技术不断培育高产品种是粮食增产的必备基础，迫切需要更多聚合多种优异性状繁荣“超级”品种。另外，由于生产条件与栽培技术等原因，作物良种的增产潜力也未被充分挖掘，现实作物产量与高产纪录差距悬殊。例如，我国水稻、玉米的全国平均单产仅达到高产纪录的30%～35%，我国主要作物平均单产仅相当于世界同类作物最高单产国家同类水平的40%～60%。国内外大量研究和生产实践表明，农作物新品种对单产提高的贡献率在诸项农业技术中占30%以上，作物栽培管理对提高作物产量和品质的贡献率达30%～40%。

粮食安全是关系到我国国民经济发展、社会稳定和国家自立的全局性重大战略问题，也是当前和今后相当长时期内我国农业科技发展的重要任务。同时，由于市场需求多样化、优质化，我国新阶段的农业生产目标已由过去单纯追求产量提高转向高产、优质、高效、生态、安全多目标的统一。这都有赖于作物学科的建设和发展。

二、作物学科发展是支撑社会主义新农村建设、增加农民收入的迫切需要

《规划》和“十一五”计划都把增加农民收入作为重要战略任务。种植业占我国国民生产总值的18%，提供了人们赖以生存的口粮和其他生活资料，是广大农村人口重要收入来源，特别在欠发达地区，种植业占到农民经济收入的90%以上。种植业的稳定和发展，直接关系到农民收入水平，不仅是农村经济发展的基础，也是农村社会稳定的重要保障。要增加农民收入，必须进一步挖掘农业增收潜力，积极发展品种优良、特色明显、附加值高的优势农产品。提高作物生产过程中的科技含量，降低生产成本，提高种植效益。玉米、小麦等作物新品种、作物栽培新技术和现代农作制等技术的推广，大幅度提高作物产量，节约用工，减少投入，增加农民种植收入。

社会主义新农村建设的首要任务是提高农业综合生产能力，关键是提高农业科技水平和贡献率。要实现“生产发展、生活宽裕、乡风文明、村容整洁、管理民主”的建设目标，必须发展现代农业，提高作物单产、品质和生产效益，增加农民收入；推进农业结构调整，发展高产、优质、高效、生态、安全农产品；优化农业区域布局，改革传统耕作方式，推行农业标准化，发展节约型农业；加强农田和农村生态管理，改善农村面貌；提高农民科技素质，培养新型农民。这些战略任务的完成都离不开作物学科发展的支撑。在新农村建设的14项重点工程中，大型粮棉油生产基地和优质粮食产业工程、沃土工程、植保工程、种养业良种工程等都与作物学科紧密相关。

三、作物学科发展是突破资源制约，改善农田生态环境，确保农业区域均衡可持续发展的紧迫任务

耕地减少、水资源短缺和生态环境不断恶化是我国农业发展始终面临着的三大挑战。我国人均耕地和淡水资源分别是世界平均水平的1/3和1/4，农业灌溉水有效利用系数仅为0.47，远低于发达国家的0.7左右。我国耕地的78.5%属于中低产田，其中，38.7%被侵蚀，36.3%干旱缺水，26.2%耕层浅薄，10.9%渍涝盐碱化。同时由于石化产品（如化学农药、化肥等）的长期大量不合理使用，造成农业污染问题日趋严重。我国传统农作物生产技术模式以“高投入、高产出”为特征。例如，水、肥等投入大，但其利用效率低（如化肥利用率仅为30%～35%），不仅影响环境质量，而且增加了生产成本。土地退化、环境污染、生物多样性下降等生态环境弊端日趋显现，已成为农业生产可持续发展的关键制约因素。因此，如何协调作物高产与资源环境压力大的矛盾，是现代农作物生产的重大难题和迫切需求。实现农业可持续发展，提高农产品的市场竞争力和增加农民收入，必须通过培育高产高效、抗病虫、高效利用资源型等作物新品种；建立和推广新型农作制度、耕作栽培技术；加快节水、节肥、节药、节工等综合作物栽培技术的研发；通过技术攻关和集成，构建高产、资源高效、环境友好的农作物生产技术体系和模式；提高水分、化肥等资源的利用率，降低污染和改善农田生态环境，形成农田循环高效生产体系。

我国地域辽阔，种植业生产所依赖的气候地理环境条件多样，相应的生产品种结构需求多样。同时随着我国现代农业发展与农村经济转型加快，迫切需要加速构建有区域特色的现代农作制模式，强化农作物生产领域的制度性技术进步。如何协调增加农民收入与保障国家粮食安全、集约化生产与农产品质量安全、提高农业生产力与资源生态安全、发展现代农业与农村劳动力转移、拓展农业新型产业与城乡统筹发展等，是现阶段农业科技发展面临的重大难题和

艰巨任务。迫切需要从系统角度研究农作物生产与自然环境及人工环境关系，以及农业系统中种、养、加及农、林、牧产业协调发展的综合技术体系。围绕协调农业生产、农民增收与资源生态保护的重大技术需求，加速建设资源节约、生态友好、集约高效、产业协调，建立符合我国国情和有区域特色的现代农作制。探索适合不同类型区域的现代农作制发展的关键技术、主导模式及配套技术体系，是支撑我国现代农业发展的重要内容。种植—加工、种植—养殖及种植—养殖一体化和规范化的农作制模式与技术，节地、节水、节肥等资源节约高效型农作制模式与技术，保护性农作制模式与技术，以及防灾减灾农作制技术等，都是我国区域农业发展中迫切需要的技术支撑。以上研究正在成为作物科学研究活跃的领域。

四、作物学科发展是实施国家中长期科技发展规划、促进农业科技进步的重要战略内容

作物生产是农业产业链的核心和基础，作物学科是农业科技中最关键部分。要提高农业科技水平，必须通过高新技术带动常规种植业技术升级，持续提高土地综合生产能力，促进农业加工、养殖等产业化。要完成《纲要》中规划的新农村建设、发展现代农业、增加农民收入、改善农村面貌、培养新型农民等重要战略任务，都离不开作物学科的发展。《纲要》中还把生物技术应用研究、农业技术集成和配套、主要农作物育种和高效生产、农业环境调控、超高产高效栽培等列为重点突破的关键技术；把种质资源发掘、保存和创新与新品种定向培育、生态农业、农业精准作业与信息化列为农业领域的优先主题；把植物品种分子设计列为前沿技术之一；把农业生物遗传改良和农业可持续发展中的科学问题列为面向国家重大战略需求的基础研究。

目前我国科技进步对农业增长的贡献率为48%，显著低于发达国家的60%～80%。进入21世纪以来，生物技术、信息技术和数字技术等新技术向作物科学领域不断渗透和交融，促进了作物科学的迅速发展。现代基因组学、生物技术和生物信息学与传统作物育种的结合直接引发了育种技术的革命，从传统的表现型选择逐步过渡到基因型与表现型相结合的选择，一种全新的分子设计育种应运而生。通过信息技术和数字技术的创新应用，推动了作物生产向优质、高效、无污染方向发展，显著提高了作物生产的可控程度和农产品的市场竞争力。加强作物学科相关的基础和应用基础研究，促进传统技术的跨越升级。在作物优良品种培育、耕作栽培、养分管理等方面不断创新，推动作物生产水平不断提高和现代农业可持续发展，将为保障国家粮食安全、保护农业生态环境、维持经济持续发展、不断提高人民生活质量奠定必要基础。

第二节 发展规律与发展态势

一、作物学的内涵和发展规律

作物学研究对象为高等栽培植物——农作物，研究目的是为了充分利用自然资源（水、肥、光、热等）进行大规模高效生产。作物科学任务是研究作物重要性状的遗传规律和育种技术，培育优良品种，实现良种化、种子标准化；揭示作物生长发育和产量、品质形成规律及其与环境关系，制定相应的耕作、栽培、管理技术策略，将良种的增产潜力转化为现实生产力，实现持续高产、优质、高效、环保、安全的生产目标。作物学科涵盖作物种质资源与遗传育种学、作物生理生态学、作物栽培与耕作学、作物种子学等二级学科。

农作物生物学基础研究不同于纯植物生物学理论研究的模式植物。农作物具有高度进化的形态特征，复杂的遗传生理基础，其主要性状的发育、调控与生物和非生物环境密切相关，受到众多外在因素的限制。在学科发展规划时，必须充分认识和考虑作物学的复杂性、系统性和实践性特点，围绕作物产量、品质、环境适应和利用等方面开展研究。

二、作物学发展态势

作物学既是一个传统的学科，又是一个富于活力的学科。随着生物技术和信息技术的兴起和发展，本学科成为生命科学领域最具有发展潜力的前沿学科之一。目前国际上本学科发展状况和主要态势如下。

（一）生物技术和信息技术的迅猛发展和应用，推动作物学科基础研究不断深入，研究领域不断拓展，已成为农业科技创新的源头动力

基因组学、蛋白质组学、生物信息学等新学科新技术的发展及其与作物学科的交叉渗透，不断推动作物学科基础研究的深化和拓展。作物生物组学正在成为深入地、系统地认识作物遗传和生理分子机制的有力手段。作物生长发育、杂种优势、器官发育、开花习性、昼夜节律、小分子RNA、生物/非生物逆境抗性机制等重要生理现象分子机制方面取得了突破性进展。作物栽培学与耕作

学的研究，已从作物个体、群体逐步上升到农田生态系统。与信息学等学科交叉形成了精确化、数字化、轻减化和工程化的全新栽培管理体系。应对全球气候变化对作物栽培和耕作学提出新的挑战。同时作物学科与其他学科的交叉日益加强，多学科、多区域联合攻关正在成为解决作物学重大科学问题的科研模式，对作物学科人才培养也提出了复合型、创新型等新的需求。

（二）农作物种质资源的发掘与利用已成为育种研究的重要热点

农作物新品种培育的突破与优异基因资源的发掘有关。把常规技术和现代分子手段相结合对农作物种质资源进行鉴定、评价、发掘和创新的研究已成为众多国家的共同战略。目前已经克隆和发掘了决定形态、发育、产量、品质、抗病虫、抗逆等一系列重要农艺性状的基因资源。我国有不少稀有特有的优质种质资源，在采用常规技术对种质资源进行发掘和利用研究基础上，加强分子水平上研究，并结合最新发展和完善起来的各种分子育种技术和方法，将为进一步提升现代育种工作效率和水平奠定坚实的物质基础和技术保障。

（三）作物基因组研究对于认识农作物农艺性状功能基因的功能、表达调控机制、基因组进化和分化具有重要意义

目前主要农作物全基因组测序向纵深发展，已完成了水稻、玉米等作物的全基因组测序。水稻、玉米等主要作物已启动近缘野生种等遗传资源的深度测序。建立了主要农作物的各种突变体库和对应的旁邻序列索引信息库，从全基因组范围内来研究基因的功能和代谢。小麦、玉米和水稻等作物相应基因及其基因组区域的比较基因组学研究，以及了解物种间基因组的保守性和基因组的重排程度及其机制，将为作物分子育种和生理调控提供理论基础。

（四）大力开展作物生理生态研究，特别是分子生理与栽培调控机制已成为作物高产、优质、高效生产技术开发的重要保障

国内外研究机构围绕作物高产、优质、高效、抗逆生产的作物生理生态机制开展了大量而卓有成效的研究。例如，日本东京大学、德国霍恩海姆大学等在环境友好型作物高产、氮高效利用机制、作物水分胁迫生理、作物耐盐胁迫机制、分子生理等方面取得了大量研究成果。我国作物生理学家，在以水分胁迫为中心的逆境生态生理、作物水分代谢及逆境胁迫反应（补偿）机制，作物逆境适应性和御逆机制，逆境与作物生长发育、产量、品质的关系及机制等方

面进行了大量研究，为抗逆育种和抗逆栽培提供了理论与技术支撑。

（五）杂种优势利用是提高主要农作物产量的关键途径，也是各国竞争的焦点

目前，农作物杂种优势利用国内外都面临一些严峻的挑战：一是已经在生产上利用杂种优势的作物，其杂种优势潜力急需进一步提高。例如，我国玉米杂交种的杂种优势潜力在过去20年中没有显著的提高，杂交水稻也面临类似问题。二是一些重要的农作物（如小麦和大豆等）由于缺乏有效的杂种优势利用途径（高效制种体系），目前生产上尚未大规模利用杂种优势。在这种现实背景下，针对当前主要农作物杂种优势利用的主要问题，提出杂种优势利用的新途径和新方法，使杂种优势潜力和利用效率得到进一步提高，将具有重要的应用价值。

（六）作物分子与细胞工程育种已成为提高农作物育种效率的重要手段

分子与细胞工程育种克服了常规育种方法周期长、预见性差、选择效率低的局限性，打破物种界限，克服生殖障碍，实现优良基因重组和聚合，定向选育优质、高产、抗病、抗虫、抗逆农作物新品种。目前，棉花、玉米、大豆等转基因作物已进入商业化阶段，全球范围内转基因作物的种植面积呈逐年大幅度增长趋势。在水稻、小麦、玉米、番茄、柿子、桃、苹果、黄瓜、月季等农作物分子标记辅助育种方面取得了一系列重要进展，并开始了分子设计育种研究。另外，小孢子培养、花药培养以及染色体工程等细胞工程技术在作物育种中成功应用，已成为农作物育种的重要方法和手段。随着各种高通量、自动化分析仪器使用和分析成本的不断下降，以海量生物信息，特别是全基因组序列为基础的分子设计育种技术，正日趋实用化，将大幅度提高育种效率。分子和细胞工程育种与常规育种有机结合将成为取得农作物育种水平新突破的重要途径。

（七）作物高产、超高产与资源高效利用、环境友好的结合已成为全球农业研究的重要方向和热点

1998年以来，许多国家的谷物单产出现了多年的停滞或下降。这与作物高产带来的资源短缺、环境恶化、土地退化等问题密切相关，可持续农业研究成为国内外关注的焦点。不断向深度与广度扩展的农作制研究已成为适应农业生产系统整体性不断加强、产业链条不断延伸、技术集成及其经济效果重要性日

趋突出的必然要求。20 世纪 70 年代初以来，国际农业研究中心（IARC）和国际半干旱热带作物研究所（ICRISAT）等多个国际机构纷纷开展了农作制研究。21 世纪初，为了适应经济全球化的挑战，FAO 和世界银行组织编写的 *Global Farming System Study: Challenges and Priorities to* 2030 提出农作制的运行战略、路线方法与技术。在研究方向上，由单纯的增产向增加农民收入、扶贫、妇女问题、国家或区域的粮食安全、资源环境保护等方向扩展。在技术体系与研究方法上，不断吸收现代生物技术、信息技术、管理技术等，推进农作制研究手段现代化。

第三节　研究现状和研究动态

一、研究现状、重要进展和重要成果

随着国家对基础研究的重视和科研投入不断增长，我国科技人员在作物科学基础和应用基础研究方面获得了明显的成绩，有力推动了作物科学的技术创新。直接表现为我国作物学基础和我国近几年科学论文的数量有了很大的提高，代表基础研究水平的 SCI 文章的质量显著提高，在《科学》、《自然》等国际顶尖期刊发表一系列创新性成果，在国际学术界产生了重要影响。

（一）作物种质资源挖掘和利用稳定快速进展

为了实现作物种质资源的安全保存，种质资源原生境保护与非原生境保护（如种质库、种质圃、植物园等）相结合的标准化、规模化、自动化和网络化保存体系构建成为种质资源保护生物学的研究热点。在群体、个体、细胞、分子水平上进行了优异种质资源的鉴定、评价和遗传分析。随着基因组学的迅猛发展，对不同种类的种质资源（如野生近缘种、地方品种、育成品系品种等）的比较研究备受重视，而基于种质资源新基因发掘已成为争夺基因专利的焦点。近年来，在收集、评估、保存不同种类种质资源的同时，筛选出核心种质、微核心种质。在此基础上，培育出一批重组自交系、染色体片段导入系、近等基因系等分离群体，用于重要农艺性状基因的定位和克隆，开展全基因组或基于候选基因的连锁不平衡关联分析。从主要作物的种质资源中发掘优良等位基因。但是，整体工作的广度与深度还需要进一步扩展，以提升我国作物种质资源研究水平。

（二）作物基因组学和遗传育种取得重要突破

以水稻引领的我国作物科学近几年来取得了骄人的成绩，我国独立完成了籼稻基因组精细图和粳稻第4染色体精细图。同时，还参与国际番茄、马铃薯、棉花等基因组测序计划。在水稻、玉米等主要作物上创建了大规模的突变体库，并分离了大量插入位点的旁邻序列，定位了株型、产量、品质、营养（氮、磷）高效、抗病虫、抗逆等一系列重要基因/QTL。在主要作物重要农艺性状基因的克隆中获得了一批具有自主知识产权的功能基因，特别是水稻在国际上形成了明显的优势，克隆了控制分蘖、籽粒形状、品质、株型、抗病、耐盐、磷高效、广亲和等原创性的重要基因。在水稻中开展了系统的表达谱分析、转录因子分析和表观遗传学研究，并将基因组序列、cDNA序列、突变位点序列等整合、联网，同各国科学家共享。进一步深化了对杂种优势机制的认识，提出了“上位性是杂种优势的主要遗传基础”的学术观点。在植物育种技术和方法上不断创新，在继续大规模利用杂种优势的同时，利用细胞工程、分子标记、转基因技术开展优良基因的定向转移，培育出了大批高产、优质、多抗作物新品种，转基因棉花等基因工程品种开始大面积推广。未来5～10年，分子设计、基因工程和染色体工程将逐步扩大应用范围，与传统育种技术结合，将大幅度提高育种的效率和水平。

（三）作物生理、栽培和耕作研究不断深化拓展

在作物栽培耕作和生理生态研究方面，目前研究主要集中在作物高产理论与技术、保护性耕作与循环农业理论与技术、作物高产优质的化学调控理论与技术、作物高产与资源高效协同理论与技术、农田生态系统对气候变化的响应与适应、数字农业理论与技术等领域。在作物超高产、高产优质、化学调控、数字农业等方面取得了突出成就，部分领域已达到或接近国际先进水平。通过肥水运筹，延缓根系衰老，协调“源、库、流”关系的研究，为作物高产、高效、优质奠定了较好的理论基础。创建了“叶龄模式”和高产高效群体质量等作物高产栽培理论和精准、简化、高效、生态安全、环境友好等栽培技术，逐步实现作物栽培的标准化、智能化、数字化和实用化。从国际上看，面向解决粮食安全和应对全球气候变化，如何挖掘作物生产潜力，探讨超高产的理论与技术，建立简化、高效、安全的作物生产技术体系，将是未来5～10年的重要课题。

（四）基础学科对作物学的支撑能力显著增强

与农业相关的数学、物理、化学、农业气象学、农业信息学、农业系统工程等基础学科快速发展，其新理论、新概念和新方法正不断为作物科学和农业科学其他分支学科提供有力的技术支撑。数学与农业科学的结合取得了一系列进展，如微分方程进行植物图像的模式识别，数理统计和随机过程应用于植物育种。我国农业物理领域从 20 世纪 90 年代起得到较快发展，在声波助长技术、种子磁化技术、空间电场防病促生技术、电子杀虫技术和二氧化碳增施技术、遥感技术等方面的研究已趋成熟，正逐步在农业生产中应用。在农业气象学领域，开发了农业气象信息处理平台，对干旱、洪涝、霜冻等的影响进行分析、评估和预警，取得较好的防灾效果；发展了气候资源小网格分析理论和方法，进行特色植物气候适宜性精细化种植区划；开展了基于作物模型和气候变化情景的气候变化影响评估分析技术；开始研制大区域蒸散测定仪器和农田气象环境远程监测系统，使今后将空基与地基结合进行农业气象环境灾害实时监测和预警成为可能；关注气候和气候变化对粮食安全、生态安全的影响，倡导低碳减排型农业和气象环境协调型农业理论与技术研究。在农业信息学方面，已建立了高精度的基于光谱学原理的作物营养诊断模型、基于光谱学原理和机器视觉原理的病虫草害信息采集、处理和预测模型，已经建立了多个作物的可视化生长模型。在大田作物上方面，综合利用遥感、光谱、机器视觉等现代信息技术，研究并揭示了主要农作物的适生环境形成机制和最优调控模型。

二、基金资助情况

国家自然科学基金委员会一直重视作物学的发展，对作物学和农学基础学科的资助不断增加。2003～2008 年，国家自然科学基金委员会生命科学部资助的重点和重大课题中，作物学科 25 项，总经费 4865 万元。2003～2008 年，生命科学部共资助国家杰出青年科学基金 281 人，其中，作物学领域 15 人，农学基础学科领域 1 人。2003～2008 年生命科学部共资助面上类项目（含面上项目、青年基金和地区基金）22 487 项，其中，作物学科 856 项，总经费 20 398 万元；农学基础学科 78 项，总经费 1781 万元。6 年中作物学科、农学基础学科面上类项目总数 934 项，总经费 22 178 万元，项目和经费分别占生命科学部面上类项目总资助数的 4.16％和 4.17％。

三、平台建设和人才队伍情况

近年来，由于我国对作物学科的投入持续增加，条件建设不断改善，人才队伍的数量和质量均有较大提升。

在平台建设方面，形成了国家、部门和单位不同层次，重点实验室、工程实验室和工程技术中心、品种改良中心、野外观测基地等不同功能定位的科研平台体系。截止到2009年，全国已批准建设的作物学科相关的国家重点实验室有6个，分别为作物遗传改良、作物遗传与种质创新、作物生物学、水稻生物学、农业生物技术、热带作物生物技术。在教育部、农业部和各省地批准建设的省部级重点实验室中，也有一大批与作物学有关。截止到2009年，农业部建设的131个重点开放实验室中，与作物学相关的有52个；建设了国家农作物种质资源保存中心；建成24个国家农作物改良中心，82个分中心，覆盖小麦、玉米、水稻等27种主要农作物。同时各农业高校、科研单位在科研条件上都有大幅度改善，全国分工协作的局面逐渐形成。

在人才队伍方面，通过平台汇聚、团队建设和项目带动，作物学科人才队伍日益壮大，学科结构逐步完善，科技实力不断提升，已形成一支老中青结合、团结协作、有较强科研竞争力的学术队伍。截止到2009年，全国与作物学相关的中国科学院、中国工程院院士20人，国家杰出青年科学基金获得者21人。从国外引进和国内培养的高水平科技人才数量迅速增加，科研人员整体素质不断提高。

但是，目前我国作物学科科研平台和人才队伍的整体情况与国际一流水平相比尚有较大差距，尚不能满足作物学科的快速发展和国家重大战略需求，仍需要加大投入力度，加快基础条件建设和队伍建设。

四、存在的主要问题

（一）基础研究原创性不强，国际有重大影响成果少

由于我国作物学研究多年来重视解决生产问题、强调应用技术，相关的基础研究较为薄弱。近年来随着生物基因组学、蛋白质组学、代谢组学、生物信息学和系统生物学等新学科的飞速发展，国际作物科学的发展日新月异。虽然我国作物学基础和应用研究发展迅速，并产生了一些重要的科研成果，但与国外同领域相比，差距依然很大。表现在缺乏标志性的、针对国家重大需求、解

决重大农业科技问题、支撑作物技术创新的重大基础研究成果，在《细胞》、《科学》、《自然》等国际顶尖杂志上发表的、有国际重大影响的论文少，应对粮食安全的理论创新和技术储备已明显不足。

（二）科技投入不足不稳，学科持续发展受制约

近年来，随着我国对科研投入的加大，作物学科研经费大幅度增长。但整体而言，作物科学领域投资力度仍显不够，远低于医学等其他生命科学学科。2008 年和 2009 年国家自然科学基金委员会面上项目对农学（含作物学等）项目的资助率分别为 18.03%和 20.37%，明显低于植物学、细胞生物学等学科。与国外科研机构比，作物学科人均经费不到欧美同类学科的 1/2，随研究国际化和科研消耗品增加，科研经费的压力依然严峻，一定程度上制约了学科的持续发展。

（三）学术队伍分布不平衡，缺乏国际有重大影响的学术大师

学科学术队伍力量在不同研究方向上存在较大不平衡，遗传育种方面队伍较强，而作物栽培与耕作、种子科学、农业基础学科等学科方向面临队伍建设困难。近年国家对农业科技投入的增加，在一定程度上稳定了作物科学研究队伍，但缺乏具有国际影响和竞争力的顶尖科学家和学术带头人。其中原因之一是目前国内人才评价中过于重视高影响因子论文，能进入长江学者、国家杰出青年科学基金等人才计划的中青年作物学家极少，如目前作物栽培与耕作学科的国家杰出青年科学基金获得者仅 2 人；参与国家重大项目（“973”项目等）和国际合作项目的机会也较少。

（四）科研条件有待改善，离国际一流尚有差距

近年来随国家农业科技投入增加，特别是“985 工程”、“211 工程”、国家农业创新体系等项目实施，全国作物学科的科研条件都有大幅度改善。相继建立了作物遗传育种、作物生物学等国家重点实验室，国家玉米改良中心等国家级工程技术中心。但是整体水平与国际一流尚有差距，特别是科研环境和运转效率尚待进一步改善，很多基地和平台运行费缺乏。

（五）国际交流尚待拓展，国际影响需进一步提升

作物学科与国际一流农业大学、研究机构、跨国公司建立起了广泛的合作

关系，实质性的国际交流与合作最近几年迅猛发展，特别是通过国家高水平研究生合作培养项目使研究生质量有了很大的提高，也在国际上树立了学科良好的信誉。但是参与国际重大项目和国际重要会议，特别是一些有影响的国际会议的组织几乎是空白，这在今后要重视和加强，通过组织本学科国际有影响的学术会议，如国际作物学大会、玉米遗传大会，扩大本学科影响。

第四节 学科发展布局

一、总体发展布局

在未来 5～10 年本学科领域的发展布局中，要重点支持面向国家战略性需求的作物学和相关农学基础学科的基础研究和应用基础研究，优先支持在该学科内我国有优势的前沿领域研究，保证使我国在未来 10～20 年逐步成为世界农业基础科学创新与农业高新技术创新研究方面的先进国家。

二、分学科和重点发展方向布局

在优先领域和重点方向布局上，要以国家粮食安全、环境保护、可持续发展等重大需求蕴涵的科学问题为导向，围绕揭示作物生长发育规律、解析作物—环境（含资源、其他生物）关系、作物遗传改良和栽培调控等基本内容和主要领域展开研究工作。主要包括：充分发掘和利用我国丰富的种质资源，以作物重要基因资源发掘与利用、重要性状遗传和分子机制解析、作物品种分子设计、作物高效生产为主线，重点开展作物种质资源生物学、作物功能基因组学、蛋白质组学、代谢组学、优异基因资源高效发掘和利用等研究，为作物育种夯实理论和资源基础；从不同层次（分子、细胞、组织器官、个体、群体）上揭示作物重要性状（发育、产量、品质、抗逆性等）形成的遗传及分子机制，逐渐解决品种分子设计、高效精确调控的理论和方法问题；进一步加大作物超高产理论和资源利用规律、耕作制度理论与模式研究力度，加快作物品质、抗逆生理生态、农田生态系统等领域的研究，扩展特色作物、小宗作物和作物新功能的基础研究，进一步推动我国在农业生产、食物安全、资源高效利用和生态环境保护等方面基础研究的发展；重视对高质量种子形成机制、种子活力和寿命控制的机制、种子劣变及修复的生理基础和种子质量快速检测的基础理论研究，为我国良种的生产、提高种子的国际竞争力提供科学依据。

三、交叉学科发展布局和发展方向

同时要特别注意培植新兴领域和学术生长点，鼓励学科交叉合作，鼓励作物学基础学科的前沿和自由探索。在学科交叉方面，针对未来作物科技前沿和我国农业产业发展的需求，积极支持将基因组学、蛋白质组学与作物学科结合形成的作物基因资源学、作物转录组学、蛋白质组学、代谢组学、结构生物学、作物分子育种学、作物分子生理生态学的基础研究，加强 miRNA 在作物遗传改良中的应用基础研究力度；鼓励信息技术、计算生物学、系统生物学与作物科学结合的作物信息学研究，包括蛋白质与细胞发育动态过程生物信息分析、作物生长模拟技术、新品种虚拟设计技术、计算机辅助优良等位基因组合、数字与信息农业等。

四、平台建设计划需求分析

根据作物学科国际发展动态和我国科技实际，需要建设作物杂种优势与利用、作物高产栽培等国家重点实验室或国家工程实验室等科研平台，推动作物学科研水平的稳定快速提升。

第五节　优先领域以及重大交叉研究领域

一、遴选优先发展领域的基本原则

结合作物学科特点和我国国情特色，在确定作物学科优先发展和重大交叉领域时，要注意以下基本原则：

1）围绕国家粮食安全等重大需求，支持以解决国民经济发展中的重要科学问题为目标的基础研究。

2）关注国际科学技术前沿和热点问题，支持源头创新和鼓励具有我国优势和特色的研究领域。

3）以重要作物学生产相关的生命科学问题为导向，开展多学科交叉的综合研究。

4）注重对作物学研究技术和方法创新的支持。
5）重视科学积累，支持系统性强的研究。
6）将支持项目同培养人才结合起来。
7）注意与国家其他部门和其他研究项目的分工和衔接。

二、优先发展领域

（一）作物基因资源的保护、发掘和利用

作物遗传改良中突破性成就取得依赖于优异种质发现及其在生产上的有效应用。水稻、小麦等作物矮秆基因的发掘和利用带来“第一次绿色革命”，水稻野败型雄性不育细胞质的发掘和利用带来了杂种优势的利用，大幅度提高了单产水平。基因资源已成为现代作物育种的关键和可持续发展的保障，全球生物资源的基因争夺已成为21世纪的热点之一。我国生态环境复杂多样，自然灾害等作物生产限制因素频发，现有推广品种普遍存在遗传基础狭窄问题，难以满足当前农业生产的需求。需要在对作物种质资源保护生物学深入研究的基础上，建立原生境、种质库、种质圃、试管苗和DNA库相配套的、完整的现代化保存体系，确保作物种质资源基因多样性和长期安全保存，同时迫切需要引入“外源”种质，从遗传上来解决或缓解现有品种所面临的各种困境。在现有材料、技术、信息等条件下探索高效基因克隆、功能鉴定和代谢途径的研究技术，进一步发掘和利用各种遗传资源中所蕴涵的优良等位基因（抗逆、营养高效等），通过聚合优良等位基因培育适应现代农业生态环境的优良品种。

主要科学问题：
1）植物基因资源原生境保护的理论基础和策略；
2）我国稀有特有植物资源的保护和利用；
3）作物野生近缘种野生居群的遗传多样性和分化；
4）“外源”引入种质生态驯化的生理生化和分子机制；
5）基于进化基因组学的作物起源与演化规律；
6）重要农艺性状基因/QTL的克隆和功能研究；
7）各种种质资源中优良基因的发掘与利用；
8）作物复杂性状功能基因挖掘与克隆的新方法。

（二）作物基因组的结构和功能

随着基因组研究技术的快速发展，水稻、玉米、大豆等全基因组测序已经

完成，其他作物的全基因组测序也相继开展，以农作物为对象的基因组结构和功能研究已成为生命科学中新的热点。水稻深度测序获得的海量数据，为人类认识复杂农艺性状形成的分子调控网络，揭示植物器官发生、发育、生长、进化和驯化及其与环境互作等提供了重要信息。如何解读测序获得的海量数据和规模化克隆控制重要农艺性状关键基因，成为今后的研究重点之一。与小麦、大麦和燕麦等同属早熟禾亚科新的模式植物——短柄草基因组测序后，如何分析小麦基因组结构与遗传语言，从比较基因组的角度研究基因起源，包括研究基因组学的新方法和新技术等，显得尤为迫切。针对作物种质资源或品种的个性化基因组重测序，将为优异基因资源的发掘和作物分子育种奠定基础。

主要科学问题：

1）开展重要作物的全基因组测序工作；

2）作物基因组结构；

3）作物海量测序数据的解读和基因功能研究；

4）控制重要农艺性状关键基因的规模化克隆；

5）基因起源和作物进化的比较基因组学研究；

6）基于进化基因组学的作物起源与演化规律；

7）优异种质资源和品种的基因组重测序。

（三）作物分子育种的遗传学基础

传统育种中通过表现型的选择来富集优良基因，难免有规模大、周期长等问题。品种分子设计是基于对控制目标性状关键基因/QTL 功能的认识，采用紧密连锁或共分离的分子标记将优良等位基因聚合到优良遗传背景中，创造出集中众多优良基因、性状得到明显改良的新种质或新品种（自交系）。因此，它具有常规育种无可比拟的优点，如优良基因的定向转移、基因型的精确鉴定、育种周期短等。虽然分子设计育种的概念刚提出 5 年，但已成为国际上引领生物遗传改良的最先进的技术。一些作物（如水稻、玉米等）全基因组序列测定的相继完成、重要农艺性状分子解析和功能基因的克隆，将进一步促进“作物分子设计育种”研究的全面开展。一旦建立了完善的品种分子设计体系，就可以很快将功能基因组学的研究成果用于改良生物品种而创造出巨大的经济效益。

主要科学问题：

1）作物重要性状形成的遗传、分子基础；

2）基因/QTL 精细定位和克隆；

3）基因互作、基因—环境互作和基因生态安全；

4）规模化分子标记开发和基因型分析体系的建立；

5）主要农业生物基因组单倍型结构研究；
6）品种分子设计理论、模型和工具；
7）高产优质性状多基因聚合的分子设计和育种模式；
8）重要突变体的遗传、分子解析和定向获得。

（四）杂种优势形成的分子机制及其利用途径

我国的粮食安全问题一直是政府和科技界关注的焦点。据测算，未来14年粮食单产要提高18%以上才能实现2020年的粮食生产目标。国内外实践证明，农作物杂种优势利用是大幅度提高单产的有效途径，据Duvick（1997）估计，在世界范围内，由于推广杂交玉米、杂交高粱和杂交水稻每年增产粮食达8000万吨。20世纪农作物杂交品种在生产上的大规模推广和应用，产生了巨大的经济和社会效益。目前，农作物杂种优势的利用面临着严峻的挑战：一是已经在生产上利用杂种优势的作物，其杂种优势潜力急需进一步提高；二是一些重要的农作物（如小麦和大豆等）因缺乏有效的杂种优势利用途径导致生产上不能大规模利用杂种优势。在这种现实背景下，以水稻、玉米、小麦、油菜等作物为研究对象，以产量等重要杂种优势性状为核心，采用功能基因组学、比较基因组学、生物信息学、表观遗传学和育种学等研究方法，深入阐明杂种优势形成机制，提出杂种优势利用的新途径和新方法，使杂种优势潜力和利用效率得到进一步提高，将具有重要的科学意义和应用价值。

主要科学问题：
1）杂种优势的遗传学和分子生物学基础；
2）杂种优势相关QTL/基因的克隆和功能解析；
3）杂种优势形成的基因表达网络、基因差异表达调控机制；
4）雄性不育与育性恢复的分子机制；
5）提高杂种优势利用效率的新途径和新方法；
6）新型不育体系的发掘与创造；
7）小麦、水稻、玉米、油菜、棉花、大豆等主要作物优势杂交组合选育理论与策略。

（五）作物超高产、优质、高效等农艺性状协调的生理机制和调控

我国粮食需求随人口增加的刚性增长，与土地不可逆减少的矛盾，决定了要解决粮食安全问题，增加单产是唯一途径。过去20多年来，粮食丰产的重要途径是依靠高肥水和增施农药，农产品安全、农业面源污染和农田生态环境问

题已相当严重。因此，我国新时期作物生产中，在不断增加作物产量的前提下，还必须统筹改善品质、资源高效、适应性广、生产安全等多重目标，这不仅是持续保障我国粮食等安全的核心问题，也是我国作物栽培长期的重大战略性任务。这与国外作物学研究相比难度更大。近年来，一方面作物主产区推出一批具有超高产潜力的水稻、小麦、玉米等品种（超级稻、超级麦、超级玉米品种等），虽然在一定面积上实现了各自的育种产量目标，但这些超级品种在大面积推广后，产量往往仍与一般品种相似，尚有1/3左右的产量潜力并未得到表达；另一方面，在作物主产区每年均有多地出现超高产田块或数十亩或百亩连片方，但栽培高产重演性差，品质差而不稳，资源利用差异大、效率低，在大面积应用上有明显的局限性。同时，对进一步高产是否导致品质下降、资源（主要水、肥等）利用率降低，是否带来生态安全隐患等也是人们心存疑虑、普遍关心的重大问题。究其原因，主要是作物高产、优质、高效协调涉及作物众多性状的遗传控制、性状间相关和性状—环境互作，而相关基础研究滞后，分子生物技术在栽培领域的应用尚少，高产优质高效形成规律还没有被系统揭示与认识，可重演的高产优质高效协调栽培原理尚未确立，严重制约了大面积作物产量、品质和资源利用率的协同提高。因此阐明作物多基因复杂性状发生及其表达的分子机制，对新型超级作物品种培育、作物超高产、优质和高效栽培都有重要的理论与实践意义。

主要科学问题：

1）作物高产、优质、抗逆等性状相关基因的遗传及调控机制；

2）作物重要性状基因与环境互作研究；

3）作物生长发育、器官建成及调控的生理生化和分子机制；

4）作物超高产机制和理论途径；

5）作物品质形成的机制和调控；

6）作物高产、优质、高效协调规律、生理生态和分子机制；

7）作物资源需求、利用机制和精确定量调控；

8）作物简化与机械化栽培的基础和途径；

9）转基因作物优化栽培基础和生态安全；

10）作物连作周年协同增产的生理机制及调控机制；

11）作物减灾稳产的机制及调控。

（六）作物安全、清洁生产理论和模式研究

近年来，由一系列有毒化学物质引发的食品安全事件已成为媒体和公众关注的焦点。大量化学农药、化肥的滥用，造成农业生态环境破坏，农业面源污

染严重，农产品中有机磷、有机氯等农药残留和亚硝酸盐、重金属等有毒物质超标，严重威胁国民健康。同时，由于化工、矿产等企业的超常规发展和监管不力，使得水源污染，农田土壤耕作层中铅、镉、汞等重金属含量不断增加，在影响农作物生长/发育的同时，也通过水源→土壤→作物→人畜或土壤→作物→牲畜→人类途径进入食物链，进而危及人类和动物的健康。烃、氮、磷、黄曲霉毒素等有机污染物和生物毒素对农产品安全的影响也不容忽视。另外，转基因作物中毒素等基因产物的潜在安全性隐患也日益受到关注。因此，研究这些有害因子及潜在的可能有害因子在作物—环境生态系统中的运转规律、成害机制、调控和修复途径，构建作物安全、清洁生产理论基础和典型模式，对保障食物安全和国民健康，提高农产品国际竞争力和经济效益都有重要意义。

主要科学问题：

1）作物安全、清洁生产的障碍因子及成因；

2）不同作物类型对重金属、农药、有机污染物等典型污染物的响应；

3）土壤和作物中重金属分布、富集、规避的规律和分子机制；

4）主要污染物影响农产品安全性的机制；

5）主要污染物生物修复理论和机制；

6）有害物质替代、阻抗和消减理论和技术途径；

7）氮肥、磷肥施用对灌区农田水土资源污染的阈值及机制；

8）转基因作物生态和农产品安全性的基础研究；

9）作物安全清洁生产的基础理论、典型和区域模式。

（七）农田水资源运转与高效利用的理论基础

水资源是人类赖以生存最基础的自然资源，是农业生产的物质基础之一。水资源紧缺、水环境恶化是制约我国农业乃至整个国民经济可持续发展的瓶颈。气候变化和人类活动干扰增强，农田和区域水循环过程也发生了变化，农业水资源转化规律与高效利用的研究，有助于了解变化环境下水循环过程和农业用水转化与消耗的规律，探索农业高效用水新途径，进一步提高水资源利用率和作物水分利用效率和效益，为农业水资源高效与可持续利用提供强有力的科技支撑，为保障国家水安全、粮食安全和生态安全做出贡献。

主要科学问题：

1）农田 SPAC（土壤—植物—大气连续体系）水分运行转化规律与作物响应过程；

2）农业结构变化和农业节水措施对区域灌溉水—土壤水—地下水转化的影响与模拟；

3）水循环转化研究的尺度效应；
4）区域农业节水潜力与水资源农业高效利用临界阈值；
5）节水高效和对环境友好的区域农业用水调控模式；
6）水土资源区域优化配置模式；
7）作物水分高效利用和耐旱性的机制；
8）旱作农区有限水资源高效持续利用机制与模式。

（八）作物抗病虫、抗逆的遗传及栽培调控机制

我国作物生产区域辽阔，环境复杂，气候灾害和病虫害频发，给农业生产造成巨大损失。随着全球气候变化，温度升高、水资源匮乏、极端天气事件频发和各种病虫害流行等逆境条件有增加趋势，作物抗逆遗传、生理及栽培调控机制研究的重要性凸显。通过现代生物技术和育种手段培育抗病虫、广谱抗逆性（如兼具抗旱、耐渍、耐热、耐冻、耐寒、抗倒伏性等）的作物品种，以及利用农艺锻炼、免疫诱导、生物配置、生化调控等耕作栽培措施，均可有效地防控生物/非生物逆境。但是目前对作物抗病虫、抗逆性的遗传规律、生理生态特征和分子机制的认识尚不够深入、系统、全面，限制了抗逆育种及栽培调控技术的开发与应用，加强这方面的基础研究，对提高育种效率、建立抗逆栽培技术体系有重要指导意义。

主要科学问题：
1）作物抗病虫、抗非生物逆境的遗传规律、生理生态和分子机制；
2）作物交叉抗性（广谱抗性）的分子机制；
3）作物广谱性抗逆品种选育的策略和方法；
4）作物抗逆栽培调控的策略和方法；
5）转基因抗病虫和抗逆作物农田抗性稳定性影响因素、机制和调控；
6）病原菌、昆虫与作物的协同进化机制。

（九）重要作物种子生产和质量控制的关键基础问题

“国以农为本，农以种为先”，良种对农业生产的贡献率为40%～60%。优良品种必须同时满足高质量种子的要求，才能发挥其品种的优良特性。高质量种子必须具备品种审定要求的遗传品质，同时也要具备遗传纯度高、整齐度好、种子活力水平高、出苗能力强等播种品质，才能满足现代农业生产的需求。国内外在种子生产、种子加工与贮藏、种子检验等方面已经进行了相关的基础理论研究，形成了相对成熟的技术。但是目前我国的种子质量与欧美等发达国家

和地区相比存在较大的差距，在市场上缺乏竞争力，其主要原因是我国对种子科学的研究非常薄弱，针对我国自然环境特点和作物品种特点的种子生产、加工、处理、检验的基础研究缺乏，投入研究的人力物力较少，难以为现代农业和种子产业发展提供科技支撑。因此，开展生产过程中影响种子质量的遗传基础、生理机制及调控技术研究，对加工、贮藏、处理过程中影响种子劣变的遗传、生理基础及修复的分子机制研究，以及质量监督过程中快速无损检测技术的基础理论研究，对高质量种子形成和调控技术的研发具有重要的科学意义。

主要科学问题：

1）高质量种子形成的遗传、生理与调控机制；

2）种子休眠/萌发及调控的分子机制；

3）种子活力和寿命控制的生理遗传机制；

4）种子劣变及修复的生理生化和分子基础；

5）种子质量快速及无损检验技术的基础理论。

三、重大交叉研究领域

（一）多倍体作物的进化与植物入侵机制

多倍体（polyploid）植物是指体细胞中有3个或3个以上染色体组的植物个体。被子植物中约50%以上是多倍体，禾本科中有75%，小麦、棉花、花生、烟草、甘薯、马铃薯、柳枝稷等许多农作物及果树、蔬菜均为多倍体。由二倍体形成多倍体是植物进化的显著特征，多倍体有更强的抗逆性和适应性，在植物进化中具有重要意义。自然界的多倍体是由二倍体进化而来的，二倍体物种自身染色体的加倍、不同二倍体物种间杂交、染色体加倍是多倍体产生的主要来源。在作物从野生种到栽培种的进化过程中，许多染色体片段和基因发生了重组和丢失。作物倍性育种的多年实践表明，人工加倍形成的新物种在染色体数目增加后的染色体片段、基因的重组和丢失，除少量是人为选择的结果外，大多为生物体自适应的结果，这种现象的分子生物学机制目前还没有系统的研究。另外，国内外较多研究表明，由野生种人工加倍合成的新材料与普通栽培种间比较，普遍表现出生物产量、经济产量和抗性方面的杂种优势。但是，这种优势会随着人工合成种自交世代的增加而减弱，这表明作物杂种优势受染色体片段位置效应的影响。因此，开展多倍体植物相关基础研究，不仅可加深对植物进化的认识，而且将促进作物育种和杂种优势利用的发展。近年来植物入侵造成了全球植物生态系统多样性丧失，其对人类社会经济的危害已经成了无可争议的事实。外来植物入侵引发的一系列农业、生态和经济问题已引起世界性的关注。入侵植物打破入侵区的生态系统平衡，影响生态系统的承载力，对农田、草坪、果园等人工栽培的经济生态系统产生极大破坏，造成无法估量的损失，甚至危害人类社会经济结构以及人类健康。入侵性较强的外来植物，多数为多倍体或多倍化植物，入侵植物倍性与其入侵的生理、生态机制关系密切，加强这方面的研究对深刻认识外来植物入侵规律、机制，指导防控策略有重要理论和现实意义。

主要科学问题：

1）植物进化的多倍化机制；

2）作物从野生种到栽培种进化中遗传物质重组与丢失规律；

3）野生种、人工合成种与栽培种的基因表达差异和调控；

4）多倍体植物杂种优势的分子机制；

5）同源基因的表达特性及其功能分化；

6）植物染色体工程；

7）人工合成种随自交世代增加杂种优势衰退的生理生态和分子基础；

8）多倍体育种的基础研究；

9）植物入侵性的多倍化机制。

（二）小宗作物和作物新功能开发的关键基础问题

杂粮、杂豆、小油料、薯类等“小宗”或特色作物在我国农业中占重要地位，特别是在维护我国中西部老少边贫地区的食物安全、社会稳定、农民增收、农业增效和抗御自然灾害等方面发挥着重要作用，而且在当前我国农业经济结构调整和生态环境保护中独具特色，具有不可替代的重要作用。据统计，我国特色作物种植面积在1500万公顷以上，约占农作物播种面积的1/8。随着人们生活水平的提高和膳食结构的改善，特色作物的营养保健功能、出口和加工优势凸现，已发展成为朝阳产业。同时这些特色作物具有生育期短、抗（或耐）干旱、耐瘠薄等逆性强等特点，其中大量优异的基因资源尚未得到开发。但是，由于对特色作物的研究投入较少，研究基础薄弱，研究队伍分散，加上产区自然条件较差、品种混杂退化严重、优良品种和高产栽培技术推广缓慢，生产水平普遍较低，其生产潜力尚未得到充分发挥，影响了对特色作物的开发利用。因此，加强特色作物相关的基础研究，对促进特色作物优良品种和高产栽培研究，提高特色作物生产能力、生产水平和国际竞争力，都具有重要意义。

从世界范围看，作物范围不断扩大，能源、药用作物、生态保护等作物或作物的新功能不断得到开发和利用。例如，柳枝稷、甜高粱、木薯、油莎豆等能源作物已在部分国家规模化种植或产业化转化；玉米、甘薯、甘蔗等作为能源作物的应用快速发展，正在成为解决化石能源危机的途径之一，大幅度提高了种植业的效益。但是相关的基础研究还非常薄弱。例如，作为能源作物收获目的与常规作物不同，是热值、能值或加工性能，而与这些性状形成相关的机制、影响因素和高效栽培措施等尚是空白。迫切需要对这些新作物或作物新功能开发中的关键基础问题开展研究，为其产业化生产和加工提供理论基础和技术支撑。

主要科学问题：

1）小宗作物优异基因资源的挖掘和利用；

2）特色作物、小宗作物、新功能作物产品性状形成的生理和分子机制；

3）特色和小宗作物高效栽培的理论基础和关键技术原理；

4）特色和小宗作物发掘及重要性状遗传改良；

5）提高能源作物生物产品转化效能的分子和农艺途径；

6）功能作物有效成分的次生代谢网络和调控。

（三）作物系统和农作制度对全球气候变化的响应与适应

全球气候变化已经成为当今世界关注的焦点。长期的实际监测、历史资料分析和模型预测均已显示，全球气候正在并已经发生了显著变化。大气二氧化碳浓度比工业化革命前显著升高，年平均气温递增明显，近地层臭氧浓度上升，极端性天气现象发生频繁，干旱、高温、盐渍化等逆境成为作物高产、稳产和高效的重要障碍因素。气候变化将直接影响到未来作物生产力及全球粮食安全，作物对未来气候变化的响应与适应正受到科学界和政界的广泛重视。大气二氧化碳浓度升高的全球趋势一致，国内外已经展开了大量的研究，在基础理论研究上我国可以直接借鉴。而气候变暖及与之伴生的极端性天气，尤其是高温热害存在明显的区域特征，国家及区域层次的作物生产研究非常重要。目前关于作物生产对气候变暖的研究，主要采用封闭式或半封闭气室等模型，相关的基础理论尤其是基于田间研究亟待加强；对作物响应关键过程及其深层机制还缺乏比较深刻与完善的科学认识；缺乏气候变化因子交互作用的评价；农业适应对策和措施（包括栽培、耕作、植保和育种等）还需深入研究等。因此，定量研究全球气候变化背景下我国主要作物和农作制度的响应规律，明确未来气候模式下我国作物生产的应对技术和发展策略，对我国未来粮食安全的预测和适应措施的制定至关重要，对实现我国2020年新增500亿千克粮食具有重要的理论价值和现实意义。

主要科学问题：

1）作物响应单一或多个重大气候变化因子的生物学机制及交叉机制；

2）作物应对单一或多个重大气候变化因子的生物学机制；
3）作物生产力对气候变化的响应与适应；
4）应对气候变化的作物种质创新；
5）未来气候变化条件下提高粮食作物综合生产力的原理与途径；
6）农田生态系统中的碳、氮循环；
7）农田环境及有害生物对气候变暖的响应与适应；
8）气候变暖对区域作物生产的影响及作物生产管理对策；
9）应对气候暖干化的低碳农作制基础理论和策略；
10）节水省肥、抗逆高效、安全等新型农作制度构建的理论和模式；
11）作物对非生物胁迫的分子响应与耐性形成机制；
12）作物群体响应和适应逆境的机制和管理对策；
13）作物抗逆栽培理论及模式。

（四）农业气象灾害链理论与断链防控技术研究

农业气象灾害造成的产量损失是农业自然灾害损失的主体。突发性气象灾害、气候变化等引起的持续性气象灾害都会导致作物不同程度减产。孕灾环境、致灾及影响因子、直接承灾体（农业系统）、间接承灾体（社会经济）、次生灾害、衍生灾害之间形成复杂的灾害链网关系，并表现为物质流、能量流、价值流和信息流，其中存在各种导致灾害扩大蔓延的正反馈机制和抑制及衰减灾害的负反馈机制。探索各类农业气象灾害链网中灾害发生的萌芽环节和演变中的薄弱环节，充分利用生物自身和人类干预的负反馈机制，有可能实现以较小代价获得较大的减灾效果，有效地防控农业气象灾害。应用有效的数学工具（统计、规划、微分方程、模糊数学、控制论等）建立合理的灾情预警数学模型，应用物理农业技术提出有针对性的预防措施，保证生态系统可持续发展，是当前迫切需要研究的课题。

主要科学问题：
1）重要农业生物气象灾害的成灾原因及危害机制；
2）农业气象灾害链断链减灾体系；
3）气候变化对农业生产系统和生物的影响、评估与适应技术；
4）农业气象仪器监测理论与技术；
5）农业气象灾害诊断、监测、预警、防控系统等。

（五）作物生产和产业链中的农业信息学研究

精细农业、数字农业和虚拟农业的交叉渗透是农业信息学的发展趋势，今后相当长一段时期内，农田生态系统中作物生长发育规律、生物与自然环境、生物与作业系统之间相互作用的内在规律仍然会是研究热点，并在促进作物生产中有巨大的潜力。例如，基于作物生长模型和数字作物的栽培管理技术优化，名、特、优、新农作物和农产品适生环境形成机制和最优调控模型，基于环境参数的农产品品质调控机制与模式，基于作物生长模型-机器作业系统的智能化、精细作业和模型优化，基于多信息融合的农作物营养诊断原理，防治是农业生产的重要任务，利用光谱学原理、机器视觉技术、现代信息处理技术的作物病虫害预测模型等。农产品（包括动物和植物产品）可追溯技术是保障食品安全的基础，研究农产品特征识别原理、农产品品质检测原理、流通中农产品特征和品质信息的记录与传输原理，建立基于智能化作业系统的农产品可追溯系统和质量保障体系也是农业信息学的优先领域。

主要科学问题：

1）基于作物生长模型的精细作业与调控机制；

2）基于多信息融合的农作物营养诊断原理与模型、病虫草害检测诊断与预测模型；

3）面向可追溯系统的农产品特征信息发现与传递模式；

4）作物无损检测理论和技术原理；

5）数字作物模型和理论研究；

6）名、特、优、新农作物和农产品适生环境形成机制和最优调控模型；

7）基于环境参数的农产品品质调控机制与模式；

8）农业生物—机器作业系统精准化、智能化原理和模型优化。

第六节　国际合作与交流

一、作物学领域国际合作的发展态势和我国基本情况

近20年来，我国的作物科学基础研究取得了长足的进步，一些研究领域或方向在国际上已有较高的学术影响和地位，如中国农业大学、浙江大学等单位ESI已进入世界的前1%，被聘为国际权威刊物编委和具有高 H 指数（>12）的作物科学研究者快速增长。但总体而言，与国际先进水平仍有较大差距，突出表现在研究内容多属跟踪性，原创性的成果较少；论文数量增长快，而质量提升较慢；在国际作物科学学术舞台上参与的人数快速增加，但起主导或引领作用的国际级大师缺乏。在今后的5～10年中，可以预计我国部分学科和个别科

学家在此领域定会处于国际前沿或领先地位，但整体而言，我国仍然处于追赶发达国家的地位。

同时，今后5～10年也是我国作物学通过人才引进、双向交流提升自身研究水平、赶超国际发达国家最关键的时期。开展国际合作与交流是我国作物科学以往取得显著进步的一个重要原因，加强国际合作与交流是进一步促进本学科高水平研究和人才培养的一种重要途径。

因此，应进一步加大对国际合作和交流的支持，加强国内重点大学、科研院所与国外重点实验室或者研究机构联合承担重大科研项目、联合培养高水平研究生等方面的支持力度，同时依托国家重点科技项目，鼓励通过邀请国外知名专家来华工作和派出研究人员到国外开展合作研究、进行专题交流等方式，增加双方学术交流和实质性合作的深度。

二、我国在该领域开展国际合作交流的战略需求和总体布局

根据作物学科相关领域的国际研究前沿，以及我国在作物科学研究的现状，未来5～10年我国开展国际合作与交流的主要优先领域和必要性分析如下。

（一）作物功能基因组学和农艺性状的分子解析

为应对全球环境危机和保障粮食安全，世界各国对基因资源需求将更加迫切。在主要农作物功能基因组学；作物抗逆、抗病虫、高产、优质等基因资源发掘与联合评价；作物关键性状及关键基因的认知、挖掘、克隆和利用等理论和技术；重要代谢途径分析及基因作用网络、生物信息学分析技术等方面，将是开展国际合作的重要内容。

（二）作物分子设计育种

目前，基因组学、分子生物学、生物信息学等学科与作物遗传育种学不断交叉结合，推动“作物分子设计育种”研究快速发展。我国在该方面的基础条件建设和创新队伍刚刚起步，应与美国、欧盟等国家和地区开展国际合作，加强“重要性状基因克隆和功能解析、品种设计理论和方法”等基础研究力度。同时要加强与孟山都、先锋等国际大型种业企业的合作，加快分子育种和转基因育种的应用研究和产业化。

（三）全球气候变化下的作物响应和管理对策

比较分析国内外作物栽培生理生态研究领域的差异，结合我国作物生产特色及发展趋势，应在“保护性农业的基础理论研究、作物生产与气候变化的理论研究”等方面开展国际合作。我国在此领域没有足够的基础理论与技术途径积累，在研究方法与思路上也不成熟，通过国际合作，可以促进国内学科的发展。

（四）作物逆境分子和生态机制研究

目前，国际上对植物逆境信号转导、重要基因及其功能等方面的基础研究已取得突破性进展，日本冈山生物资源研究所在植物资源鉴定、美国加利福尼亚大学河滨分校在植物耐盐分子机制、美国密歇根州立大学在抗旱植物资源的鉴定与利用等具有广泛的国际影响与地位。通过在抗逆资源、抗逆基因、抗逆作物改良等方面的国际合作，可望加快提升我国在作物抗逆育种和栽培研究的水平，为应对逆境、提高产量奠定基础。

（五）作物新品种选育理论与方法学研究

受人口不断增长和耕地逐渐减少引起的粮食生产安全的压力，作物超高产育种已成为世界各国育种家竞相努力的方向。在揭示重要性状遗传规律的基础上，充分利用现代分子生物学的理论与技术改进育种方法、提高育种效率，是当前作物育种研究的前沿领域。国际玉米小麦改良中心（CIMMYT）、国际水稻研究所（IRRI）等国际育种中心、孟山都和先正达等公司在作物新品种选育和种质创造方面处于国际领先水平。

（六）作物品质形成与生理代谢调控研究

国际上目前正利用从拟南芥获得的与品质形成及其相关的生理数据和分子标记数据，应用到主要粮油作物上以深入开展作物品质及其生理代谢调控研究。同时，基因组学、蛋白质组学、代谢组学等新技术已广泛应用于作物品质形成、特殊品质资源的鉴定及其生理代谢调控相关基因的功能研究。英国 John Innes 中心、美国加利福尼亚大学戴维斯分校等研究机构在该研究领域处于世界领先地位。

（七）系统数量遗传学的理论体系

数量遗传学和生物信息学正在从利用生物表现型数据和分子标记数据，过渡到综合利用基因组学、蛋白质组学所提供的序列、基因表达谱和蛋白质谱的海量数据，剖析控制复杂性状的分子机制，阐明复杂性状分子育种的改良途径。美国北卡罗来纳州立大学、科内尔大学和华盛顿大学等在以上研究领域处领先地位。

第七节　保障措施与建议

一、加强作物科学基础研究，提高原始创新能力

基础研究不仅是高新技术的源头，也是培养创新人才的最佳途径。要进一步增加作物科学基础研究的经费投入，围绕本学科发展前沿，根据我国的研究基础和特点，遴选一批重大和重点项目并给予重点支持。与创新集体建设有机结合，实现创新研究和人才培养的重大突破。由于基础研究成果往往具有系统性、长远性和继承性，应克服我国当前科技界的急躁情绪，扭转急功近利倾向。改革对作物学及相关领域科研的评价体系、奖励制度、经费分配和项目申请制度，鼓励科学家们长期地、系统地从事基础和应用基础研究，提升我国作物科学研究水平和国际学术地位。

二、强化学科平台建设，优化学科网络布局

国家及地方应充分考虑作物学的特色，在国家重点开放实验室、野外试验台站、工程技术中心、重点学科、创新团队等项目建设方面，强化对本学科的投入，弥补以往建设的不足。根据我国作物生产的区域特色，进行合理的学科区域布局，促优补缺。在典型区域，分别选择基础较好的学科，进行重点和长期建设。通过学科平台的重点建设，提高学科硬件水平，带动本学科的整体发展。

三、加速杰出人才培养，促进学科队伍提升

促进作物科学创新研究，关键在于构建一支人才队伍。人才队伍建设，特别要重视团队，即要“涌现出一批具有世界水平的科学家和研究团队”。在“千人计划”、“长江学者”、国家杰出青年科学基金、创新团队等人才和团队项目中，评价体系中要充分考虑作物学科应用性、公益性强的特点，增加对作物学的培养名额，推进人才培养和引进，特别是要抓紧培养造就一批中青年高级专家。同时结合国家和地方高层次人才引进计划，整合“985”、“211”及其他学科建设资源，建设一支结构合理、流动竞争、团结协作、高效精干的作物科学研究队伍，培育和造就一批具有世界前沿水平的大师级科学家，通过杰出人才的培养，带动学科理论与技术研究的创新，提升学科队伍的综合实力。

四、拓宽国际合作领域，促进学科全面发展

在国际合作上，作物学应适当拓宽合作领域，实施“走出去”和“请进来”战略，进一步扩大国际学术和人才交流，提升我国作物科学的自主创新能力。同时，随着粮食安全、资源缺乏、环境污染、气候变化等全球性科学问题的日益突出，国际上作物学与基因组学、生物信息学、生态学、环境科学、土壤学、全球变化科学等学科的交叉日益明显。我国的作物学科，急需通过国际合作，加快本学科传统领域的提升和新领域的拓展。建议国家自然基金委员会加大对国际合作项目资助的范围和力度，鼓励扩大多种形式的国际和地区科技合作与交流，鼓励科研院所、高等院校与海外研究开发机构建立联合实验室或研究开发中心。支持在双边、多边科技合作协议框架下，实施国际合作项目。要积极主动参与国际大科学工程和国际学术组织，支持我国科学家和科研机构参与或牵头组织国际和区域性大科学工程，支持我国科学家在重要国际学术组织中担任领导职务。

五、完善国家自然科学基金管理和资助模式，优化学科发展外部环境

作物科学基础研究不仅需要良好的政策、机制、投入等方面的保障，更需要一个宽松的、自由的人文环境。要积极提倡“双百方针”，只有“百家争鸣，百花齐放”，才能促进作物科学研究的发展、深入和提升。国家自然基金通过多

年的运行，已积累了良好的运行经验，在项目、人才和团队资助机制上，要坚持自由探索和宏观引导相结合，贯彻科学问题的“双来源”和基金发展的“双驱动”原则，以培养杰出人才、营造创新和开放合作的学术氛围为宗旨，进一步完善基金管理体制和运行机制。具体建议如下。

1）增加对作物学及相关领域项目的资助量和资金强度，在鼓励自由选题的探索性研究同时，增加对作物学长期定位试验的支持。

2）要允许作物科学基础研究产出后延，甚至失败，适当延长项目执行期和产出评估年限（面上项目 3～5 年；重点、重大项目 5～10 年）。

3）要加强对作物学优秀科学家和团队的连续和长期资助，加大对创新群体的支持力度，以稳定培养创新学术团队，造就一批具有国际竞争力的研究队伍，进一步提升我国作物学科基础研究的水平。

4）要大力提倡和鼓励作物学与相关学科交叉与合作，优先支持多学科交叉领域项目和团队。

5）要重点建设一批国家作物科学基础研究平台和基地，构建作物科学基础研究信息共享平台，提高科学工作者的工作效率，促进研究资源和成果的共享。

◇参考文献◇

科学技术部等. 2009. 农业及粮食科技发展规划（2009—2020 年）

信乃诠，许世卫，孔繁涛. 2008. 我国基础农学学科发展战略研究. 前沿科学，3：9～18

张启发. 2009. 绿色超级稻的构想与实践. 北京：科学出版社

中国科学技术协会. 2008. 2007～2008 作物科学学科发展报告. 北京：中国科学技术出版社

中国科学技术协会. 2009. 2008～2009 基础农学学科发展研究报告. 北京：中国科学技术出版社

中华人民共和国国务院. 2006-02-09. 国家中长期科学和技术发展规划纲要（2006—2020 年）. http://www.gov.cn/jrzg/2006-02/09/content_183787.htm

作物学会. 2008. 2008 中国作物学会学术论文集

作物学会. 2009. 2009 中国作物学会学术论文集

Duvick D N. 1997. Developing drought-and low N-tolerant maize. Proceedings of Symposium, CIMMYT, El Batan, Mexico

第三章

园 艺 学

园艺学是一门理论与生产紧密结合的应用基础和应用性研究学科，也是一个多学科交叉学科。园艺作物包括果树、蔬菜（及瓜果）和花卉植物三大经济类作物群。园艺学是农业学科的重要组成部分，是应用基础和应用性研究学科。它是以农业生物学为理论基础，研究园艺作物生长发育和遗传规律的一门学科，也是研究园艺作物起源与分类、种植资源、遗传育种、栽培、病虫害防治及采后处理、贮藏加工等应用技术与原理的综合性学科，既包含应用基础理论研究，也包含应用技术的原始创新与开发利用。随着国家对基础研究的日益重视和科研投入的不断增长，园艺科学基础和应用基础研究方面得到了快速的、健康有序的发展。园艺学科研究领域不断拓展，研究队伍发展壮大，学科条件不断改善，学术水平和科学研究水平明显提高。

第一节　战 略 地 位

一、园艺产业经济和社会地位

（一）促进农村经济发展，增加农民收入

园艺生产是农业生产的重要组成部分。我国的蔬菜、果树、花卉种植面积和产量均居世界第一位，成为园艺生产大国。园艺业已成为我国当今农业中最具活力的产业之一。园艺产业占整个种植业 GDP 贡献值的 45%以上。园艺产业为农业增效贡献年总产值超过 9500 亿元，为全国 9 亿农民人均年纯收入贡献额超过 1000 元。2008 年，全国蔬菜播种面积占农作物总播种面积的 11.3%，总产值 6300 多亿元，占种植业总产值比例高达 25.5%。蔬菜生产对全国农民人均纯

收入的贡献额570多元，占农民人均收入13.8%。设施蔬菜、水果亩效益一般可达5000元以上，高的可达万元以上，比一般大田作物多5～8倍，高的达10倍以上，是各地调整种植业结构中的首选作物。花卉业作为一个高投入、高产出、效益好的行业，在促进农民增收方面发挥了明显作用。

园艺作物种植区域遍布全国，作物种类多样，种植面积大、分布区域广、适应性强。果树上山下滩，不与粮争地。蔬菜、瓜果、花卉生育周期短，种植茬口多，可与粮食作物科学轮作、互补发展，提高粮田综合效益，具有显著的增效稳粮作用。各地多年的实践经验表明：粮菜合理轮、间、套作，不仅可以增加粮农收入，还能有效地培肥地力，提高农业特别是粮食生产力水平，有利于稳定粮食生产，并能显著减轻蔬菜病虫害，减少菜田用药，提高蔬菜质量安全水平，促进农业的可持续发展。

（二）提供大量就业机会，维护社会稳定

园艺产业是解决城乡居民就业的重要产业。园艺产业是劳动密集型产业。随着园艺产业不断发展壮大，在缓解城乡居民就业压力方面的作用会越来越突出，这对于我国这样一个劳务市场长期供过于求、就业压力很大的国家来说，意义特别重大。水果和蔬菜的生产、贮藏、加工、运输、销售，为城乡居民解决了1.4亿人就业。园艺产业发展壮大，能够带动交通运输、农资建材、生活服务、信息通信、金融保险等其他第二、第三产业的发展，消化转移大量的农村社会劳动力。

（三）扩大出口，平衡农产品国际贸易

园艺产品是我国目前为数不多具一定国际竞争力的一类农产品，是出口创汇农业的重要构成，年出口额超600亿元。我国园艺产业在国际市场竞争中继续保持强势，在平衡我国农产品国际贸易中的地位和作用十分突出、不可替代。

（四）保障人民健康素质，提高人民生活质量

园艺产业是提高人们生活质量的必需产业。中国具有世界上最丰富多样的园艺产品，它不仅能为人们提供一定的碳水化合物、蛋白质和脂肪，维持人体健康所必需的维生素等生理活性物质、矿物营养和食用纤维不可替代的来源，更为人们提供观赏价值，满足精神文化需求。现代园艺观光采摘园区，保证人们身心健康、提高人民生活质量。

二、园艺产业发展现状

（一）生产规模扩展迅速

据农业部统计，2007年全国水果面积达1.57亿亩，比2002年增长15%，产量1.05亿吨，增长51%，平均亩产670千克，增长32%，面积和产量皆居世界首位，占全球总产量的20%。2007年我国蔬菜播种面积达2.6亿亩，5.65亿吨，人均占有量427千克。我国蔬菜产量占世界的49.6%，居世界第一。西甜瓜类播种面积达0.44亿亩，总产量0.76亿吨。水果蔬菜总产值约1500亿美元，是全球最大的果蔬生产国和果蔬制品加工基地。2008年全国花卉面积1163万亩，同比增长3.3%，产业规模居世界第一。

（二）保障供应，成效显著

我国园艺产品，在保障市场均衡供应，满足人民生活需求方面发挥了不可替代的作用。随着交通运输状况的改善和全国鲜活农产品“绿色通道”的开通，依托气候、区位优势，沿路、沿海、沿边建立规模园艺产业基地，逐步向优势区域集中。同时，各种园艺设施，特别是节能日光温室快速增多，形成大生产、大市场、大流通的格局，使我国冬春和夏秋淡季园艺产品基本实现周年均衡供应，缓解了供需矛盾。

（三）产品质量显著提高

我国园艺产品质量安全水平有了明显提高，给人民提供了品种丰富、有营养、安全、健康的园艺产品。我国园艺生产供求基本平衡，消费市场对园艺产品质量提出了更高的要求。园艺生产通过品种更新和栽培技术改良，有效提高了园艺产品的营养品质、安全品质和感官品质，满足了人民日益增长的对园艺产品品质的需求。

（四）出口贸易，快速增长

2007年我国累计出口蔬菜817.59万吨，与2000年相比增长1.55倍，出口额62.14亿美元，贸易顺差61.06亿美元，居农产品之首，与2000年相比增长2.04倍。2007年，全国花卉销售额达到666.9亿元，同比增长8.7%，花卉出口3.99亿美元，同比增长21.8%。

（五）产后加工和流通发展较快

我国园艺产品采后商品化处理程度逐步提高，冷链设施开发和贮运保鲜技术应用，提高园艺商品质量、降低运耗、方便食用、提高园艺产品附加值。园艺产品大市场、大流通格局初步形成。

（六）园艺产业存在的主要问题

目前园艺产业主要是单产低、产品质量差、档次低，存在品种与结构、数量和质量、小生产与大流通大市场、产品品质与质量安全的矛盾，存在采后商品化处理程度不高，产品附加值不高，国际竞争力不强等问题。因此，全面提升以单产、质量、效益为标志的园艺产业现代化水平，提高产业竞争能力，必须依靠科技的进步。

第二节　发展规律与发展态势

一、园艺学的发展规律

园艺学是研究园艺作物起源与分类、种质资源、遗传育种、栽培管理、病虫害防治及采后处理、贮藏加工等应用技术与原理的综合性学科。园艺学研究为园艺作物生产实践提供必要的科学理论依据和技术指导。中国被称为“园艺之母”，为我国园艺和世界园艺做出了重要贡献。在园艺学发展过程中，表现出了以下几个主要规律。

（一）从单一学科走向多学科交叉融合

学科交叉和多学科发展是园艺科学发展的必然趋势。园艺学与食品、信息、工程、化学、医学、艺术学科产生广泛交叉，有机结合，相互提升。

（二）生产需求拉动与科学技术推动的双驱动发展

园艺学是一门应用学科，一方面，园艺学研究为生产实践提供必要的科学理论和技术指导；另一方面，园艺产业中不断涌现的关键问题蕴涵了重要科学命题，并成为园艺学研究选题的重要来源。

（三）宏观和微观的有机结合

随着现代生物技术的不断推进和深入，园艺学以园艺植物为对象，从生态水平、群体水平、个体水平、细胞水平到分子水平，从基于高通量信息的各种组学还原到系统生物学开展研究，宏观和微观各种手段相互结合，从各个层面揭示园艺学主要科学问题，成为当今园艺学发展规律之一。

二、园艺学研究的特点

园艺学是一门应用学科，是理论和生产紧密结合的学科，包括了园艺植物资源、育种、生理、栽培、生态及贮藏加工等各个方面的研究。园艺学研究一方面解决科学问题，另一方面为园艺作物生产实践提供必要的科学理论依据和技术指导。园艺植物研究往往可借鉴模式植物的研究成果，但与其他农作物相比，其本身具有一些特异的生物学特性和农艺性状。园艺学研究主要有以下特点。

（一）园艺产品的鲜活性

与大田作物等以成熟干种子为食用器官相比，园艺产品的食用多以鲜活、柔嫩、多汁的幼嫩器官或成熟器官产品为主。观赏用的花卉植物也同样具有鲜嫩特性。园艺产品的鲜活性使得园艺产品器官的发育、成熟、保鲜等方面具有独特的科学规律和研究内涵。

（二）园艺植物种类的多样性和园艺产品的多样性

我国园艺植物资源丰富多样，是多种园艺植物的起源中心，生态型广，种类丰富。而其产品种类多样，根、茎、叶、花、果、种子等不同器官均可为食用或观赏器官。与大田作物不同，园艺作物不仅仅满足鲜食需求，还满足观赏和精神文化需求。

（三）园艺产品周期长

相对于大田作物的采收后产品贮藏较为简单，园艺产品器官涉及产前、产中及采后等环节，产品器官运行时间跨度长。与蔬菜和花卉植物相比，果树的生长周期更长。园艺产品采后贮藏保鲜是园艺产品区别于其他农作物的一大特色。

（四）具有嫁接复合体的特殊生长习性

园艺作物由于自身的生长特点，具有砧—穗嫁接复合体的生长习性。嫁接在园艺作物栽培中广泛采用，以提高园艺作物的生长势，但嫁接调控机制和砧穗互作机制需要进一步研究。

（五）基础研究相对滞后

园艺作物种类多，大多数采用无性繁殖，其遗传背景具有高度复杂性和较长的生命周期，使园艺作物基础研究受到一定阻碍。加之我国园艺学研究起步相对晚，投入较少，园艺学科基础研究相对滞后。

三、园艺产业的发展趋势

园艺产业发展面临新的机遇，呈现出新的发展趋势。随着园艺产业全球化发展态势，发达国家越来越靠技术和资本赚取利润，而发展中国家趋向于利用劳动力、土地优势作为投资方式。因而需要土地和劳动力较多的园艺生产将进一步向发展中国家转移。随着国内市场的快速增长和国际化进程加快，园艺产业发展呈现以下发展趋势。

（一）露地栽培面积和设施栽培面积双扩大

园艺产品生产仍以露地栽培为主，设施栽培还会有所扩大。我国露地种植单产仍然较低，与发达国家的生产水平仍有很大差距。通过设施栽培，不仅可延长种植期，也可大幅度增加单位面积的产量。因此设施化栽培发展迅速，所占比例会逐步提高。以蔬菜为例，2008年全国设施蔬菜面积已达5020万亩，比2000年增长了78%；总产值4100多亿元，占蔬菜总产值的51%。由于设施栽培具高效益、高产出、高集约等特性，在未来园艺产品生产中，设施生产规模和作物种类将继续扩大。

（二）园艺产品出口贸易持续增长

自我国加入WTO后，园艺产品进一步融入国际市场，以果品为例，2008年全国果品出口484.1万吨，出口额42.3亿美元，比2002年分别增长2.4倍和4.3倍，且出口市场由2002年的120个国家和地区增加到2008年的148个。未来我国园艺产品市场将进一步转向国内、国际两个市场。

（三）以人为本，更加关注人类对园艺产品健康、安全和精神文化的需求

园艺作物是重要的经济作物，满足消费者多样化需求是园艺作物育种的重要目标之一。园艺产品正在由过去的以追求数量保证型向质量效益型转变，以满足消费者的不同层次的需求，实现周年均衡供应富含健康成分、“绿色”的产品，“不过敏”和“不上火”果蔬园艺新品种，以及无“花粉过敏”花卉新品种。在产品销售价格中，文化价值的比例逐步增大。信息技术应用于园艺生产，生产过程可追溯技术得到迅速发展。“以人为本”的园艺学研究将不断促进园艺产业的快速发展。

（四）园艺植物育种目标和产品生产进一步专用化、多样化、标准化

针对不同用途（鲜食和加工专用品种）、不同消费群体、不同的地域生态条件，园艺作物品种将进一步专用化和多样化。园艺产品在提供“绿色”和“健康”的标准化方面发展迅速，以满足各种认证以及有关标准要求，克服新的技术（贸易）壁垒。园艺产业中卫生洁净，有机、绿色食品等不断涌现。

四、未来园艺产业技术需求

未来园艺产业技术需求表现在以下方面。

（一）实现园艺产品的周年均衡供应

均衡提供鲜活园艺产品，满足人民的生活需求，是园艺产业的基本属性和基本功能。目前保护地栽培技术对蔬菜及柑橘、桃、樱桃、杨梅等水果的应用研究相继展开；反季节栽培和开花技术等已在蔬菜和部分水果（葡萄等）推广

应用；果树一年多次开花技术应用，如葡萄、枇杷、柑橘等。

（二）增强园艺产品的健康成分，剔除不良性状以适应消费者

在发挥园艺产品提供营养功能的基础上，通过品种选育和栽培措施增强园艺产品的其他保健功能，例如，增加具有抗氧化功能的维生素；减少化学物质应用以及采用有机生产技术；含有特殊功能性成分的园艺产品；剔除不良性状（如使人体“过敏”、“上火”）的品种；选育易剥皮、无籽或少籽的水果品种；适宜夜间观赏的花卉；提高保健功能的成分如维生素、苦瓜素、番茄红素等。

（三）满足多样化需求

园艺产品除满足市场的红色品质的多样化以外，还有满足不同消费者特定的需求。例如，高固酸比柑橘品种选育；高酸加工用苹果品种选育；适合 NFC（非浓缩还原）橙汁加工的早熟和晚熟加工品种选育；休闲式自摘果园；无果梗串性、适合机械化采收的性状研究；增加观赏型蔬菜的品种选育；特定花卉的次生代谢物质累积及提取。

（四）提高综合抗性的品种与栽培技术

抗性砧木筛选以及转基因砧木的培育；抗生物和非生物逆境品种的培育；克服连作障碍的技术。

（五）省力、轻简化的栽培技术与品种

矮化栽培技术；特殊的低成本整形修剪技术；机械采收与果园内运输实现机械化，如美国开发机械手采收柑橘；山地果园的轨道运输；肥料缓释技术，果园灌肥技术；适合机械化的品种。

（六）信息技术

信息技术广泛引用于农产品生产过程，包括园艺作物生产精准控制技术、园艺病虫害信息预测技术、园艺植物生物信息学技术；园艺产品可追溯技术；园艺产品网上交易实现技术。

第三节 研究现状和研究动态

一、研究现状、重要进展和重要成果

随着国家对基础研究日益重视和科研投入不断增长，我国科技人员在园艺科学基础和应用基础研究方面获得了明显的成绩。近几年园艺学科论文数量有了很大的提高，代表基础研究水平的SCI文章数量和质量显著提高。

园艺植物种质资源原生境保护与非原生境保护相结合的标准化、规模化、自动化和网络化保存体系构建成为种质资源保护生物学的研究热点。在群体、个体、细胞、分子水平上进行了优异种质资源的鉴定、评价和遗传分析。随着基因组学的迅猛发展，对不同种类的种质资源的比较研究备受重视，而基于种质资源的新基因发掘已成为争夺基因专利的焦点。随着我国科技人员积极参与国际番茄、马铃薯、黄瓜、甘蓝、大白菜等基因组测序计划，基因组信息将推动园艺植物遗传育种和分子育种。利用细胞工程、分子标记、转基因技术开展优良基因的定向转移，培育出了大批高产、优质、多抗作物新品种。我国审批的转基因农业生物可商品化生产的第一例是转基因耐贮藏番茄，接着是抗CMV（黄瓜花叶病毒）番茄和辣椒、改变花色的矮牵牛获得商品化生产。分子育种已成功应用于园艺作物。

二、基金资助现状和人才队伍情况

国家自然科学基金委员会对园艺学学科发展的支持和资助不断增加。资助项目总数逐年增加，从2005年54项增加至2009年108项，资助经费从2005年1288万元增加至2009年3339万元。2005～2009年，国家自然科学基金委员会生命科学部资助的重点课题2项，创新研究群体1项，资助项目数共411项，总经费达11 467万元。园艺学科领域形成了一批以院士和长江学者为代表，结构合理、年富力强的科技队伍。园艺学领域有院士5人，长江学者4人，国家杰出青年科学基金获得者5人。

园艺学研究条件建设不断改善，如国家蔬菜工程技术研究中心、国家蔬菜改良中心、国家柑橘工程技术研究中心等一批国家级研究平台不断增加。从国外引进和国内培养的园艺学研究人员的数量迅速增加，素质不断提高，全国各大园艺科研单位分工协作的局面逐渐形成。国家及地方通过开放实验室、工程技术中心、重点学科、创新团队建设，科研队伍日益壮大，学科结构逐步完善。

三、学科发展存在的问题

（一）基础研究缺乏源头创新和标志性重大成果

我国园艺学研究多年来重视解决生产问题、强调应用技术，而相关的基础研究较为薄弱。近年来随着基因组学、蛋白质组学、代谢组学、生物信息学和系统生物学等新学科的飞速发展，国际园艺科学的发展日新月异。虽然我国园艺学基础和应用研究发展迅速，并产生了一些重要的科研成果，但与国外同领域相比，差距依然很大，具有重大国际影响的园艺学重大基础研究成果较少。今后的园艺学研究中，在重视应用基础和应用研究的同时，需要加强重要的源头创新，抢占园艺学科发展的制高点。

（二）科技投入相对不足，学科持续发展受限

近年来，随着我国对科研投入的加大，园艺学科研经费大幅度增长，但整体而言，园艺科学领域投入力度仍显不够，远低于作物学等其他生命科学学科。2009 年国家自然科学基金委员会对作物学资助项目数是园艺学的 2.2 倍。随研究国际化和科研消耗品增加，科研经费的压力依然严峻，一定程度上制约了学科的持续发展。

当前园艺学科缺乏具有国际影响和竞争力的顶尖科学家和学术带头人。其中原因之一是目前国内人才评价中过于重视高影响因子论文，能进入“长江学者”、国家杰出青年科学基金等人才计划的中青年园艺学家极少，如蔬菜学仅 1 人、果树学仅 1 人，参与国家重大项目和国际合作项目的机会也较少。整体研究与国际一流水平相比尚有较大差距，需要加大投入力度，加快基础条件建设和队伍建设。

（三）科研条件有待改善，平台运转效率不高

近年来随国家农业科技投入增加，特别是“985”、“211”、国家农业创新体系等项目实施，全国园艺学科的科研条件都有大幅度改善。相继建立了国家蔬菜改良中心、国家柑橘工程技术研究中心等国家级工程技术中心。但是整体水

平与国际一流尚有差距，特别是科研环境和运转效率尚待进一步改善，很多基地和平台运行费缺乏，影响运行效率和辐射能力。

（四）国际交流有待拓展，国际影响尚须提升

园艺学科与国际一流农业大学、研究机构、跨国公司建立起了广泛的合作关系，实质性的国际交流与合作最近几年迅猛发展，特别是通过主办国际性学术会议在国际上树立了学科良好的声誉。但是今后要重视和加强参与国际重大科研项目及科研机构合作，通过参与国际重大科研项目，组织本学科国际有影响的学术会议，与国外高水平大学交流研究人员扩大本学科影响。

第四节　学科发展布局

园艺学是一门应用学科，是理论和生产紧密结合的学科。传统园艺学主要分为果树学、蔬菜学和花卉学三个分支学科。随着设施园艺规模扩大及其研究的系统性，新增加了设施园艺学。此外，我国是西瓜、甜瓜生产与消费第一大国，其播种面积与产量均高居首位，由于西瓜、甜瓜生产在我国园艺业中的重要地位，瓜果学应运而生。这样最后形成了现在的园艺学新体系，包含果树学、蔬菜学、瓜果学、观赏园艺学和设施园艺学。

未来5～10年，将重点支持园艺作物优异基因资源发掘和有利基因的挖掘、一些特异的生物学特性和农艺性状形成的分子机制、园艺产品品质形成机制和优质安全生产中的基础科学问题等研究；优先支持具有重大生物学意义的战略性研究和有优势或特色的学科前沿研究。在研究手段上，充分利用各种“组学”技术，包括基因组、转录组、蛋白质组、代谢组、表型组以及新近出现的miRNA组、选择性剪接组和互作组等，就园艺学或园艺产业的重点、热点问题开展创新性研究。另外，加强扶持我国空白和薄弱研究领域。提倡和大力鼓励交叉研究，开展学科交叉、合作和综合研究，以此推动园艺学领域取得重大突破，使园艺学研究形成较完整的学科布局。

第五节　优先发展领域与重大交叉研究领域

一、优先发展领域

（一）园艺植物资源的高通量评价与基因挖掘

我国地域辽阔，气候环境与生态条件复杂多样，使中国成为世界上园艺植物资源最丰富的国家之一。我国在果树、蔬菜、瓜果、花卉植物资源搜集、评价和利用方面已有一定积累，但对于重要经济性状的高通量评价还较缺乏，导致后续的利用效率较低及国际型品种的缺乏。因此，在系统收集我国园艺植物种质资源基础上，开展资源中重要经济性状的高通量评价，创造各种遗传育种群体，获得各种材料的特征数据，为创造多样性品种、促进育种目标与生产需求的衔接具有重要意义和紧迫性。另外，许多园艺植物资源为我国特有，蕴涵有特殊的基因资源，随着分子生物学的迅猛发展，在分子水平开展基因资源保存是简便、有效的保存方式，保存的基因资源将为后期进行有利基因的挖掘，研究园艺植物特殊性状形成机制与调控奠定重要基础。

主要科学问题：

1）园艺植物重要经济性状的大规模评价；

2）优势品种及其亲本的序列测定分析；

3）重要基因资源的 EST（表达序列标签）数据库和基因组文库；

4）针对重要性状的遗传研究群体的构建与实时 QTL 评价、精细连锁图构建和特异分子标记筛选，以及渐渗系深度测序分析；

5）针对重要性状的表观遗传学研究；

6）重要农艺性状相关基因的挖掘与功能研究；

7）园艺作物种质资源基础数据库。

（二）园艺作物品质形成机制与调控

园艺产品消费需求逐渐已由数量型向质量型转变，园艺产品品质的优劣是其市场竞争力的核心因子。消费者对园艺产品的品质要求更加多元化，如颜色、形状、大小等外观品质，酸甜、香味、风味、脆硬等内在品质，货架期等贮藏品质，以及出汁率等加工品质。因此，改善园艺产品中品质成分的种类和含量，特别是一些健康成分的改良，及产品的外观品质，已成为当前和今后的重大科学问题。近年来，其中一些品质性状的形成机制已经在模式植物上取得了重要进展，为在园艺植物上开展品质相关研究提供了理论基础和研究技术。以各种园艺植物品质相关突变体为切入点，从生理、代谢、基因、蛋白质和互作等多方面系统深入研究，将使阐明这些品质性状形成的分子机制及调控这些品质的成分和含量成为可能。

主要科学问题：

1）园艺作物品质形成规律以及内外影响因素；

2）品质形成中差异表达基因、蛋白质、代谢物质的分析鉴定及其相关性；

3）品质形成相关基因的挖掘及其转录、转录后和表观调控机制；

4）促进或延缓产品器官成熟的关键控制因子及作用模式；

5）甲基化、miRNA 等表观遗传对品质形成的影响；

6）园艺产品品质的综合调控及内在机制；

7）园艺产品品质基础数据和遗传规律。

（三）园艺作物产品器官形成发育机制及调控

传统的园艺产量从杂种优势来开展研究，而很少从细胞生长分化、细胞数量、细胞大小等方面开展研究。发育生物学是当今生命科学中的一门前沿学科，园艺作物的种质资源的丰富多样性以及器官发育的多向性，为器官分化和发育基础研究提供了无可比拟的资源。同时，园艺产品产量的研究也因此从杂种优势的基础研究转移至器官发育和膨大的基础研究。以园艺植物中形式多样的产品器官着手，如叶球、花球、块茎、球茎、肉质根、肉质茎、根状茎、浆果、瓠果、荚果以及假果、真果等不同形态的产品器官成为产品器官分化和发育的良好试材。研究同一器官不同发育模式和分化方向的机制，将为产品器官的形成与调控奠定理论基础。另外，植物花的成年器官，即花萼、花瓣、雄蕊和心皮等是从分生组织发育而来的。ABCDE 模型在亲缘关系很远的物种间的相对保守性也说明花器官发生的调控在进化上是相对保守的，但也存在部分转录因子上功能的分化。从生物化学、细胞生物学、生理学、分子生物学方面研究园艺产品器官形态发生与建成、产品器官发生的基因调控，特别是发掘调控产品器官形成的相关基因，阐明它们的时空表达谱、表达调控机制和对细胞行为和组织器官形成与分化的影响，并对其基因进行克隆、表达、功能解析，将有助于深入了解园艺产品器官生长发育和形态建成机制，有利于基于产品器官发育调控，进而提高园艺产品产量以及调控园艺产品形态。

主要科学问题：

1）园艺产品器官及细胞生长发育的分子机制；

2）园艺产品器官发育调控关键基因的发掘；

3）关键基因调控园艺产品器官发育的分子机制及其应用；

4）环境影响园艺产品器官发育的生理生化机制；

5）产品器官形态建成的主导因子研究。

（四）园艺植物对非生物逆境的应答机制与调控

随着全球气候环境的变化和设施农业的迅速发展，园艺生产面临越来越多的环境逆境挑战。例如，人口数量居高不下，资源消耗持续增长，重要农业资源相对不足，极端环境气候因子不断爆发；园艺作物生长周期长，种植区域广，遭受气候与土壤等环境复杂。非生物逆境中，干旱、高温、涝害、盐碱、冷害等已成为制约园艺产品生产和质量提升的重要限制因子。同时，园艺设施生产中经常遭遇亚低温、高温、弱光、二氧化碳亏缺、高湿、土壤次生盐渍化等亚适宜环境，严重威胁了园艺作物生产，因此开展对非生物逆境的研究在园艺作物上具有更大迫切性。园艺作物逆境适应的分子和生理机制以及调控将成为园艺学研究的热点领域之一。近年来，植物逆境适应和响应机制研究已经在模式植物上取得突破性进展。园艺植物的相关研究也取得一些进展，但对逆境胁迫的应答机制及调控机制还不甚明晰，需要进一步阐明逆境条件下园艺植物生理响应和生长发育规律，研究逆境对园艺产品品质和产量影响的生理与分子基础，为发展应对逆境调控措施、创制逆境抗性园艺资源提供理论基础和基因资源。同时设施栽培下作物的生长发育规律与露地栽培具有较大差异。设施覆盖导致设施内的温度、光照、相对湿度、二氧化碳等环境因子与露地环境具有很大差异，构成了独特的设施小气候环境，直接影响了设施园艺作物的生长发育过程和品质形成。深入研究园艺作物对逆境的响应和适应机制，对于揭示园艺作物在环境逆境条件下的生长发育过程，阐明逆境对园艺作物生长发育和品质形成的影响，制订科学合理的栽培调控措施指导园艺生产具有重要的价值。

主要科学问题：

1）园艺植物响应逆境胁迫和亚适宜环境的生理机制和分子特征；

2）园艺植物响应逆境的表达组或蛋白质组变化；

3）逆境抗性基因克隆、表达和调控机制；

4）逆境相关基因的利用和抗逆新种质创制；

5）逆境胁迫、亚适宜环境下园艺作物产量和品质形成规律及调控机制；

6）非生物逆境下园艺作物生长发育的规律及调控机制；

7）逆境条件下园艺作物对栽培环境资源的高效利用机制。

（五）园艺作物生物技术和种质创新

我国有丰富的园艺植物种质资源，经过数年的搜集、整理和分析，已经完成了大量优良种质资源的评价及鉴定，为进一步资源利用和园艺种质创新奠定了基础。我国园艺资源的发掘和利用多年来已经积累一定的基础。针对优异种质资源，充分发掘其中的优良基因，并通过不同途径向栽培种进行了转移，为我国园艺作物的育种提供了丰富的基因资源和育种材料。如何快速有效地利用现有特异基因资源，实现我国园艺植物种质创新将是未来我们聚焦的重点。一般来说，优良基因往往与其他不良基因连锁在一起，通过常规杂交、回交的方法，需要很长时间，而且还很难奏效。分离得到重要功能基因后，通过基因工程方法导入到受体植物中，就可避免遗传累赘，克服杂交育种中周期长、盲目性大、效率低的问题，也为短期内难以针对某一性状进行有效改良等问题提供了重要手段，并在抗病、抗逆、品质等性状改良中展现了巨大的应用潜力，从而提高育种效率。与此同时，我国在胚挽救培养、体细胞杂交等细胞工程方面取得了突出成绩。为进一步挖掘这种“传统且不存在安全性争议”的生物技术手段的应用潜力，创制更多有应用价值的育种新材料，需要对细胞工程中尚未解决的一些基础问题如体细胞胚发生的机制问题加强研究。随着生物技术的快速发展，为基因资源的高效利用和园艺种质创新提供了有效平台。特别是现代生物技术与传统育种途径相结合，大大地加快了我国园艺植物种质创新的进程。然而目前园艺作物生物技术育种基础研究相对薄弱，来源于园艺作物本身的功能基因和特异高效启动子相对缺乏，规模化、实用化的遗传转化系统还需完善，选择标记基因安全性存在争议，体细胞杂交体系尚未全面建立，分子标记辅助选择还没有普遍应用于种质创新。因此充分利用现有的生物技术，发掘控制园艺作物重要农艺性状的优异基因，基于不同生物技术手段实现优异基因的高效转移和安全利用，对于我国园艺作物种质创新和园艺产业可持续发展具有重要意义。

主要科学问题：

1）园艺作物优良性状基因的克隆与利用；

2）体细胞胚发生的分子基础与表观遗传调控；

3）倍性改变导致园艺植物性状改变的表观遗传调控机制；

4）胞质杂种再生的细胞与分子机制；

5）优异基因用于现有品种的分子改良基础；

6）优异基因向栽培品种的安全高效转移；

7）从比较基因组的角度研究基因起源。

（六）园艺作物生殖生物学基础与调控

园艺作物生殖生物学关系到园艺植物花器官形态建成、果实发育、种子形成、有性杂交和优势育种等重要生理过程和育种手段。园艺作物很大一部分是以果实为产品，园艺作物生殖发育对于园艺生产具有重要的决定性意义。与此同时，生殖特性的基础研究有助于园艺产品的有性杂交和优势育种，对园艺种业发展具有不可忽视的作用。园艺作物的丰富多样的物种具有不同的生殖特性，如童期（花期）、雌性系、单性结实、雄性不育、自交不亲和性等。部分园艺作物要经历漫长童期才能开花结果，成为提高育种工作效率及提早获得经济效益的重要“瓶颈”。研究成花时间（童期）的机制，是园艺作物发育生物学的热点之一。花期始花到末花时间段影响园艺产品观赏价值与经济价值。花期的基础生物学研究有助于调控园艺作物始花期（坐果期、上市期），有助于延长园艺作物花期（观赏期），直接影响园艺产品的产量和质量。研究开花、坐果及果实发育过程的生理及分子机制，将为园艺作物优质、高产提供理论基础，结合栽培管理技术对产品品质形成调控机制研究，可以促进园艺产业更好地“由产量效益型向品质效益型的转变”，提高园艺产品附加值和经济效益。重要园艺作物如黄瓜、菠菜等性型分化为园艺生产和植物发育提供了很好的研究材料。园艺作物单性结实为设施园艺生产提供了有利的产品形成途径。园艺作物育性包括雄性不育和自交不亲和是杂种优势利用的重要基础。相对于生产中园艺作物性型分化和育性的广泛应用，对其基础研究相对滞后。研究园艺作物性别分化、育性、授粉受精以及果实的形成等机制，对于有效控制作物生长发育、开花结果，提高作物生产能力及改善品质提供新思路、新手段。研究园艺作物性型分化的生理和分子机制，对于揭示园艺作物花器官发育的机制及其与果实发育之间的关系具有重要价值。另外，园艺作物果实发育受到授粉、受精等生物学过程的影响，研究园艺作物生殖发育和性型分化及授粉发育的过程，对于园艺作物产品形成具有重要意义。与此同时，园艺作物在满足人们审美要求的同时，带来诸多与健康相关的问题。例如，花粉过敏问题越来越多地困扰着现代城市人群，果实飞毛问题既污染环境、妨碍交通、影响空气，同时造成人体过敏反应。因此，加大对园艺作物生殖生物学研究，将有利于园艺作物优势育种和有性杂交的应用，促进园艺产品的价值实现，有利于改善园艺作物观赏品质，具有重要的理论和实际意义。

主要科学问题：

1）园艺作物成花时间调控的分子机制；

2）园艺作物花期调控机制；

3）园艺作物坐果及果实发育过程的生理及分子机制；

4）园艺植物生殖发育相关基因的网络调控与坐果率的有效控制；

5）生殖发育过程相关的重要功能基因的挖掘；

6）园艺作物性型分化、单性结实的分子基础及调控机制；

7）园艺作物雄性不育、自交不亲和的分子基础；

8）园艺作物杂种优势的分子基础。

（七）园艺作物成熟衰老的生物学机制与调控

园艺产品的生产区域性、供应季节性以及园艺产品自身的鲜活特性，决定了园艺作物必须加强成熟衰老生物学研究，以适应延迟衰老、延长货架期、达到周年均衡的产业需求。由于园艺生产具有地域性强、季节性明显、园艺产品成熟期集中等特点，近年频繁出现季节性或区域性相对过剩，既无法保证生产者的效益也无法满足消费者的需求。解决此问题的主要途径，一方面在于通过各种技术手段调节园艺产品的成熟期，另一方面在于尽可能延缓园艺产品衰老，延长其投放市场的时间。以上两条途径是园艺产品周年供应的关键，但目前国内外对园艺作物成熟和衰老的机制研究基础均比较薄弱，如何提早或延迟园艺产品成熟主要还是凭借生产经验，且风险很大。目前园艺作物的成熟与衰老研究很大部分停留在生理指标和产品衰老特性。决定园艺产品从生长发育转向成熟的信号分子和调控机制尚不明确，园艺产品的成熟与衰老的生物学基础有待阐明，客观评价园艺产品成熟与衰老程度的分子证据尚待发掘。如果以上问题得到解决，对我国乃至世界园艺产业都将产生深远的影响。园艺产品衰老和调控在园艺作物育种、产品应用、产品流通、延长产品货架期（观赏期）等具有重要的意义。园艺产品衰老是发育进程中一个独特的过程，由特有的分子机制所调控。与其他需要细胞分裂、分化、扩张等的发育步骤不同，园艺产品衰老主要是一种程序性细胞死亡和营养物质回收利用的过程。为了完成这一生命过程，细胞需要启动新的基因合成蛋白，卸载亚细胞结构和大分子物质，及回收运输营养物质等。因此，解析复杂的园艺产品成熟衰老过程，并探究这些衰老相关基因调控机制具有重要意义。

主要科学问题：

1）决定园艺作物由生长发育转向成熟的信号及其调节；

2）园艺作物衰老起始信号及调控机制；

3）促进或延缓园艺作物成熟的关键控制因子及作用模式；
4）园艺植物衰老的细胞和分子生物学基础；
5）园艺作物成熟与衰老中物质再分配；
6）环境因子对园艺产品成熟与衰老的影响及调控。

（八）园艺植物砧穗互作生物学基础及作用机制

形成嫁接复合体和砧穗互作是园艺作物区别于其他农作物的一大特色。园艺植物中大部分果树、瓜果、部分蔬菜和花卉植物通过嫁接进行繁殖和育苗，即砧木与接穗在嫁接后形成一个共生体。园艺作物嫁接除了显著提高作物的抗病性外，还可提高作物对非生物胁迫（耐寒、耐盐等）的抗性，嫁接栽培在园艺生产中发挥了重要的作用。由于接穗是产生经济效益的部位，大部分的研究都集中于接穗的生物学研究、优良性状形成机制和遗传改良研究，而对于砧木的研究被忽视。优良的砧木不仅要考虑砧木本身（根系、抗性等）性状的优良，还要考虑砧木对接穗品种的影响。但生产中易出现嫁接成活率低和园艺产品品质下降的问题，其主要根源在于，一方面对砧穗互作中的嫁接亲和性和共生亲和性调控机制缺乏深入了解，另一方面砧木对接穗的生长发育的调控机制及品质形成的影响机制尚未阐明。对砧木如何提高园艺作物的逆境抗性或营养高效利用能力缺乏深入研究。研究砧穗两者之间嫁接亲和性及共生亲和性机制、砧木对接穗的生长发育调控，以及对接穗品质的影响等，是未来园艺学研究的重要内容。因此针对砧穗互作的亲和性机制以及砧穗互作对接穗的调控机制开展系统深入研究，将为园艺作物嫁接栽培提供有力的理论指导。

主要科学问题：
1）优异砧木的筛选与创制；
2）砧穗互作机制及其对接穗产品品质的影响机制；
3）砧穗互作对接穗生长发育及抗性的影响机制；
4）砧穗互作及物质转运或信号转导规律；
5）砧穗互作影响嫁接亲和性、共生亲和性的生理和分子机制；
6）砧穗互作影响园艺作物养分利用的生理和分子机制。

（九）园艺产品不利成分的形成与调控机制

提供消费者营养、健康、食用方便的园艺产品是园艺作物育种和园艺产业的重要目标之一。园艺产品中一些不利品质性状使得园艺产品难以满足消费者对园艺产品品质的需求。园艺产品中不利成分的表现形式多样，包括人体“过敏”的品种、“上火”的果品、多食“易中毒”的水果、生食易“过敏”的蔬菜，原因可能是园艺植物自然发育过程中某些次生代谢产物的积累浓度过高；另外是园艺植物本身的特性决定的，如“不易剥皮”的柑橘、“多籽”水果品种、“带刺”的观赏作物、引起“花粉过敏”的园艺花卉；同时园艺生产环境引起的不利成分，如园艺作物栽培过程中土壤中重金属含量过高、硝酸盐积累、空气中“酸雨”摄入等，都形成了园艺产品中的不利成分。因此需要剔除园艺产品中不良性状/不利成分，以适应消费需求。目前园艺产品中许多不利成分的形成与积累机制尚未阐明，控制不利性状的确切遗传基础还不明确，对园艺产品中不利成分的吸收、积累与代谢途径缺乏深入研究。因此研究园艺产品中不利成分的形成机制及调控机制将为未来园艺产品的改良及竞争力的提高奠定重要基础。

主要科学问题：

1）园艺产品中不利成分的组分鉴定和基础数据；

2）园艺作物中不利品质成分的形成、积累机制；

3）园艺产品中不利成分的代谢转化及调控机制；

4）园艺产品不利性状的遗传基础及调控机制；

5）栽培环境对园艺产品不利成分的影响机制。

（十）园艺作物根际微环境形成机制与调控

园艺作物大多是多年生作物或者多年连作，其根系与土壤接触时间长，园艺作物根系与土壤间的关系复杂且对园艺作物生长发育有很重要的影响。园艺作物根系环境涉及养分有效性吸收、根系微生物互作，以及根系环境理化性质。根际微生态系统是以“植物—土壤—微生物”及其环境条件相互作用过程为主要内容的微生态系统。植物根系周围受根系生长影响的土体形成根际，存在种类多样的微生物。根际构成根系生长的微生态环境，是土壤养分进入植物系统的重要门户，研究根际微生态中的根系—土壤—微生物相互作用对于稳定土壤结构、保持园艺作物根际土壤生态系统的良性发展具有重要的作用。根系微生物对园艺作物的生长发育、养分吸收利用、抗性的提高以及根际微生态环境条件的改善都起着重要的作用。最近研究还表明根际还产生的一种激素独角金内酯（strigolactone），可以影响菌根、菌丝的分枝。但是，在园艺作物上目前根系微生物作用机制集中在生理研究，对于根系—微生物相互作用的分子机制却研究不够。因此，对根际微生态体系进行研究不仅在理论上有益于揭示根系环境各成分之间的互作与调控机制，而且通过了解土壤与植株的供求关系，对于生产上的合理施肥、灌水以及病虫害防治有着实际的指导意义。另外，由于耕地数量、气候条件的限制，我国许多地区的园艺作物在原地换茬栽培，严重连作往往导致生长不良，长势衰弱，产量和品质下降。园艺作物设施栽培中存在独特的小气候环境，设施栽培中土壤次生盐渍化、土壤酸化和土传病虫害的问题比较突出，土壤中阳离子和阴离子的种类和数量、土壤中微生物的种群和数量与露地环境具有很大区别，园艺作物土传病虫害发生严重，加上设施内复种指数高，连作的问题比较突出，连作障碍已经成为我国园艺产业可持续发展的重要障碍。同时园艺作物生长发育过程中受到根际环境的影响而引发生理病害，影响园艺作物的产品形成，目前根际环境引发的园艺作物生理病害的生理机制与分子基础尚不明确。研究园艺作物连作障碍发生的机制，对于制订科学合理的调控措施克服连作障碍具有重要价值。因此未来园艺学研究中，针对园艺作物根际环境，着重研究根际环境中根系—微生物互作机制、根际连作障碍的形成机制与调控以及根际环境理化性质的动态变化规律。

主要科学问题：

1）园艺作物重要生理病害的生理机制与分子基础；

2）园艺作物连作障碍的发生机制和调控；

3）园艺作物根际土壤养分变化动态及其与土壤酸化的关系；

4）园艺作物根系自毒物质的种类、分泌释放规律及其对作物生长发育的调控机制；

5）园艺作物根际土壤中微生物变化规律及互作机制；

6）园艺作物根际微生物提高作物抗性的机制及调控；

7）农艺措施缓解园艺作物连作障碍的调控机制。

（十一）园艺作物种子质量控制的关键基础研究

园艺作物大部分采用种子繁殖。对于果树等童期长的园艺作物，繁育实生种苗有助于培育优良砧木，因此良种是园艺产业发展的基础。目前我国园艺种业发展比较迅速，但种子质量不高，与先正达、孟山都、安莎等欧美及日本、韩国等地的种业公司相比，种子质量存在较大的差距，缺乏国际竞争力，主要原因是我国对园艺种子科学的研究相对薄弱。良种不仅需要优良品种所需要的遗传特性，种子生产、加工与贮藏、种子检测等环节同样影响了园艺良种的性状。种子发育的程度直接关系到发芽的速度和幼苗的质量，部分园艺作物存在种子发芽率低、砧木种子的发芽不整齐、种子活力不高、种传检疫性病害蔓延等突出问题。目前我国园艺种业的良种特性缺少我国自然环境特点和特定栽培环境条件的针对性，同时在良种生产、加工、处理、贮藏、检验上的基础研究缺乏，投入研究的人力物力较少。因此，开展园艺种子生产过程中影响种子质量的遗传基础、生理机制及调控技术研究，对加工、贮藏、处理过程中影响园艺种子劣变的遗传、生理基础及修复的分子机制研究，以及质量监督过程中快速无损检测技术、种子的快速病毒检测技术，对高质量园艺种子形成与调控和园艺生产具有重要的科学意义。

主要科学问题：

1）高质量园艺种子形成的遗传、生理与调控机制；

2）园艺作物种子发育的生理和分子调控机制；

3）种子引发技术等种子处理技术的生理和遗传机制；

4）病原通过园艺种子传播的途径和控制机制；

5）种传病原的快速分子检测技术；

6）园艺种子活力和寿命控制的生理遗传机制；

7）种子劣变及修复的生理生化和分子基础；

8）种子质量快速及无损检验技术的基础理论。

二、与其他学科重点交叉领域

（一）园艺作物重要生物活性物质及保健成分的形成基础与功能实现

园艺作物为人们提供健康营养的食品，随着我国经济不断发展和人们生活水平的提高，园艺产品的保健功能也越来越受到重视。种类丰富多样的园艺作物含有多种有保健功能的次生代谢物质，研究这些次生代谢物的功能和代谢调控，提取生物有效成分，有助于适销对路的特色园艺产品研发以及有针对性地改变园艺植物次生代谢物。目前我国针对园艺作物生物活性物质和保健成分的研究不够深入，其形成机制和调控规律尚待阐明，重要活性物质组分有待于鉴定和有效分离，重要保健成分的功能机制还不明确。因此加强园艺作物生物活性物质和重要保健成分的基础研究，不仅将适应人们的消费需求，更有利于提高园艺作物的产品价值，为园艺产业发展开辟新的生长点。

主要科学问题：

1）园艺作物的特种生物活性物质形成基础和调控；

2）园艺植物次生代谢物质和生物活性物质基础数据；

3）特定园艺作物的次生代谢的关键酶基因筛选及功能分析；

4）园艺作物重要生物活性物质和保健成分的鉴定、分离；

5）人工生成次生代谢物与代谢工程研究；

6）园艺作物生物活性物质及保健成分的作用机制。

（二）园艺作物病虫害防控与产品安全

园艺作物生产中存在一些重要病虫害，如柑橘黄龙病、苹果腐烂病、香蕉枯萎病、瓜类细菌性果腐病、蔬菜烟粉虱等。近年来随着气候的变化，大部分果园出现白翅粉虱危害，小实蝇逐步北移，出现了一些新成灾果园。同时，园艺产业还面临着外来病虫害的入侵，特别是现在国际国内交流的增多及园艺植物苗木及园艺产品进出口及国内调运规模和频率的不断增大，检疫性病虫为害及外来危险性有害生物入侵威胁在不断加大。此外，园艺产品安全问题是公众关注的热点问题，园艺产品生产过程中农药残留、化肥过量施用及园艺产品加工过程中滥用添加剂等问题，都可能对园艺产品安全和人类健康造成危害。因此，开展园艺作物中重要的、新成灾的及外来的病虫害防控与园艺产品安全相关的重要基础研究，培育抗病绿色品种或开展生物防治，对于减轻病虫为害、降低防治成本、保护生态环境和人类健康具有重要的科学意义和应用前景。

主要科学问题：

1）园艺植物病虫成灾机制与预警机制；

2）重大病虫害抗性优异基因资源的深度挖掘；

3）病原/寄主的致病/抗病功能基因克隆、鉴定、功能与调控；

4）新成灾病害病原物的分子变异分析及致病分子机制；

5）园艺植物与病原物互作过程中激素与信号分子的作用；

6）主要病虫害的生物防治基础理论；

7）农用化学物质残留对人体健康和环境影响效应评价。

（三）园艺食品安全的重要基础研究

园艺产品食品安全与人民健康密切相关，也关系到园艺产品的出口创汇。园艺生产过程中农药、化肥过量施用等问题，都可能对园艺产品安全和人类健康造成危害，还影响到我国园艺产品的国际竞争力。开展园艺产品食品安全相关的重要基础研究，是国民经济和社会发展的重大需求，具有重要的科学意义和应用前景。

主要科学问题：

1）农用化学物质在生物体内代谢机制及其对园艺产品营养品质形成的影响；

2）农业化学物质残留物高通量、原位、快速、灵敏的检测方法研究；

3）园艺产品中残留化学物质、天然毒素的生物安全评估体系；

4）转基因园艺产品对人或动物潜在影响的评价；

5）农用化学物质残留对人体健康和环境影响的效应评价；

6）农业生态系统的污染特别是土壤污染对园艺产品安全的影响机制等。

（四）园艺植物信息学基础与平台

园艺植物研究与实践中，信息技术的综合应用是一项新技术，包括多个层面的技术。一是比较宏观的遥感监测系统，用于园艺植物长势监测和估产、监测植物病虫害发生及预警机制、环境条件的预测、生产中的营养诊断等。二是基于设施栽培或是农场的信息技术。目前我国设施园艺栽培仍主要靠人工经验来管理，科技含量不足，只能被动地实现保温、降温、遮阳和防雨。因此未来需要发展智能化农业设备、系统集成、网络化管理系统，能够根据温室内外气象条件，精准控制温室的光、温、气，自动形成适合温室内作物生长的微环境。此外，在一些大型园艺企业或农场需要构建便捷的经营管理信息系统，用来处理农场财务、农产品销售、农场经营管理计划、互联网销售农产品、电子商务建设等内容。三是个体水平植株发育模式和对外界因子应答模式的数字化，包括利用分子影像学建立“数字植物”，结合生理及栽培数据绘制植物动画生长，预测栽培技术如修剪和施肥对植物生长发育的影响。四是微观水平的生物信息学，未来主要是基于大规模组学产生海量数据的分析及有效信息的提取，包括基因组、转录组、蛋白质组、代谢组等多层次分子信息的整合，复杂生理途径的建模与分析。

主要科学问题：

1）智能化农业设备在设施园艺中的应用；

2）园艺企业经营管理信息系统构建；

3）“数字园艺植物”数据库的构建；

4）园艺植物相关生物信息资源数据库及综合信息处理；

5）园艺作物生长发育模型研究。

（五）全球环境变化对园艺植物的影响机制

环境因子对园艺植物的生长发育和品质的形成具有重要影响。在其他作物上特别是水稻、小麦的研究发现，全球变暖以及由大气臭氧层遭到破坏引起的地球表面 UV-B 辐射增强，改变了植物开花、生长、形态发育与成熟的步调。但全球变暖、UV-B 辐射增强以及它们与其他环境因子复合作用对园艺植物开花结果影响的研究还比较少。另外值得研究的是重大工程包括三峡工程对园艺作物生长发育的影响及对园艺作物生长区域生态条件的影响。在人工干预的条件下研究环境因子的变化及其对园艺作物的影响也是重要的课题，可应用价值高，包括设施栽培条件下或是简易设施条件下生态环境条件光照、温度、水分和土壤的变化规律及其对园艺植物病虫害发生和产品品质的影响。

主要科学问题：

1）全球变暖、二氧化碳浓度升高以及 UV-B 辐射增强对园艺植物开花与结果的影响；

2）重大工程对园艺作物微生态的影响；

3）设施栽培和简易设施栽培对环境因子及园艺植物生长发育的影响。

（六）园艺工程自动化设备的实现

园艺生产机械化和智能化涉及园艺生产自动采收系统、园艺产品传输系统，以及灌溉系统、园艺产品自动分级系统。园艺产品品质检测通常需要破坏性的检测，即对样品进行处理后才能用于检测获得相关品质数据，因此很难获得发育过程中动态的数据。因此，实现园艺产品自动化对品质及营养状态等生命信息的无损、实时、准确检测是当前和今后的重要技术问题。同时园艺生产中自动化、机械化设施和设备的研发和装备，将是未来园艺生产的趋势。

主要科学问题：

1）园艺生产机械化设施；

2）园艺生产智能化设施；

3）园艺产品品质自动化无损检测仪器设备的实现。

第六节　国际合作与交流

一、加强园艺植物优异资源的国际合作

种质资源是培育优良品种的重要物质基础，新的育种目标能否实现取决于所拥有的种质资源及对种质资源的创新。同时种质资源有很强的地域性，一些园艺作物物种并非起源我国，相关种质资源比较匮乏。因此，通过加强园艺植物资源的国际交流与合作，适时引入国外优良品种、先进的研究体系或是技术手段，对于优良品种的培育及实现品种国际化具有重要意义，同时对于推动我国园艺产业及生物技术产业的可持续发展具有重要意义。

优先领域：园艺作物重要基因资源EST数据库及基因组序列交流与利用；重要园艺作物基因组测序合作研究；主要园艺作物精细遗传图谱构建；重要性状的遗传规律及调控基因克隆与功能分析。

二、加强基于“组学”的园艺植物系统生物学国际合作

我国园艺植物研究在功能基因组学、蛋白质组学和代谢组学等方面尚处于起步阶段，系统生物学的研究尚少开展。近年来许多发达国家在模式植物开展了基于各种生物组学的系统研究，包括基因组学、转录组学、蛋白质组学、代谢组学、表观基因组学、miRNA组学、启动子组学、互作组学等，并结合生理组学和表型组学的数据，利用多种手段开展重要性状的系统分析，即系统生物学研究。目前这些研究在园艺植物上还比较分散，在相应研究领域积累的研究经验也比较有限，因此有必要在园艺植物上针对重要性状开展系统的深入的研究，开展国际合作和交流具有迫切需求。

优先领域：园艺植物重要物种的国际基因组测序计划；亚细胞基因组结构与功能研究；转录组学新一代测序技术开展表达谱研究；互作组学在园艺植物基础研究的应用；非编码RNA组及在园艺植物生长发育过程中的功能；蛋白质组及互作的网络调控。

三、园艺植物表观遗传学国际合作

转录后的调控作用主要是表观遗传学的研究领域，它是指DNA序列不发生变化，但基因表达却发生了可遗传的改变。这种改变是细胞内除了遗传信息以外的其他可遗传物质发生的改变，且这种改变在发育和细胞增殖过程中能稳定传递。表观遗传的现象很多，已知的有DNA甲基化，母体效应、基因组印记(genomic imprinting) 和RNA编辑（RNA editing)、基因沉默、核仁显性和休眠转座子激活等。近年来，它已经成为国际上的研究热点，发达国家的研究报道很多，主要以大田作物（如水稻）或模式植物（拟南芥）为研究对象，研究内容包括miRNA的分离，在基因调控中的作用，调控基因表达的机制等，国内有少量研究。但在园艺作物上，国内还是一片空白。

优先领域：深入探讨已知的表观调控因子（如miRNA、DNA甲基化等）的生物学功能和作用的分子机制；发现和鉴定新的表观遗传调控因子（包括蛋白因子、非编码RNA分子和其他可能参与表观遗传调控的生物大分子），并开展其结构与功能研究；寻找DNA去甲基化酶和除甲基化之外的其他可能的

DNA 化学修饰类型；探讨“组蛋白密码”的组成、作用和识别的机制；研究染色质结构的可塑性与基因表达调控及细胞表型之间的关系；阐明表观遗传调控与信号转导机制的作用方式及作用机制。

四、设施作物专用品种对亚适宜环境的响应和适应机制国际合作

我国设施园艺栽培面积和规模迅速发展，为园艺产业增加了新的动力，同时由于特定的设施栽培条件带来的亚适宜环境也一定程度上阻碍了园艺作物的高效栽培。我国园艺作物育种传统上是针对露地栽培开展品种选育，设施专用品种选育不能满足生产需求。国外对设施专用品种的选育工作开展比较早，已经培育了很多耐低温、弱光、土壤连作障碍等适于设施栽培的优良品种，今后应进一步加大从国外引进设施专用品种资源，深入研究设施专用品种对亚适宜环境的响应和适应机制，不仅对于揭示设施环境和作物生长发育之间的关系具有重要价值，而且对于指导国内的专用品种选育具有重要意义。

优先领域：园艺作物对亚适宜环境变化的应答机制和生长发育调控；设施栽培园艺作物对亚适宜环境的响应和适应机制；园艺作物亚适宜环境的抗性机制和代谢调控；设施环境下园艺作物病虫害的发生及致害机制；设施专用品种性状遗传规律与种质创新。

第七节　保障措施与建议

园艺学科是一门传统学科，也是一门与人民生活息息相关的应用基础学科和应用学科。随着学科交叉和技术体系的不断深入，以及产业发展格局的日益更新，园艺学研究面临新的发展机遇。未来的园艺学科发展必须从科技投入、学科布局、人才队伍、平台建设、国际交流、产研结合及制度保障多方面协同推进，促进园艺学更快更好地发展。

1. 增加园艺学科研究投入

研究投入是对国家未来竞争力的战略性投资。以国家投入为主，鼓励有条件的企业投资或自主开展相关研究，鼓励社会力量对学科研究的投入。切实加大投入力度，为落实园艺学科研究战略任务提供经费保障。

2. 加强学科布局的科学性和前瞻性

园艺学科发展随着园艺产业的发展，涌现出新的发展方向和学科生长点，需要适时调整学科布局，统筹规划，引导园艺学科健康的可持续发展。

3. 培育拔尖人才队伍

更好地培养国内人才和吸引海外优秀人才、吸纳海外研究资源，打造优势学科队伍，加强梯队建设。提倡开展平等的学术批评与学术争论，营造尊重知识、尊重人才、尊重创造的社会文化氛围。

4. 加强研究基地和平台建设

园艺学基础研究对基地硬件条件依赖性高。加强硬件条件建设，为学科发展提供坚实的基础；保证学科建设和运行的基本条件，根据学科建设经费的投入预算，在资金上、政策上给予保障，确保基地条件建设上一个新台阶，为学科发展打下良好的基础。

5. 推进学科国际合作与交流

加强国际合作，充分利用国际科技资源，大力支持以我国为主、实质性、高水平的国际合作研究。组织有我国特定优势的重大国际合作研究计划；鼓励相关实验室联合开展长期稳定的合作；推动在我国建立中外联合研究机构和国际科学研究中心；支持在学术交流和人才交流，并以多种方式吸引海外优秀华人学者为国服务。

6. 加强园艺学科与产业需求相结合的基础和应用基础研究

园艺学科的发展随着园艺产业的结构不断调整而不断注入新的学科内涵和学科生长点。园艺学科始终与园艺产业紧密结合，不断丰富学科内涵，完善学科布局，为园艺产业发展提供理论和技术支撑。

◇参考文献◇

陈富桥，祁春节. 2004. 全球园艺产业产销现状. 世界农业，6：26～28

郜海燕，于震宇，陈杭君等. 2005. 我国园艺产品的食品安全现状与对策 . 保鲜与加工，2：35～37

黄军保，李晓梅，杨明霞. 2002. 我国果树产业结构调整中的误区与调整策略. 河北果树，6：16～17

李保印，张启翔. 2007. 我国园艺作物核心种质研究进展. 果树学报，24（2）：204～209

李建伟. 2006. 2005年我国蔬菜产业发展的回顾. 中国蔬菜，10：1，2

李俊龙. 2006. 我国花卉产业现状、问题及发展对策. 长江大学学报（自然科学版），3（1）：135～139

美国农业部农业研究中心. 2009. 美国国家农业发展计划. http：//www.ars.usda.gov/research/programs.htm

张真和，刘肃. 2006. 我国蔬菜产业的国际化比较. 中国蔬菜，3：1～5

中国园艺学会. 2008. 园艺学学科发展报告（2007～2008）. 北京：中国科学技术出版社

朱德蔚，韩振海，王德槟. 2005. 改革开放中的中国园艺科技. 中国农业大学学报，10（4）：51～54

Chandler S F，Lu C Y. 2005. Biotechnology in ornamental horticulture. In Vitro Cell Dev Biol-Plant，41：591～601

第四章

植物保护学

第一节　战略地位

植物保护学是研究植物病害、虫害、草害和鼠害等有害生物的种类识别、生物学特性、发生规律、危害损失、成灾机制以及防治策略与技术的多学科交叉的综合性学科。其分支学科包括植物病理学、农业昆虫学、农田草害、农田鼠害、植物化学保护、生物防治、农业有害生物检疫与入侵生物学和植物保护生物技术等。

我国是一个农业生态环境脆弱、生物灾害频繁发生的农业大国。农作物病虫害是影响我国农业持续、稳定和健康发展的重要障碍。据统计，我国常见农业害虫有838种、病害742种，而且分布广、突发性强、成灾频率高。每年都有几种重大病虫害暴发和流行，导致农作物大面积减产和失收，品质严重下降。进入21世纪以来，我国农作物病虫害防控工作所面临的形势更加严峻。一是原生性农作物有害生物频繁暴发，灾害持续不断、经济损失巨大。例如，稻瘟病、褐飞虱、草地螟等在我国大规模连年发生，危害程度之重，持续时间之长均为历史罕见。一些次要病虫害逐渐发展成为毁灭性灾害，有些原已长期控制的病虫害死灰复燃，变得更加猖獗。近年来，农作物病虫害年发生面积超过60亿亩次，经大力防治后，每年仍因病虫灾害损失粮食1600万吨、棉花50万吨、油料90万吨和其他作物1100万吨。二是危险性外来生物入侵导致农业经济损失与生态环境破坏，加重和突出了农业生物灾害问题。随着经济全球化和国际贸易往来的迅速发展，危险性外来有害生物入侵等新的生物灾害问题不断凸现。目前已入侵我国的外来生物有400多种，在世界自然保护联盟公布的全球100种最具威胁的外来物种中，我国便有50余种。近年来，我国外来入侵生物呈现出传入数量增多、频率加快、蔓延范围扩大、发生危害加剧和经济损失加重的趋势。据统计，我国每年仅因烟粉虱等11种外来入侵生物便可造成570亿元的直接经济损失，同时还导致生物多样性丧失、生态环境恶化。三是化学农药的大量投放及其不合理使用导致农产品农药残留超标和生态环境恶化，人畜中毒事件时有发生。化学农药仍然是目前防治农作物有害生物的主要手段。我国每年农作物有害生物化学防治面积约60亿亩次，每年使用农药制剂120万吨，高达70%～80%的农药转移或流失到非靶标生物、土壤和水域中，受农药不同程度污染的农田有1.36亿亩。此外，化学农药还通过生物富集在作物体内形成较高残留，再通过食物链危害人体健康，影响食物安全和农产品贸易。我国每年因农药残留超标或检疫问题而退货或处理造成的经济损失巨大。

因此，植物保护学是支撑我国现代农业可持续发展的战略性学科，在保障农产品质量安全、减少环境污染、保护生物多样性与生态安全、维护公众健康等方面具有不可替代的关键作用。加强植物保护学科建设，提升我国植物保护科技创新能力，发展农作物有害生物检测、监测、预警和控制的新理论与新技术，对保障国家粮食安全、生态安全和经济安全，促进农民增收和农业发展有重要意义。

第二节　发展规律与发展态势

植物保护学具有明显的跨学科特征，它不仅与农学基础学科、植物营养学和园艺学有密切的联系，而且和生物领域中动物学、植物学、微生物学、遗传学、生态学、细胞生物学、生物化学、分子生物学以及工学和信息科学等学科也有高度的交叉和关联。现代生命科学和信息科学等基础学科的新理论与新技术正不断融入植物有害生物的检测、监测、预警与控制各个阶段，促进了现代植物保护学的形成与发展。总体上，现代植物保护学在科学研究上朝微观和宏观两个方向快速发展。一方面利用分子生物学和信息技术等现代科技手段深入揭示植物有害生物的灾变机制，另一方面应用生态学和系统工程学的原理和方法建立有利于农业综合生产能力提高、生物多样性保护、环境污染控制和资源节约的有害生物持续治理技术体系。

一、植物保护学的研究领域不断拓宽

传统的植物保护主要是针对我国农作物生产中的病虫害防治理论与技术。随着全球经济一体化进程和转基因技术的发展，外来入侵生物控制和转基因生物环境风险管理成为植物保护学的重要研究内容。入侵生物学主要研究内容包括外来有害物种在入侵过程中的传入与种群构建、生存与适应、演变与进化、种间互作的生物内在特性，环境响应与系统抵御的外部特征，预防与控制的技

术基础等。转基因生物安全是植物保护学科中近年发展起来的一个具有战略高科技特点的分支学科。2009年，全球25个国家转基因作物的种植面积已达到1.34亿公顷，其中抗除草剂和抗虫等以植物保护为目标的转基因作物占种植总面积的99%以上。转基因技术在农业上的应用，为解决人口与环境、资源的矛盾带来的粮食安全、生态安全、农民增收和农村发展等问题提供了新的有效途径，但也存在潜在的环境风险。转基因生物安全性研究主要集中于转基因作物对农田生态系统与生物资源的影响、靶标害虫对抗虫转基因作物抗性治理理论和基因流散的生态效应等。

二、有害生物致害性变异机制的研究不断深入

病原生物变异和害虫抗药性产生是病虫害持续控制的主要科学问题。在植物病原学方面，研究手段从细菌过滤器、电子显微镜、X射线衍射法、扫描投射电镜过渡到现代分子生物学技术的应用，如分子克隆、重组、体外表达、基因组学、蛋白质组学等。这些技术应用使得研究者对植物病原的研究从形态、结构、组成及核酸和蛋白质大分子的超微结构观察，深入到近年来的对植物病原基因组核苷酸序列分析和氨基酸组成及结构功能的研究上，进一步揭示了一些植物病原致害性的本质特征。

在害虫抗药性方面，已从传统的生理生化机制发展到药剂靶标酶蛋白、受体离子通道蛋白（如乙酰胆碱酯酶、乙酰胆碱受体、GABA受体、钠离子通道等）、药剂解毒酶系（如细胞色素P450、谷胱甘肽转移酶等）纯化、药剂/受体（酶）蛋白结合及其基因克隆、表达、调控等方面的研究。这些研究对指导杀虫药剂发现、害虫抗药性治理和杀虫药剂合理使用等方面起到了重要的促进和指导作用。

三、高新技术广泛应用于植物保护的科学研究

以信息技术和基因工程技术等高新技术广泛应用于植物保护的科学研究。地理信息系统、全球定位系统、卫星和航空遥感、昆虫雷达监测网络等现代信息技术显著提升了植物病虫害监测预警能力。网络视频技术、高速信息公路以及人工智能识别诊断技术为病虫害防控信息发布传递创造了空前的便利条件。转基因技术是21世纪引领未来的前沿技术之一，广泛应用于植物保护各个分支学科，如转基因抗虫植物、基因工程微生物杀虫剂、害虫功能基因的RNA干扰等研究。近年来，转基因昆虫技术取得了重要的进展，通过培育抗药性天敌和

分子不育昆虫及传毒能力弱的介体昆虫，寻求害虫可持续控制的新途径。

四、学科交叉融合催生新的分支学科

植物保护科学发展已进入复杂性研究的新领域，向生物学、生态学、数学、物理学、化学等学科提出了许多新问题、新概念和新的研究领域，产生了雷达昆虫学、昆虫毒理化学、昆虫分子生物学和分子植物病理学等分支学科。学科交叉是植物保护科学发展规律，多学科联合攻关是解决植物保护复杂问题的重要途径，只有多学科的有机协同才能产生重大的植物保护科技创新。

五、高度重视环境友好和食品安全植保新技术的研发

随着社会文明程度不断发展，人类对生活质量要求不断提高，降低农产品农药残留和保护生态环境的病虫害防治理念日益增强。围绕环境友好和食品安全的植保技术研发，如抗性作物品种利用技术、生物防治技术、环境友好型农药、辐射不育技术、生态调控技术和物理诱杀技术等，受到了高度重视。

第三节　研究现状和研究动态

一、学科在国际上的地位

“十一五”以来，我国科学家先后完成了黄单胞甘蓝黑腐病菌、水稻稻瘟菌和白叶枯菌等病原菌全基因组序列以及害虫 miRNA 测定，系统发现了一些重要病原的致病基因和无毒基因。在侵入有害生物的扩张机制及其对生态系统的影响，抗病虫转基因作物的培育、利用及其生态安全上取得了国际同行高度认可的成果。我国科学家还在水稻抗病基因分离与鉴定、植物介导的抑制害虫基因表达的 RNA 干扰技术、病原效应因子修饰替代寄主生理与生化过程、植物免疫系统与激素调节间的相互作用、害虫抗药性分子机制及其治理、昆虫神经与认知等方面取得了突出成绩。此外，我国在杀线虫真菌的进化、绿色化学农药先导结构及作用靶标的发现、植物和微生物源抗菌杀虫活性化合物、新型杀虫蛋白等方面也取得了可喜进展。一批重要的研究论文分别在《自然》、《科学》和《美国科学院院报》等国际顶尖科学刊物上发表。

欧美发达国家高度重视植物保护新理论与新技术的研究工作。进入21世纪，随着以生物技术和信息技术为代表的第二次农业技术革命的到来，植物保护理论和方法得到了进一步的发展。近年来基因组学和蛋白质组学的发展和突破又推动分子生物学和生物技术的迅猛发展，并衍生出抗病、抗虫和抗除草剂转基因植物、转基因昆虫、杀虫防病基因重组微生物、作物病虫害的分子检测与诊断技术。地理信息系统、全球定位系统等信息技术和计算机网络技术的应用，提高了对有害生物监测和预警的能力和水平。与发达国家相比，我国植物保护的基础研究还较为薄弱。我国对有害生物的中短期预测取得了很多成绩，但大尺度的长期预报还研究得不够。在信息的传递和发布手段上，发达国家已实现计算机网络化，把有害生物的有关信息作为服务资源，通过互联网传递给农户。此外，在对有害生物功能基因组、转抗病虫和除草剂基因植物以及转基因昆虫的研究与应用等领域的研究工作方面也与发达国家存在较大的差距。

二、重要研究进展

（一）有害生物监测预警

近年来，利用“3S”（RS，GIS，GPS）技术建立了多种农业有害生物的监测预警系统，显著地提高了监测预警水平与能力。我国有关科研单位先后开发了农作物有害生物疫情地理信息系统、全国农作物病虫害监控中心信息网络和信息系统、分布式虫害预测预报 Web-GIS 系统、迁飞性害虫实时迁入峰预警系统、田间昆虫数据采集和计算机网络化的数据传输和管理技术、田间小气候实时监测技术和影响农作物虫害的关键气象因素和预警指标的分析提取技术和中长期预测预报技术等关键技术。一些专业性公司研发一系列的测报产品，如自动虫情测报灯、生物远程实时监测系统以及基于 PDA 的病虫害监测数据采集系统等。通过实现虫情测报工具的自动化，解决了测报工作劳动强度大和效率低等问题。组建了由多部雷达组成的昆虫雷达监测网络系统，研制的毫米波昆虫雷达和多普勒昆虫雷达解决了稻飞虱等微小昆虫迁飞行为的监测难题。并利用该雷达网，开展了稻飞虱、稻纵卷叶螟、棉铃虫、草地螟黏虫和甜菜夜蛾等重要迁飞性害虫种群迁飞的监测工作，为这些害虫的预测预报和防治决策提供了重要依据。

（二）植物病害控制

近年来，植物病原致病性和控制理论的研究主要集中于病原物功能基因组、植物抗病信号转导途径、DNA 疫苗、植物病原菌新小种的早期预测和持久抗病品种。我国科学家在水稻抗病基因鉴定、抗病基因进化、抗线虫植物培育策略等研究上取得了突出成绩。在病毒的基因沉默抑制子鉴定、植物免疫系统与激素调节间相互作用、植物和微生物源抗菌活性化合物以及杀线虫真菌的进化等方面也取得了显著进展。此外，我国研究者也完成了黄单胞甘蓝黑腐病菌、水稻稻瘟菌和白叶枯菌等病原菌全基因组序列，并已开始系统鉴定一些重要病原的致病基因和效应物基因。在植物病害综合治理方面，我国利用生物多样性控制植物病害的研究取得世界瞩目的成就。

（三）农业昆虫控制

对蝗虫、稻飞虱、棉铃虫和草地螟等重大害虫的生物学习性如迁飞、滞育、抗寒性和种型分化机制等取得一批突破性成果。根据农业生产需求，研究建立了一批基于单个虫害如蝗虫、棉铃虫、稻飞虱、草地螟和烟粉虱等的可持续治理技术体系，以及基于作物系统如小麦、水稻、玉米、大豆、棉花、蔬菜和果树等害虫可持续治理技术体系。对 Bt 棉花大规模商业化种植对棉铃虫种群生态调控机制的研究取得重要进展。研究表明 Bt 棉花破坏了棉铃虫在华北地区季节性多寄主转换的食物链，压缩了棉铃虫的生态位，不仅有效控制了棉铃虫对棉花的危害，而且高度抑制了棉铃虫在非转基因的玉米、大豆、花生和蔬菜等其他作物田的发生与危害。Bt 抗虫水稻在 2009 年通过农业部组织的安全性评价。利用 Bt 水稻防治鳞翅目害虫策略的生产实践将推动我国粮食作物害虫治理理论研究进入新的阶段。

（四）外来有害生物控制

入侵机制理论研究取得了突破性进展，如阐明了 B 型烟粉虱的非对称型交配互作理论，揭示了粉虱共存系统中的生殖干涉行为和互利共生机制等。建立了近 20 种危险性入侵物种与潜在入侵物种快速检测的分子基础、技术与方法。构建了重要外来入侵物种早期预警与狙击体系、应急控制技术体系、阻断与扑灭技术体系、可持续综合防御与控制体系。在植物检疫方面，快速分子鉴定与检测水平不断提升，实时荧光 PCR 技术、PCR-RFLP 快速鉴定技术、芯片技术等先进鉴定技术在我国一线口岸得到广泛应用。检疫性有害生物的风险分析从定性研究逐步转入到定量分析。检疫除害处理技术研究不断完善，尤其在冷处理和热处理为主导的物理检疫除害处理中得到了广泛应用。

(五) 杂草控制

我国科学家研究明确了水稻、玉米、大豆和棉花等主要作物田杂草群落演化规律，并提出主要杂草防治的技术体系。对外来杂草紫茎泽兰氮素分配机制增强竞争性的研究发表在国际知名杂志《美国科学院院刊》和《生态学》上。首次发现了抗草甘膦野盖菜种群，并研究了多种杂草对不同种类除草剂抗性的机制及治理对策。建立了有1000余种杂草子实和近3000种杂草植株标本的杂草标本库和中国杂草信息系统数据库。生物除草剂的机制研究方面取得了较大的进展，对四氨酸类物质作为新的光系统Ⅱ抑制剂的发现具有原创性，引起了国际学术界的广泛关注。

(六) 鼠害控制

近年来，我国学者对鼠类的种群波动和暴发成灾理论在多方面做出了贡献。主要包括：从全球气候变化角度提出新的“厄尔尼诺-南方涛动”成因假说，并在欧洲的旅鼠和田鼠类及我国的布氏田鼠上得到印证；从环境因子角度发现了空间行为与捕食的调节作用、食物的限制作用；从种群遗传学角度发现种群边缘区或低密度年份存在近交和遗传漂变现象，推测在鼠类种群暴发及遗传分化上可能起重要作用；从生理生态学角度提出母体效应在鼠类种群调节中起关键作用；从生态治理角度，提出以控制放牧强度，调整草-畜-鼠协同关系为主的新策略，为实现无公害、可持续控制草原鼠害奠定了基础；从行为生态学角度，提出以“不育竞争性繁殖干扰”为核心的不育控制理论，并发现左炔诺孕酮-炔雌醚复合不育剂对多种野生鼠类的繁殖具有很好的控制作用。

(七) 化学保护

对生物源农药及其类似物、农药新剂型和多功能混剂、农药安全高效使用技术、重要病虫害抗药性基因早期检测技术及病虫害抗药性综合治理理论与技术开展深入的研究。在农药微乳剂质量技术指标及测定方法、新型多功能混剂、农药安全/高效使用技术及病虫害抗药性基因检测技术研究等方面取得了一系列创新成果。研究明确了棉铃虫、棉蚜、褐飞虱及甜菜夜蛾等重要害虫对杀虫药剂产生抗性的生理、生化及分子机制，建立了抗性基因分子检测技术。开发了大量可延缓抗药性发展和提高防治效果的农药复配剂，提出了褐飞虱等重大害虫抗药性治理技术体系。通过评估甲胺磷等高度农药禁用对害虫种群演化的影响，建立了低毒农药的替代使用技术。

(八) 生物防治

调查并挖掘了一批新的天敌昆虫、昆虫病原真菌与细菌、昆虫病原线虫等害虫天敌资源及相关新基因资源。例如，发现了一些外来入侵害虫的本土天敌昆虫资源，为有效控制外来害虫奠定了良好的基础；克隆获得了一些具有自主知识产权的 Bt 杀虫晶体蛋白新基因和 Bt 营养期杀虫蛋白 *Vip* 基因。从生物学、生态学、生理学、分子生物学等方面，对各类天敌的控害规律及其机制进行了较系统的基础性研究。明确了一些天敌成功控制害虫的机制，其中对 Bt 杀虫晶体蛋白和昆虫病毒对害虫的致病机制研究已上升至分子水平。利用新型生物技术，积极探索研究植物害虫生物防治的新方法、新技术，如通过基因工程技术，改造昆虫病原真菌、细菌或病毒，研制基因工程微生物杀虫制剂，以通过优化其杀虫的杀虫谱与抗逆性等提高杀虫效果。系统开展了植物病虫害生物防治制剂的应用基础研究，并实现了胡瓜钝绥螨重要天敌的产业化应用。

三、基金资助现状和人才队伍情况

国家自然科学基金涉及植物保护的内容包括重点项目、面上项目、地区基金、地区联合基金、国际合作项目和人才项目等。科技部等部门通过“973”计划、科技支撑计划、国际合作计划、“863”计划、“948”计划和公益性行业科研专项等对植物保护的研究工作进行了资助。“十一五”期间的总体资助强度有大幅度的增加。

我国植物保护科研人员主要分布于农业科学院系统、农业高等院校和中国科学院三大系统。农业科学院系统包括中国农业科学院、中国热带农业科学院以及各省农业科学院，这些单位均下设植物保护研究所。此外，隶属中国农业科学院的棉花、水稻、麻类、甜菜、蔬菜花卉、油料作物、果树、柑橘、茶叶等研究所内均设有植物保护研究室。全国高等院校中，中国农业大学等 50 家涉农院校设有植物保护专业。中国科学院动物研究所等多个研究所亦设有多个植物保护相关科研机构。经过新中国成立以来 60 余年的建设，我国已形成了一支在国内分布广泛的植物保护基础研究、应用基础研究和应用技术研究的专业科研队伍。1994 年以来，获得国家杰出青年科学基金的人员有彭友良、潘申权、周雪平、康振生、何祖华、陈剑平、谢旗、沈志成、李传友、张润志、董汉松、吴孔明、杨定、彩万志、黄勇平和王琛柱等植物保护科学家。

四、学科发展存在的问题

与发达国家相比，我国植物保护学基础研究还较为薄弱，我国在重要有害生物的功能基因组、有害生物致害性和植物抗性的信号途径、农田生态系统食物网和转基因技术利用等方面还存在很大差距。国际合作与学术交流、科研团队和科研设施建设等需要加强。

（一）基础研究领域需拓宽和加强

我国植物保护研究领域基础和应用研究还相对薄弱，在新理论上缺乏开拓性的探索工作。近年来，生物基因组学、蛋白质组学、生物信息学等新学科快速发展，已全面融入植物保护学研究，对该学科领域发展产生了重大的促进作用。而我国在这些方面多数是一味追踪或仿效国际发展趋势，原创性工作少，缺乏标志性的研究成果。

（二）科研投入力度有待加强，机制需要完善

植物保护研究具有周期长、地域性强、风险大等特点，但现有的科研项目一般资助力度小、时限短、持续性差，导致我国严重缺乏系统性、连续性、深入性研究。这直接影响到原创性工作的开展和高水平研究成果的产生，也一定程度影响到人才环境和学科本身的发展。

（三）科研领军人物缺乏，团队有待优化

我国植物保护学科尚缺乏在国际上领军的人才，很少能够在国际植物保护学科主要会议上做主题发言、担任会议主席、分会主席的专家。另外，科研团队还需进一步优化，有待组建一支高水平的、适应当代植物保护学前沿性研究和国家需求的高精干研究队伍。

（四）国际合作交流有待拓展

我国从事植物保护研究的很多单位在国际科研合作与学术交流的活动偏少，这势必将影响我们跟踪国际科技发展前沿、利用世界科学技术的最新成果来推动我国植物保护学科的发展。

（五）科研设施和平台建设需要加强

近年来，植物保护学研究仪器设备已有明显改善，但与国际一流水平尚存差距，还不能完全满足基础性、原创性工作的开展。另外，农业试验基地建设普遍比较落后。有待进一步加强本学科科研基础设施和基地建设，为推进整个学科建设提供平台支撑。

第四节　学科领域发展布局

一、总体发展布局

在学科领域发展布局上，应根据国家农业生产需求，未来5～10年内通过重大项目的实施，系统整合基础研究和应用基础研究队伍。重点支持面向国家战略性需求的有害生物监测预警与控制新理论和新方法研究。优先支持在该学科内我国有优势的前沿领域和学科交叉领域的研究。全面促进植物病理、农业昆虫、农田草害、农田鼠害、化学保护、生物防治、农业有害生物检疫与入侵生物学等分支学科的融合与发展。

二、分支学科重点发展方向布局

（一）植物病理

包括重要作物的重要病原物功能基因组和植物抗病性功能基因组、蛋白质组与代谢组等。前一类项目的成果可为高效绿色农药的设计提供靶标基因，并奠定快速、准确检测病原的理论和技术基础；后一类项目可以发现在抗病作物育种有应用价值的基因，并为新型高效绿色农药的研发提供先导化合物。

（二）农业昆虫

传统的害虫防治技术已不能满足现阶段我国农业生产需求，需要通过科技创新研究害虫持续控制的新方法与新理论。重点发展方向包括国际经济一体化、全球气候变化、农业产业结构调整和种植制度变革后，主要粮食、棉花、蔬菜和油料作物害虫种群演变规律和灾变机制；农业害虫防治的新技术与新理论，包括生态调控、遗传控制、信息素干扰、诱杀、转基因作物与转基因昆虫利用、基于农药化学的杀虫剂应用新技术等。

（三）农田杂草

重点发展：杂草生物学与生态学，包括关键地区杂草多样性、杂草生理与生化适应机制、杂草群落演替规律、寄生杂草与寄主相互作用、杂草生态调控的原理及其方法等；杂草化学防治，包括除草剂作用机制和靶标、除草剂施用技术、杂草抗药性、除草剂毒理及残留；杂草生物防治，包括杂草天敌资源、专化性，以及杂草与其他生物的相互作用、抑制作用机制和作用靶标等。

（四）农田鼠害

主要研究气候变化、环境因子与鼠类种群数量波动和遗传结构变化的关系，环境因子、遗传因子与鼠类繁殖的关系，鼠类繁殖生物学的分子机制及影响因素，种群密度、社会关系与鼠类行为和生理变化的关系，不育控制技术在鼠类数量控制中的理论和应用。

（五）入侵生物

在基础理论方面，应着重于基于生态模拟研究的定量风险与损失评估的理论与方法，检疫性有害生物入侵/定殖/扩散/传播/流行的生态学过程关键控制因子以及灾变机制，以及前瞻性的新型防控技术，如灾害机制阻断、遗传控制、生物干扰等基础研究。在应用基础方面，应着重于全球生物灾害源自动侦验、识别与预警技术，创新现场高通量、快速的基因诊断和自动识别技术，突发疫情应急处置技术等。

（六）化学保护

重点方向包括有害生物体内专一性农药分子靶标和新靶标；有害生物抗药性、再猖獗以及药剂的选择性机制；新药创制进行的天然活性化合物的分离鉴定、生物大分子的结构与功能；杀虫药剂膜蛋白靶标蛋白质组学；化学防治新方法与新技术，如通过植物表达农药活性成分、农药纳米剂型、有效成分控释机制等。

（七）生物防治

主要包括新杀虫防病蛋白基因资源的挖掘；天敌与有害生物互作的行为、生理与分子机制；天敌人工繁育，以及病原性天敌培养的营养学与生理学基础；农田食物网作物—害虫—天敌间的化学信息网与通信机制；农田景观格局内有害生物、天敌的库与源动态、生物多样性对天敌控害功能的作用；基因工程生物防治制剂；抗虫转基因植物的安全性评价等。

三、交叉学科发展布局和发展方向

重点培育新兴领域和学术生长点，鼓励学科交叉合作，推动学科前沿的探索性研究。在学科交叉方面，针对未来植物保护科技前沿和我国农业产业发展的需求，积极支持基因组学和蛋白质组学与植物保护学科结合产生有害生物转录组学、蛋白质组学、代谢组学和结构生物学等。促进信息技术、纳米技术、遥感技术等与植物保护学的交叉结合。

四、平台建设计划需求分析

根据植物保护学科国际发展态势和我国科技实际，需要建设有害生物监测预警和生物防治等国家工程实验室，以及不同农作物主产区有害生物种群观测国家野外台站等科研平台，推动植物保护科研创新能力的快速提升。

第五节　优先发展领域与重大交叉研究领域

植物保护学优先研究领域和国家农业生产的当前重大科技需求及潜在需求高度相关。未来5～10年我国农作物生产的植保需求主要涉及两个方面，一是在全球气候变化、产业结构调整和国际经济一体化的背景下，我国主要农作物有害生物演化机制；二是传统的有害生物防控理论和技术已不能满足现阶段我国农业生产的需求，需要通过科技创新提供新的控制理论与方法。

一、优先发展领域

（一）农业病虫害区域性灾变机制与调控

小麦条锈病等流行性病害和稻飞虱等迁飞性昆虫引起的区域性灾变，是影响我国粮食安全的重要因素。随着农业产业结构调整、农田耕作制度变更、病虫害适应性变异等因素的影响，此类重大病虫害近年来在我国呈猖獗危害的趋势发展，发生面积不断扩大、危害频率增加、灾害程度加重。利用生态学、生物学、气象学和信息技术等手段，从区域性农田生态系统的角度，综合研究此类重大病虫害大规模暴发的生态机制，阐明区域性灾变规律，对发展可持续治理的新理论与新方法有重要意义。

主要科学问题：

1）病虫害种群动态演化与环境的关系；

2）作物—病虫害—天敌互作关系；

3）化学农药与病虫害再猖獗的关系；

4）产业结构调整对病虫害种群的影响；

5）病害流行与害虫迁飞生物学；

6）种群生态调控机制与对策。

（二）农作物对病虫害抗性机制

作物抗病虫品种利用是防治病虫害最经济、最安全和最有效的措施。我国先后育成一批对小麦条锈病和白粉病等小麦病虫害有抗性的小麦品种、对棉花枯黄萎病有抗性的棉花品种、对水稻白叶枯病和稻瘟病等水稻病虫害有抗性的水稻品种、对玉米螟和大小斑病有抗性的玉米品种等农作物抗病虫品种。这些品种的种植对病虫害的防治发挥了重要作用。利用分子生物学技术，阐明农作物对病虫害抗性分子机制和植物免疫诱导作用机制，挖掘创制性状优良的抗性种质资源，对培育农作物高抗、多抗病虫害新品种有重要意义。

主要科学问题：

1）植物病原致病性变异的分子调控机制；

2）植物免疫调控网络的关键节点；

3）植物免疫药物的分子设计；

4）化学物质对农作物病虫害抗性的诱导机制；

5）植物抗病虫基因的功能分析；

6）抗病虫农作物新品种的利用策略。

（三）作物多样性和农业生态系统调控病虫害的机制

长期单一化品种的大面积种植和高产品种遗传背景的狭窄化，以及农药化肥不合理使用等诸多原因，使农田作物多样性严重降低。在过去100年间农田种植的作物品种数量急剧减少。美国玉米、番茄等作物种植的品种减少了85%，韩国14种作物的品种减少了74%。我国水稻品种从40 000余个减少到1000余个，玉米品种从11 000个减少到150余个。品种单一化不仅造成大量种质遗传资源的丧失，而且加大了病虫害的定向选择压力，加速寄生适合度强的病虫害迅速上升为优势组群，品种抗性“丧失”，作物抗逆性降低，主要病虫害流行周期越来越短，次要病虫害纷纷上升为主要病害。品种单一化导致的作物病虫害暴发成灾的事例历历可数，成为现代农业生产中的潜在危机。近年来利用生物多样性促进粮食安全已成为国际农业研究的热点，我国丰富的农作物多样性是研究农业生物多样性不可替代的资源条件，结合农业生产实际，深入研究作物多样性调控病虫害的生态功能，建立合理的农田生态系统，降低作物病虫害流行概率，减少生物灾害的潜在影响，对促进粮食安全有着重要意义。

主要科学问题：

1）作物多样性合理配置对稀释病虫害和阻隔病虫害的物理作用及其机制；

2）作物多样性抑制或促进病虫害生长发育的化学基础及其过程；

3）作物多样性群落影响农田微环境气象条件的特征和作用；

4）作物多样性影响病虫害群落结构的效应及协同作用；

5）农业生态系统防控病虫害的机制；

6）作物遗传异质性调控病虫害的分子基础及其机制。

（四）农业害鼠种群繁殖的调控机制

鼠害暴发的实质是害鼠数量急剧上升，而害鼠数量上升，则体现于害鼠繁殖的成功。因此研究害鼠繁殖调控机制，对于鼠害防治具有重要理论意义。害鼠繁殖调控机制涉及生态环境变化，种间竞争，害鼠自身生理、遗传调节等复杂因素，从生态学角度来讲，鼠害暴发是外部因子和内部因子协同作用的结果。外部环境变化，将影响到害鼠繁殖，而害鼠繁殖受到环境影响而发生变化时，必然反应到害鼠自身的一系列生理、遗传变化中，如害鼠睾酮、孕酮等激素水平的变化，以及特定基因的转录表达等。因此，外部因子和内部因子相互作用的生理、遗传机制是害鼠繁殖调控研究的核心。

主要科学问题：

1）害鼠繁殖生理、遗传变化规律及调控机制；

2）环境因子如光周期、温度、降水、食物等对害鼠繁殖的调控机制；

3）母体效应在害鼠种群调节中的作用及其协同进化机制；

4）种群密度、社群结构的关系及其在害鼠种群调节中的作用。

（五）农田杂草种群演化机制

我国气候、土壤、耕作栽培及作物种植方式的复杂多变，导致农田杂草种群及群落具有丰富的多样性，人类在农田的农事活动如除草剂的使用等更加剧了杂草种群及群落演替的复杂性。针对杂草种群危害、扩散及其进化与适应等方面的重大科学问题，从形态学、生态学、生理学、分子生物学等多学科、多方位、多角度出发，明确不同农田杂草群落的形成、结构、组成、分布、演化与环境的关系，阐明种群增长与调控的生态生物学机制，为农田杂草的精准预测、除草措施的高效选择和恶性杂草的快速控制提供理论依据。

主要科学问题：

1）杂草种群与环境因子的关系；

2）杂草种群遗传多样性；

3）杂草种群的生态适应性；

4）除草剂对杂草种群演化的影响；

5）杂草种群动态的精准预测。

（六）转基因农作物对有害生物种群演化的影响

转基因抗病虫和抗除草剂作物作为现代生物技术研究的重大成果，已在世界范围内广泛应用。和种植常规品种比较，转基因农作物具有较高的经济效益。我国Bt棉花种植面积已超过6000万亩，*Bt*水稻已通过安全性评价。像任何一种农业新技术大规模商业化应用一样，转基因作物种植将引起农业生态系统生物多样性的变化并改变农田有害生物种群演替规律，如*Bt*作物的大面积种植可能使害虫对*Bt*迅速产生抗性，并导致一部分非靶标次要害虫上升为主要害虫等。因此，研究转基因农作物对有害生物种群演化的影响，对保障我国转基因农作物产业化的健康发展有重要意义。

主要科学问题：

1）转基因作物农业生态系统节肢动物多样性和群落结构变化；

2）靶标、非靶标有害生物和天敌种群演化规律；

3）靶标生物的抗性机制及治理理论；

4）抗除草剂基因漂移的生态效应。

（七）天敌昆虫保护与利用的基础研究

我国每年农药使用量超过 100 万吨，居世界第一位。长期、大量施用化学农药防治害虫不仅严重破坏生态环境，造成农产品污染，而且通过大量杀死天敌昆虫和引起害虫的抗药性，导致成灾更趋频繁。因此，综合应用传统方法和现代生物技术，发掘天敌昆虫资源，研究天敌昆虫控害潜能评价理论和增加天敌控害功能的新途径，构建以天敌昆虫保护与利用为基础的害虫调控技术体系，对促进我国农业持续发展、保障食品安全和生态安全有重要意义。

主要科学问题：

1）天敌昆虫资源的发掘和控害潜能评价理论与方法；

2）天敌控制害虫的行为、化学和分子基础；

3）寄生性天敌寻找寄主的化学联系与记忆、捕食性天敌的捕食行为及其天敌种内、种间互作与竞争及其协同控制害虫的机制；

4）天敌营养需求与营养生理，人工繁育饲料筛选的原理与方法；

5）天敌滞育生理与调控，天敌贮藏与运输的原理与方法；

6）外来天敌的生态安全性评价；

7）农田食物网中天敌昆虫作用机制与保护利用。

（八）外来入侵物种对本地物种的竞争效应及控制的基础研究

我国是一个农业生态环境脆弱、农林生物灾害频繁暴发的农业大国，外来生物入侵加剧了这一矛盾。除了入侵物种本身所具备的生态适应性与食物及空间资源利用能力外，入侵种与本地种之间的相互抑制和竞争是导致成功入侵的重要因素之一。因此，以重要农业外来入侵物种为对象，围绕入侵物种在与本地种或生态位近似种的竞争、排斥、替代、置换，从种间水平重点研究外来物种排斥本地物种的种间竞争关系，有助于解析入侵种与本地物种间相互竞争替代的行为机制、化学机制和生理机制。揭示和验证入侵物种与土著种或生态位近似种互作的非对称交配互作机制、化感效应、协同入侵机制等，为从种间互作水平上解析入侵物种对生态系统的影响机制提供理论基础，并为创新外来物种防控策略与基础技术奠定基础。

主要科学问题：

1）外来物种对土著种或生态位近似种的资源利用/瓜分效能；

2）入侵物种与土著种的化感互作、行为互作机制；

3）入侵物种与土著生态位近似种、与携带菌或本地共生菌、与本地传播媒介之间的协同效应；

4）入侵生境生态因子对入侵物种与土著种竞争的反馈作用。

（九）生物源药物对农作物重要病害的作用机制

植物病害是威胁农作物生长、影响农产品质量安全的重要因素之一。国内外对植物病害的防治主要以化学防治为主，缺乏有效的生物防治手段。利用生物源抑制植物病害是目前国际上植物病害生物防治领域中非常活跃、比较新的研究方向。根据农作物病害的发生发展规律，以我国重要农作物病害为研究对象，挖掘、鉴定具有抑制植物病害的微生物、生物资源及功能蛋白质，研究抑制植物病害的作用机制，对推动植物病害生物防治的发展有着积极的作用。

主要科学问题：

1）通过基因异源表达构建高效表达功能蛋白、木霉菌工程菌和芽孢杆菌等工程菌；

2）抗生素、壳寡糖、抑制功能微生物蛋白、芽孢杆菌、木霉菌、无毒或弱毒株系等抑制多种植物病害的分子机制；

3）生物源类物质抑制植物病害信号转导机制、基因调控网络、信号转导关键节点和生化代谢路径及作用机制。

（十）重要农业杀虫微生物对害虫毒杀的分子机制

微生物杀虫剂因具有应用简便有效、对环境和生物安全的突出优点，已成为害虫综合治理的重要手段，并对我国农业可持续发展发挥了重要作用。特别是我国加入 WTO 后对绿色农产品的生产提出了更高的要求，发展生物杀虫剂的呼声更加高涨。因此，开展杀虫微生物农药的研究和应用是保护农业生产、维护生态平衡、实现农业可持续发展的重要手段；是发展优质、无公害的农产品，提高参与国际市场的竞争力的重要举措；是实现粮食安全、食品安全和公众健康安全的重要保障。然而，目前我国微生物杀虫剂的市场份额还不及化学农药的3%。存在的突出问题是：对重要农业害虫有效的基因较少，除了 *Bt* 基因，其他来源的能用于生产实践的基因还是空白；而对杀虫微生物与靶标害虫的相互作用的分子机制知之甚少，对杀虫微生物代谢调控网络缺乏系统全面的了解，对杀虫微生物的环境适应性与调节分子机制认识不足，缺乏高效基因和关键制剂工艺技术，因而限制了杀虫微生物的高效、速效、广谱和多元化。

主要科学问题：

1）杀虫微生物与寄主昆虫相互作用的分子机制、信号识别传导途径；

2）杀虫微生物环境适应性调节的分子机制、逆境适应的应激反应机制；

3）杀虫微生物制剂改良的分子机制。

（十一）农业有害生物抗药性分子机制

农作物有害生物产生抗药性将直接导致各种农药的防治效果迅速下降，使用药次数和用药量急剧增加，造成严重的农药急性中毒、环境污染和食品安全问题，同时由于防效低，造成害虫猖獗危害，也给农业生产造成了毁灭性灾害。例如，我国棉铃虫抗药性大暴发，曾造成上百亿元的损失；水稻二化螟抗药性及近年来的褐飞虱抗药性暴发，不仅导致了严重的粮食减产，同时还出现了农药残留高度超标的“毒大米”问题。因此，农作物有害生物抗药性关系到我国粮食安全、食品安全和环境安全。发达国家主要利用大农场耕作体系优势，通过药剂轮换等合理用药措施进行抗药性治理，而这些已有的措施在我国小农户耕作体系下很难实施。因此必须研究农作物有害生物抗药性形成和演化的分子机制，从而带动抗性预警和治理新技术的开发，达到延缓抗药性发展、延长农药使用寿命、减少农药使用量的目的。

主要科学问题：

1）有害生物体内分子靶标变异和药剂代谢调控因子在抗药性不同发展阶段的作用及其抗药性不同因子间的互作；

2）抗性小分子化合物与抗性分子靶标、药剂代谢蛋白互作机制；

3）抗性害虫适合度降低的分子遗传机制。

（十二）农业检疫性生物检测与监测的基础研究

持续有效地控制农业重要外来物种入侵和扩散危害是我国农业生产发展的重要保障，并直接关系到我国的粮食安全、经济安全、生态安全和社会安全。基于我国农业外来生物入侵的现状、发展态势及国内外研究进展和前沿，本项目针对危险性入侵植物病害和微小/多态/多型性入侵节肢动物难以快速准确检测和有效监测的科学问题，重点研究：危险性入侵植物病害和重要外来入侵节肢动物的DNA条形编码（电子身份证）技术，建立其寄主早期检测与诊断技术体系；以重要的局部分布并具有快速扩张和危害的入侵物种为对象，在其入侵区和前沿扩散阵地进行长期定点观测种群适应和扩张成灾的生态过程；以危险性和扩张性入侵物种为对象，创建基于生物信息学、图像识别和野外实时调查数据传输系统的外来入侵物种实时远程识别与监控的信息采集与处理系统。通过揭示外来入侵物种的扩张趋势、路线及成灾机制，为口岸快速检测、种苗调运的检验检疫、入侵物种的种群动态监测和快速有效阻断提供理论依据和技术支撑，保障国家的生物安全，丰富入侵生物学的基础理论与方法。

主要科学问题：

1）危险性入侵植物病害和重要外来入侵节肢动物的 DNA 条形编码（电子身份证）检测；

2）快速扩张和危害的入侵物种种群适应和扩张生态过程的监测；

3）基于生物信息学、图像识别和野外实时调查数据传输系统的外来入侵物种实时远程识别与监控的信息采集与处理系统。

（十三）农作物有害生物基因组学和蛋白质组学研究

研究农作物有害生物基因组学和蛋白质组学对阐明有害生物生理发育和行为活动分子调控机制有重要意义。到目前为止，全世界已分析并公开了 1000 多种生物的全基因组序列，发达国家已经开始研究重要农作物有害生物基因组学和蛋白质组学。一方面，发掘有用基因申请知识产权保护，最终会大大地限制我们有效地利用这些基因，使我国农业的发展受制于人；另一方面，着重于研究世界性的和对自己国家有利用价值的农作物重要有害生物，虽然我国积极参与或者独立开展了有害生物的基因组学和蛋白质组学的研究，但是农作物有害生物种类繁多并且具有区域性，我国一些特定有害生物的基因组学和蛋白质组学研究几乎一片空白。考虑到转基因等高新技术在农作物有害生物控制中的应用前景，大规模开展我国农作物重要有害生物的基因组学和蛋白质组学研究已经成为当务之急。通过揭示重要有害生物基因组结构和特定基因功能，阐明整个基因组中所包含的遗传信息和特定行为反应的关系，克隆引起有关行为反应的基因，利用蛋白质组学的方法比较不同表型间蛋白差异表达谱，明确蛋白质的互作与行为反应的关系，为发展有害生物控制新理论和新方法奠定理论基础。

主要科学问题：

1）全基因组序列测定和注释；

2）有害生物靶标基因的功能和特性；

3）有害生物特定生理和行为活动的遗传图谱；

4）基因表达调控和基因之间的相互作用；

5）同种生物不同表型间蛋白差异表达谱；

6）重要蛋白质功能和蛋白质相互作用。

（十四）农业害虫基因沉默控制的基础研究

害虫对农业生产会造成毁灭性的危害，而现有的害虫控制策略过分依赖于化学农药，破坏了环境和生态安全。为调和粮食安全与环境生态安全之间的矛盾，急需创新害虫控制策略与理论。荣获 2006 年诺贝尔生理与医学奖的基因沉默现象为此提供了契机。依据现有理论，利用 RNA 将害虫体内重要基因破坏或沉默，可以导致害虫致死或发育停滞，从而达到控制害虫种群的目的。但害虫的基因沉默明显不同于模式生物，要实现害虫的基因沉默控制，尚需解决几方面的基础理论问题，包括：研究害虫与模式生物基因沉默过程中信号转导机制的差异，探明 RNA 的有效作用途径，为开发 RNA 高效处理方法提供新理论和新思路；研究靶基因的一般特性，明确不同基因沉默的致死或自毁效应，为开发利用高效的靶基因提供理论依据；研究基因沉默的脱靶效应，揭示不同相似性基因沉默的交互作用，掌握害虫基因沉默的一般规律，为高效安全 RNA 的设计提供理论依据；研究结构和环境对 RNA 稳定性的影响，明确 RNA 的降解机制和有效的保护途径，为开发适宜的处理剂型和用药方法提供理论依据；研究害虫基因沉默对非靶标生物的效应，以便进行环境与生态安全的风险评估，为大田推广应用提供理论依据。

主要科学问题：

1）害虫基因沉默的信号转导机制和 RNA 的有效作用途径；

2）害虫致死沉默和自毁沉默基因的性质和表达分布；

3）利用靶基因沉默快速控制害虫种群生长的有效途径。

二、重大交叉研究领域

（一）基于现代信息科学的有害生物种群监测与预警

人造地球卫星每天可提供海量的实时对地观测数据，这些数据已大量地应用于国土资源调查、灾害评估、城市规划、天气预报等各个领域。目前这些对地观测数据可以用于作物长势监测、旱情监测与评估、作物分布面积及产量评估等，但还未直接应用于植保决策。昆虫雷达可以自动监测并记录空中昆虫的密度、飞行方向和速率，但这些信息还无法直接用于地面虫害的预测。我国病虫测报站数量众多，每天监测到的病虫信息也相当丰富，但这些信息仍然依靠经验进行人为分析。快速、科学、准确地从多种途径、多种形式的植物保护信息中提取关键信息是制约这些海量信息得以充分利用的瓶颈。综合运用地理信息系统（GIS）、卫星遥感/雷达遥感（RS）、全球定位技术（GPS）等“3S”技术，以及空间统计技术、数据融合技术、数据库技术、网络技术等多种信息技术，从大量的遥感监测和常规病虫测报信息中提取关键植保信息的理论与方法，对提高我国农业有害生物的监测预警能力有重要科学意义。

主要科学问题：

1）遥感监测数据的植保信息提取；

2）地理信息数据的时间-空间统计分析及难测量信息的提取；

3）农作物有害生物种群动态的计算机模拟；

4）有害生物监测预警信息实时收集与病虫预警信息发布网络化、实时化和精确化。

（二）农业有害生物对全球气候变化的响应机制及灾变预警

全球气候变化已成为当今生物（包括农业生物）面临的一种最严峻的大尺度生态胁迫。气候变化导致大气中二氧化碳浓度增加，温度上升、气候变暖、降雨分布不均、灾害性天气出现频次增加。这些变化必然作用于农业生态系统中，改变其生物群落的组成结构和功能、演替规律和发展方向，使有害生物的分布区域扩大、发生世代增多、生物学、生态学特性产生适应变化。而这些又无疑会改变农业生态系统中植物—害虫—天敌之间的内在联系和各营养层间的固有平衡格局，最终导致一些有害生物的暴发成灾。目前，各国政府已经充分意识到全球气候变化对农业生产和有害生物的影响。阐明重要有害生物对全球气候变化响应的生理/生态机制，明确气候变化与重大有害生物的致灾与寄主防御的进化机制，揭示气候变化对三级营养结构（植物—有害生物—天敌）的作用机制，对构建全球气候变化下我国重要有害生物暴发危害的预警平台，提出全球气候变化生物灾害预警与控制的新理论和新方法有重要理论意义。

主要科学问题：

1）重要农业有害生物对全球气候变化响应的生理生态学机制；

2）全球气候变化下作物—有害生物—天敌关系的适应与重建；

3）全球气候变化大尺度下有害生物迁飞、扩散与监测；

4）未来全球气候变化背景下我国有害生物发生发展趋势与控制理论。

（三）农业生物药物靶标发现与新农药设计的基础研究

我国是农业病虫害频发的国家，化学防治在可以预见的将来依然是主要防治手段。我国农药源头创新较少，使用的农药绝大部分是仿制国外专利过期产品，而新型高效安全的农药几乎全是国外暴利销售的产品。面向植物保护活性小分子和生物大分子作用是新农药创制的基础。结合农药分子设计学、农药毒理学、结构生物学等学科的研究，建立从活性分子寻找靶标以及从靶标搜寻活性分子的研究体系，系统理解农药的活性、抗性及生物选择性等内在的科学问题。依据已测序病虫害基因组信息，寻找合适的新的大分子靶标。鉴定靶标蛋白中与农药药剂互作的功能氨基酸残基以及药剂小分子中的功能基团，阐明新型药剂的作用机制、选择性机制、可能的靶标变异位点，指导新农药靶标的发现和农药活性先导的发现以及药剂的结构优化与分子设计。

主要科学问题：

1）靶标蛋白中与药剂互作的功能氨基酸残基以及药剂小分子中的功能基团鉴定及其相互作用；

2）农药先导小分子化合物在生物体内的输运传导及其与靶标生物大分子的互作机制以及对生物体生理过程的影响，小分子与生物大分子作用过程模型；

3）依据病虫害基因组信息，寻找新的农药小分子作用靶标及其生理功能；

4）重要药剂分子靶标的离体表达构建及其与小分子化合物的互作分析。

第六节　国际合作与交流

近年来，我国植物保护科学研究取得了一系列重要进展，一些研究领域在国际上产生了较大的影响，并赢得了国际同行的尊重。但总体而言，我国植物保护学基础研究整体上落后于西方发达国家，突出表现在研究内容多属跟踪，原创性的成果较少。在国际植物保护科学领域参与国际竞争的科学家人数快速增加，但缺乏引领学科发展的国际级大师。此外，一些重要有害生物存在跨国界的流行或迁移危害，其发生规律和防控研究需要相关国家的参与。外来入侵生物的控制需要国际协作开展起源与入侵地间地理分布、生理生态适应性和种群遗传结构及到起源地引进天敌等工作。因此，加强国际合作和交流对提高我国植物保护基础研究水平，以及对解决跨境迁移有害生物的控制问题有重要意义。

一、总体布局和保障措施

基于我国植物保护现状的分析，优先合作领域包括：重大农业有害生物的重要生物学性状的功能基因组学、转录组学、蛋白质组学和代谢组学研究；重大农业有害生物为害成灾机制、致害性的分子机制及防控新理论与新方法，如生态调控、遗传干涉和转基因技术利用等；病原菌、昆虫与农业植物的协同进化和互作机制；作物抗病虫性的遗传生理和分子机制，及转基因抗病虫作物农田抗性稳定性影响因素、机制和调控；具有跨境转移为害的重大有害生物区域性监测与治理研究；外来入侵有害生物的风险评估与控制等。

加强国际合作与交流的政策需求和保障措施包括：①从国家层面和 IRRI、CABI（国际应用生物科技中心）等国际性科研机构以及 ARS、CSIRO 等国家农业科研机构建立双边或多边合作关系，并提供稳定、高强度的国际合作基金支持双边或多边合作项目；②鼓励我国科学家到国际植物保护学术组织任职，支持我国科研机构牵头或参与组织国际性的植物保护学相关学术会议；③选派科研人员到国际先进实验室或周边相关国家开展学术交流和合作研究，聘请一批高水平的海外学者和优秀科技人才团队到国内从事合作研究、学术交流、技术培训或工作任职等。

二、分支学科布局

（一）有害生物监测预警

优先合作领域包括：中南半岛五国（越南、老挝、缅甸、泰国、柬埔寨）稻飞虱和稻纵卷叶螟等境外虫源地跨境监测；蒙古国、哈萨克斯坦、俄罗斯等国草地螟和蝗虫境外虫源地跨境监测；与美国、英国和澳大利亚等国在昆虫雷达等监测预警新方法方面的合作。

（二）植物病害

与发达国家相比，我国植物病害与防治研究领域还存在研究基础较为薄弱、从业人员少、学科结构配置不合理等问题。国际合作是快速缩短我国这一研究领域与国外差距的重要途径之一。优先合作领域主要包括：植物病原生长发育与致病机制；病原与寄主植物互作机制；植物抗病性及其利用；植物病害的综合治理等。

（三）农业昆虫

我国农业昆虫的基础研究整体上落后于西方发达国家。此外，一些重要害虫存在跨国界的迁移危害，其发生规律和防控研究需要相关国家的参与。外来入侵害虫的控制需要国际协作开展起源与入侵地间地理分布、生理生态适应性和种群遗传结构及到起源地引进天敌等工作。优先合作领域包括：重要农业昆虫的功能基因组学、转录组学、蛋白质组学和代谢组学；害虫生态调控、遗传防治、转基因作物与转基因昆虫利用等新理论与新方法。

（四）农田杂草

杂草抗药性现状调查、快速检测和监测不仅关系到我国除草技术体系的安全，也关系国际除草剂产业发展，需要密切加强国际间抗药杂草性杂草信息、检测技术和控制方法的交流。外来杂草具有国际相互入侵性的特点，要阐明外来杂草入侵机制并制定相应的管理策略，迫切需要加强国际协作，共同开展起源与入侵地间地理分布、生理生态适应性和种群遗传结构等比较研究。

（五）农田鼠害

不同国家的鼠害防治领域既有其基础共性的特点又有一定的地域特征，如我国北方鼠类的生物学特征与俄罗斯、日本、韩国及欧洲国家有比较大的相似性，而南方鼠类与东南亚国家的相近。因此，我国既要与欧美各发达国家建立广泛的合作，同时也要注重与耕作制度、受害类型相近的发展中国家开展国际交流与合作。某种意义上，与发展中国家的交流合作更为有效。当前这种交流的重点是鼠害发生机制、啮齿动物生物学以及防治策略等方面。同时，鼓励由我国举办与之相关的双边或多边国际专题研讨会。

（六）农业有害生物检疫

本着“平等互利、优势互补、信息共享”的原则，加强同贸易伙伴国间政府及科研机构和学者的信息交流、技术引进、科学研究等方面的合作。优先领域包括风险分析信息系统构建、评估模式与方法的计算机模拟、农业检疫性有害生物的传播、灾变机制等。

（七）化学保护

加强化学防治学科的国际合作与交流是加速我国农药原始创新的必经之路。瞄准科学技术发展前沿，以“原始创新，引进和消化创新”为目标，发展具有自主知识产权的新的化合物。需要合作的优先领域有：有害生物体内新农药分子靶标的挖掘与利用；基于蛋白质水平和基因水平的高通量筛选技术；有害生物专有分子靶标和农药选择性分子机制；纳米技术等在农药剂型及其与施药靶标互作研究中的应用。

（八）生物防治

结合欧美和俄罗斯等国家和地区生物防治研究历史悠久、资源丰富的特点，建议加强国际合作与交流，重点在生防资源挖掘利用、资源共享、高新技术在植病生防中的应用等方面，双方发挥各自的优势并为他方所用。优先发展领域包括：高效新型生防因子（细菌、真菌、弱毒菌株、抗生素、蛋白质、多糖）的筛选和功能基因挖掘；新型微生物农药创制与发酵工程；重要天敌昆虫基因组或功能基因组；转基因昆虫利用等。

第七节　保障措施与建议

一、杰出人才培养

要通过政策制定与制度创新，建设以农业有害生物控制为主体，吸收相关学科人员参加的高水平创新队伍。加强国家杰出青年科学基金和青年科学基金等人才项目的力度，实施以高层次人才和青年学者为重点的培养计划，同时注重海外优秀学者、专家的引进，有目标地派遣青年骨干或博士生赴海外留学深造，以期造就一批高水平的学科带头人，培养一批学术基础扎实、具有创新能力和突出发展潜力的中青年学术骨干。加强团队建设，形成一批能够承担学科建设重大攻关任务的学术团队。通过杰出人才的培养和科研团队建设，推动学科理论与技术研究的创新。

二、科研平台建设

以与本学科相关的国家或部级重点实验室、中央研究机构、“985”或“211”工程重点建设的高等院校为主体，在已有的基础上加大仪器设备、技术装备和相关基础设施的建设，建设若干特色明显、创新能力强的植物保护核心的科研基地。此外，进一步制订、完善各种平台管理办法和技术措施，打破部门单位封闭格局，促进全国性的交流共享，吸引国内外有关单位、优秀科学家参与平台建设，努力使相关平台成为在国内外具有重要影响、引领我国农业科技发展方向的重要创新基地。

三、重大科研项目设计

瞄准国际植物保护学科技前沿和国家重大需求，抓好重大科研项目的设计。通过重大项目的实施，组织开展全国植物保护科研大协作，鼓励和推进中国农业科学院、省市级农业科学院、农业院校及综合性大学和中国科学院系统科研团队的科研协作和学术交流等。基础研究队伍力量薄弱、力量分散，是导致我国植物保护学基础研究缺乏原创性成果的重要原因之一。通过设立更多的体现国家需求或学科前沿的重大项目，集中全国优势力量联合攻关，提升创新能力。

四、国家自然科学基金管理

国家自然科学基金通过多年的运行，已积累了良好的运行经验。但我国自然科学基金的课题设置及资金使用制度比较有利于从事室内研究的课题，而不利于从事野外调查特别是需要长期定点跟踪的研究项目。其结果造成这类课题逐步萎缩或缩小规模。建议针对有害生物长期定位科学试验的特点，加强对野外研究课题的资助力度，并延长资助年限。

五、科研成果评价

科研成果评价体系对学科发展有很强的引导和调控作用。一般从事分子生物学的研究所发表论文的影响因子较高，而个体生物学与生态学方面的研究论文影响因子较低，一个基于论文影响因子的评价体系将不利于植物保护学科的平衡发展。因此，在人才基金和科研项目的立项和验收过程中要考虑各分支学科的特点，完善农业科研考核与评价体系，促进植物保护学科体系的健康发展。

◇参考文献◇

陈万权. 2006. 国内外植物保护科技现状与发展战略. 见：成卓敏. 科技创新与绿色植保. 北京：中国科学技术出版社：595～600

万方浩，郑小波，郭建英. 2005. 重要农林外来入侵物种的生物学与控制. 北京：科学出版社：820～850

吴孔明，陆宴飞，王振营. 2009. 我国农业害虫综合防治研究现状与展望. 昆虫知识，46：831～836

杨怀文. 2007. 我国农业病虫害生物防治进展. 科技导报，25（7）：56～60

中国昆虫学会. 2009. 2008～2009 昆虫学学科发展报告. 北京：中国科学技术出版社

中国植物保护学会. 2008. 2007～2008 植物保护学学科发展报告. 北京：中国科学技术出版社

James C. 2008. Global status of commercialized biotech/GM crops：ISAAA Briefs. http://www.isaaa.org/resources/publications/briefs/39/default.html

Kang L，Chen X Y，Zhou Y，et al. 2004. The analysis of large-scale gene expression correlated to the phase changes of the migratory locust. PNAS，101：17611～17615

Liu S S，De Barro P J，Xu J，et al. 2007. Asymmetric Mating interactions drive widespread invasion and displacement in a whitefly. Science，318：1769～1772

Liu Z W，Williamson M S，Lansdell S J. et al. 2005. A nicotinic acetylcholine receptor mutation conferring target site resistance to imidacloprid in Nilaparvata lugens（brown planthopper). PNAS，102：8420～8425

Tabashnik B E，Gassmann A J，Crowder D W，et al. 2008. Insect resistance to Bt crops：evidence versus theory. Nature Biotechnology，26：199～202

Wu K M，Lu Y H，Feng H Q，et al. 2008. Suppression of cotton bollworm in multiple crops in China in areas with Bt toxin-containing cotton. Science，321：1676～1678

Zhang P，Zheng S，Joop J A，et al. 2009. Whiteflies interfere with indirect plant defense against spider mites in Lima bean. PNAS，106：21202～21207

第五章

植物营养学

植物营养学是实现农业高产、高效、优质、安全及可持续发展的基础学科之一。随着地球科学、生命科学和信息科学的发展，植物营养学形成了以土壤—植物系统物质形态转化、结构和功能研究为基础，突出土壤—植物系统相互作用，以植物营养过程与调控为对象开展的基础与应用基础研究，成为 20 世纪以来农学、资源、环境、生态等支撑性基础学科。实现作物高产与资源高效是可持续农业发展的重大需求。维持和改善实现作物高产高效的土壤条件，研究植物营养的土壤环境与过程，并揭示植物活化、吸收、利用土壤养分的生理与遗传机制，阐明土壤—植物的互作机制及其调控途径是植物营养学研究的核心内容。

第一节　战略地位

植物营养学重点研究植物营养的土壤环境与过程、植物营养生理、植物营养遗传与改良、根际互作过程与调控、肥料与施肥科学、养分资源与养分循环、土壤—植物系统的环境效应与污染控制等，实现在持续提高作物产量的条件下高效利用土壤养分、提高肥料利用率、减少对生态环境的压力的目的，促进农业的可持续发展。

植物营养学快速发展得益于国家的重大需求和支持以及相关学科和高新技术的发展。同时，植物营养学在推动科学发展、满足国家重大需求和为我国农业发展提供科技支撑等方面具有十分重要的作用。作为生命科学与地学及环境科学相互交叉的热点研究领域，该学科具有明显的基础性、前沿性、战略性和前瞻性特点，正成为现代农业高新技术研究、关键技术开发和技术体系集成的重要基础。加强植物营养学科研究，是提升我国农业和环境科学整体研究水平、保障我国粮食安全、保障生态环境安全和实现“少投入、多产出、保护环境”

战略构想的必然选择。

国家粮食安全和生态环境安全对植物营养学科提出了巨大的挑战，同时也带来了重大发展机遇。因此，植物营养学科应以提高养分利用效率为核心，大力开展植物高效利用养分的生理与分子机制及遗传学、植物—土壤—微生物相互作用过程与调控、土壤营养物质的形态转化与去向、高产高效的养分资源综合管理理论与途径等领域的研究，满足国家粮食安全和生态环境安全的迫切需求。

我国植物营养科学工作者在以上各个领域的杰出工作已被国际逐渐认可。目前有多人在国际学术组织（如国际植物营养学会、国际土壤学联合会、国际食品农业与环境学会）和国际知名刊物（如《环境污染》、《植物与土壤》等）任职。以植物营养为主题的国际会议也多次在我国召开，大大提升了国内植物营养学在国际上的影响力。2000～2009年，我国学者发表在植物营养核心期刊《植物和土壤》上的文章从2000年的10篇论文（占全部文章267篇的3.7%）到2009年的47篇论文（占全部发表论文的17.5%），且2009年发表的论文数量和美国发表论文的数量相当。另外，植物营养论文也相继出现在其他优秀的植物学期刊（如《植物细胞》、《植物杂志》、《植物生理学》）和综合性期刊（《科学》、《美国科学院院刊》）上。例如，在过去的10年中，我国学者在《植物生理学》上共计发表文章233篇，其中24篇和植物营养相关，占10.3%，说明国内植物营养的相关研究越来越引起国际同行学者的关注，在国际学术界占有重要地位。

第二节　发展规律与发展态势

一、植物营养学科的定义与内涵

植物营养学是研究土壤物质形态转化、植物吸收、运输和利用的规律以及植物与外界环境之间物质和能量交换的科学。它以土壤—植物系统为对象，研究植物营养物质在土壤中的形态、转化与生物有效性，植物活化、吸收、转运和利用养分的生理功能，植物响应营养胁迫的机制与适应途径，以及通过合理施用肥料或遗传改良技术实现资源高效利用、作物高产优质、生态环境安全的目标。其涵盖从土壤过程到根际互作过程，再到植物过程相互关联的7个分支学科，包括植物营养的土壤过程、植物营养生理、植物营养遗传与改良、根际互作与调控、肥料与施肥、养分资源与养分循环及土壤—植物系统的环境效应与污染控制。

植物营养学是与农业可持续发展紧密联系的学科之一。通过研究养分在土壤、植物和环境中的形态、转化和平衡，养分被植物的吸收、运输和利用，养分在植物体内的功能、代谢和调控，植物的营养性状及其遗传规律，可以对植物矿质营养特性进行遗传改良，以提高肥料的利用率。挖掘植物活化与高效利用土壤营养元素的潜力，在高产和稳产的前提下合理施肥，保持土壤环境的良性循环，避免对生态环境的危害，以实现农业的可持续发展。

二、植物营养学科的发展历史和特点

德国著名科学家 Liebig 作为植物营养学的奠基人，1840 年最先提出了“植物矿质营养学说”，否定了当时盛行的“腐殖质营养学说”。同时他还提出了“养分归还学说”，指出植物能够以各种方式从土壤中吸收矿质养分，从而引起土壤养分的逐渐减少。因此必须把植物吸收的矿质养分以肥料的形式归还土壤，才能保持土壤肥力。之后他还提出了“最小养分定律”，即植物产量受土壤中数量最少的养分元素所限制，指出了作物产量与土壤养分供应上的矛盾，表明了针对性施肥的重要性。Liebig 的这几个学说不仅开创了植物营养基本理论，而且还在实践中引导了化肥工业的出现，促进了工农业的发展。

随着“矿质营养学说”理论的建立，德国植物学家 Sachs 和 Knop 先后将植物放在含有矿质元素的溶液中栽培至成熟（营养液培养试验），用实践证明了矿质营养学说的正确性，也导致了无土栽培产业的发展。随后研究人员也利用这一技术不断证实和发现了植物生长所需的必需元素。

植物营养学与土壤学发展密切相关。在 19 世纪末，俄国学者道库恰耶夫提出母质、生物、气候、地型、时间是成土的五大因素，创立了“土壤地带性学说”。随后他的继承者威廉斯提出土壤形成过程是（植物）矿质养分地质大循环和生物小循环统一过程的学说，表明土壤的本质特点是具有肥力，团粒结构是土壤肥力的基础。这种观点被称为“土壤生物发生学派”，对国际土壤学的发展产生了深远的影响，使土壤学与农业生产更加紧密地结合起来。

到 20 世纪中期，美国科学家 Epstein 利用放射性示踪技术测定矿质离子流量，提出了离子吸收的酶动力假设，开辟了离子运输这一新领域，极大丰富了植物营养生理学理论。同时他还发现了矿质养分吸收、运输的基因型差异，提出了植物营养特性遗传改良的研究思想，从而奠定了植物营养遗传学研究的基础。

在同一时期，根—土界面及养分动态变化的研究也逐步成为植物营养学研究的重要领域。美国科学家 Barber 等学者提出了土壤养分有效性的概念，进一步丰富了人们对根际养分动态变化过程的认识。在此基础上，以德国学者

Marschner为代表的学者系统开展了植物根际营养的研究，创建了一系列新的研究方法，阐明根在植物养分吸收及其适应土壤养分胁迫中的作用，完善了根际营养理论体系。

随着整个学科的发展，植物营养学已经从简单的现象描述发展到揭示机制，从单一学科发展到一个高度分化又高度综合的学科体系。植物营养学随着研究的深入和发展，将继续与其他学科互相渗透和融合，形成许多新兴的研究领域，并发展成体系完整、内容丰富的学科。

三、植物营养学科的发展态势

当前植物营养学的理论研究和实践应用都正处在快速发展阶段。近年来国际上分子生物学和生物技术的迅速发展，促进了植物营养生理学和植物营养遗传学的快速发展，使过去用传统植物生理生化方法无法阐明的植物营养机制逐步被揭示出来，使植物营养的生物学研究进入到分子水平，高效营养基因的克隆和相关分子标记的发掘使人们看到了通过植物营养遗传改良提高作物养分资源利用效率的美好前景。同时，植物营养土壤过程的研究也吸纳了自然科学、技术科学和其他应用科学的理论、方法及技术，由早期定性描述性研究发展成以系统观测与定量实验为基础，以多组分、多形态、多尺度物质性质和分异与变化为中心的综合研究体系。此外，在传统生产实践中揭示和归纳现代植物营养理论，将现代植物营养理论用于指导传统生产实践体系和多样化的自然生态系统，也为植物营养学的理论研究提供了广阔的天地。

植物营养学科主要的发展趋势体现在以下几个方面。

（一）植物营养的土壤环境与过程

植物营养的土壤环境与过程决定着土壤中养分形态、数量和有效性，是解析植物营养机制、农田养分管理的基础。植物养分有效性与质地、水分、热量、通气性和pH等土壤条件的关系，土壤中水-热-盐耦合、吸附与解吸附、氧化与还原、气体交换等过程对养分释放、固定、沉淀和挥发等的影响机制成为当前研究的热点。在这一领域，显微技术、同位素技术、遥感技术、分子生物学和分子生态学等研究手段正日益被广泛应用。此外，利用土壤长期定位研究开展的土壤—作物—环境过程的定量化，为研究土壤—作物—环境过程相互作用及其对全球变化的反应提供了基础和条件。针对当前的农业和环境状况，养分生物有效性的土壤水分条件与过程，田间土壤水分循环、养分转化过程的实时、原位监测技术及不同土壤条件下水分和养分的耦合机制等科学问题亟待解决。

(二) 植物养分高效的分子机制和遗传改良

随着分子生物学技术的发展及其向农业资源利用研究领域的渗透，养分吸收利用的生理学及分子生物学机制研究展现出强大的活力。特别是由于分子生物学技术、相关基因组学、蛋白质组学和代谢组学的发展，使根系对土壤养分吸收、植物体内和根际养分信号接受及转导等生理途径的研究成为可能，因而有关植物吸收和感应养分的分子机制研究成为新的热点。在主要矿质元素的转运蛋白研究的基础上，阐明植物对氮、磷、钾、铁等养分吸收机制及其信号传递途径，为理解植物根系主动响应土壤养分变异的生物学机制奠定了理论基础。此外，通过遗传手段来改良植物的营养性状将成为实现作物养分高效利用的重要途径之一。不同作物或者同一作物不同品种的养分吸收和利用效率存在很大差异。随着分子遗传学和 QTL 精细定位技术的发展，使人们有可能在农作物中分离控制养分高效吸收利用的主效 QTL，通过分子标记辅助选择和常规育种相结合的手段，为养分高效吸收利用性状的遗传改良提供又一条可行途径。同时，随着大量作物养分高效基因的分离、克隆，通过转基因手段提高作物对氮、磷、钾、铁等主要养分的吸收和利用效率及籽粒的营养品质，正成为很多研究机构和商业育种公司的主攻方向。

(三) 植物根际营养与调控机制

研究并揭示作物根际对话过程及养分活化机制，是阐明作物养分高效利用的重要内容，也是国内外生命科学和地学交叉研究的热点领域，是植物营养科学的研究前沿。近年来，土壤养分转化的生物学过程研究取得长足进步，分子生态学方法已取得了一系列新的突破性进展，尤其是应用稳定同位素标记技术与分子生态技术相结合的研究方法，使探索根际微生物不同个体的生态功能成为可能，为进一步研究揭示根际物质转化过程的新理论提供了重要研究手段。此外，植物间相互作用机制及其定向调控也是国际上的研究热点。通过揭示地下部根际过程，形成科学有效的根际调控技术，达到作物高产和资源高效的目的。

(四) 养分资源管理与新型肥料

新型肥料是提高肥料利用率的重要物化技术，美国、日本、欧洲等发达国家和地区的研究工作主要集中在有机氮的化学合成、包膜、载体基质、添加各种抑制剂等方面。当前的研究热点包括两个方面：一是通过复合（混）肥养分高效优化技术，将养分资源管理理论与技术应用于作物专用的复合（混）肥生产，实现常规肥料的技术升级，是我国新型肥料重要的研发方向。二是需要开发价廉、控释性能优良的可降解型聚合物包膜控释肥，使得肥料的释放速率与作物的需肥规律大致匹配。

（五）养分循环及其生态环境效应

农业生态系统中氮、磷的流失和气态损失，多年来一直是发达国家相关研究的热点。有机废弃物的资源化综合利用已成为当前世界各国政府和相关学科普遍关注和亟待解决的重大问题。在土壤中，根际是污染物质进入食物链的门户，深刻理解根际环境中污染物的转化、降解、植物吸收、富集规律及控制机制以及通过养分管理强化植物的修复作用，是该领域未来的重点研究方向。此外，农田土壤固碳方面的研究工作特别是养分管理与增加土壤固碳潜力、减少稻田甲烷排放、增加旱田甲烷的土壤吸收的调控机制方面也是今后的重要研究方向。

第三节　研究现状和研究动态

一、学科总体发展特色

植物营养学是在20世纪初期肥料与施肥及农业化学学科的基础上建立的，90年代取得长足的发展。植物营养学由初期的植物基础理论和合理施肥技术，发展到以根际理论为核心，以作物高产、资源高效和环境保护为目标，开展了以充分挖掘生物资源潜力、揭示植物根际过程、综合利用根际调控途径实现作物高产高效为指导的创新性研究。形成了以养分资源管理、土壤—植物互作过程与调控机制、植物营养生理和遗传学、污染物控制和治理为主的研究领域。植物营养学坚持“学科交叉、瞄准前沿、强化基础、应用优先、突出特色”的发展理念。

在学科前沿方面，瞄准本学科国际研究前沿，在土壤与环境互作、植物营养生理和遗传学、土壤微生物分子生态、土壤—植物系统中微量元素/重金属生物地球化学循环、污染物控制和治理等基础研究领域重点突破。具体表现在：在土壤养分资源管理方面，形成了以根层养分调控为核心、以作物高产高效为目标的养分资源综合管理目标，为国际上集约化农业可持续发展提供了可行的途径。同时，针对温室气体减排的严峻形势，土壤固碳能力的提高和甲烷的排放、吸收与养分管理特别是与氮素管理之间的关系更为密切，也是植物营养学未来的重点研究领域之一。在土壤—植物—微生物互作研究方面，根际对话研究成为新的热点，稳定同位素标记技术与分子生态学技术相结合的研究方法，使水稻根际碳转化微生物学机制研究取得重要突破。根际环境中污染物的转化、降解、植物吸收富集规律与控制机制也是该领域未来的重要研究方向。根系构型和根系发育生物学已形成特色方向。在植物生理学和遗传学方面和植物养分、水分高效利用的生理机制及功能基因研究以及养分水分调控根系发生发育分子生理机制方面形成了一定的特色和优势。现代分子生物学技术的发展使养分信号接受及传导途径的研究突破成为可能，在主要矿质元素的转运蛋白研究的基础上，初步建立了植物对氮、磷、钾、铁等养分响应过程的信号传递途径，为理解植物根系主动响应土壤养分变异的生物学机制奠定了基础。农作物养分吸收利用的分子机制研究正受到越来越广泛的关注。通过分子标记辅助选择及转基因手段提高作物对主要养分的利用效率，改善籽粒的营养品质，已成为国内外的重要研究方向。

二、优势学科、薄弱学科和交叉学科的发展状况

植物营养学科在当前国家经济建设和生态环境建设中具有不可替代的重要作用，主要体现在：实现作物高产高效的可持续生产、改善农产品品质、保障国家粮食安全、提高我国农产品的国际竞争力是当前我国农业经济建设的重要目标，而养分资源的合理利用是实现这一目标的不可缺少的重要手段；利用植物营养学的综合措施，提高养分资源利用效率，降低肥料不合理施用造成的环境污染，是实现我国农业可持续发展的重要保障；我国生态脆弱区的植被恢复和退化土壤的恢复，需要深入了解植物高效吸收利用水分、养分和抗逆的生物学机制，挖掘植物遗传资源潜力，因此，植物营养学研究是解决生态脆弱区生态、资源和环境问题的一条重要途径。

在植物营养学发展过程中，学科交叉对植物营养学的发展起了重要的推动作用，经过多年的发展，形成了植物营养学科的优势学科，主要表现在以下几个方面。

（一）在养分资源管理方向形成了优势

土壤是植物生长的主要介质，土壤养分的有效利用及可持续发展与植物生

长密切相关。高效利用土壤养分，提高养分的利用率，培肥土壤同时保护环境，这些是植物营养学的重要研究方面。经过多年的努力，形成了以根层养分调控为核心、以作物高产高效为目标的养分资源综合管理目标。在深入揭示氮、磷、钾养分的空间有效性、生物有效性和时空变异特征，以及根系对养分供应的主动反应和高产作物养分需求特征的基础上，通过根层土壤养分调控来协调作物高产与环境保护。建立了氮素实时监控技术、磷/钾恒量监控技术和区域养分总量控制技术，创新了根层土壤硝态氮快速测试和一系列植株氮营养快速诊断方法和指标，实现了氮素精确、实时的分期调控和基于养分平衡、土壤监测的磷/钾恒量推荐，使土壤、环境和肥料养分供应与高产作物的养分需求在时间上同步、空间上耦合，保障了高产作物养分需求并最大限度地减少养分向环境的排放。实现了推荐施肥技术与高产栽培、水肥一体化技术的有机集成，建立了不同生态区不同作物体系以根层养分调控为核心的推荐施肥技术体系，突破了集约化农业生产中产量与环境难以协调的瓶颈。土壤中有机质是土壤肥力和温室气体的一个重要的方面，如何提升土壤有机质的含量是维持土壤可持续性和减少温室气体排放的重要途径。土壤生物肥力关系到土壤中物质和能量的循环，和植物生长息息相关。

目前养分资源管理领域的研究方向主要包括从应用基础研究到应用技术研究等各个方面，立足国际养分管理理论研究前沿，解决中国农业可持续发展中的养分资源高效利用、粮食安全和环境保护等重大理论问题，主要研究领域和方向包括：①宏观养分管理与产业发展；②主要大田及经济作物的养分和土壤管理；③根际调控与养分管理；④土壤质量提升与养分管理；⑤土壤生物与土壤肥力；⑥新型肥料的研发与施用等；⑦有机养分管理和有机废弃物的资源化综合利用；⑧环境来源养分、作物体系养分循环；⑨土壤质量和农田土壤固碳；⑩精准农业与养分管理。

（二）在植物—土壤—微生物互作方面形成了特色研究，并具有一定优势

根际过程是连接土壤—植物的重要界面，界面的物理、化学、生物学特性直接影响植物的生长和发育。植物营养学一个重要的方向是研究根际过程，如根系分泌物、根际酸碱变化、根际微生物的作用，并形成了以根际—根层调控为理论指导的施肥技术。揭示了根分泌物活化利用土壤养分机制，如在缺锌、缺磷条件下，植物分泌物对锌和磷的活化作用。揭示了“菌丝际”养分活化与利用机制。在根际调控机制研究方面，阐明了植物对养分胁迫的适应性反应的调控机制。创建了 RNA-^{13}C 稳定性同位素探针原位定量根际生物互作过程技术。

建立了“分子生物技术”和“稳定性同位素示踪技术”相结合的新方法，将水稻根际碳流、甲烷形成和微生物种类鉴定实现了原位连接。在土壤—植物系统中微量元素/重金属生物地球化学循环，表明根际过程是污染物进入植物体和食物链的关键环节。在根际调控方面，阐明了植物种间根系相互作用提高养分资源利用效率的机制。间作套种是我国传统农业的精髓，也是增加农田生物多样性的有效措施，在我国现代农业中占有重要地位。经过多年的研究发现根系间的相互作用对提高养分利用效率具有重要作用。

近年来根际生物对话已发展成为国际根际研究的热点。根际过程的主要研究领域：①“根际生物对话”及相关的分子生物学和分子生态学研究，包括植物—植物（如间套作）和植物—微生物（如菌根、水稻根分泌物和土壤古菌的食物链关系）间的生物对话等；②养分高效利用的根际过程；③将根际理论应用服务于我国的农业生产实际，进行具有中国生产实践特色的根际研究，承担起在保障我国粮食安全和农业可持续发展方面的责任，为提高养分资源利用效率、减少养分损失、节省有限资源和减少过量施肥对环境污染做出贡献。

（三）在植物营养生理与遗传学方面形成了特色

植物营养生理与遗传学方向开始于20世纪90年代，经过近几年的发展，确定了作物养分水分高效吸收利用的生理、分子机制及其遗传改良。农业生产体系中生物互作高效吸收利用养分的分子生态机制等重大科学问题为重点研究目标，利用生理学、生态学、遗传学和分子生物学等多种学科的研究手段进行了系统深入的研究。揭示了植物对养分胁迫如氮、磷等逆境的响应和调控机制；参与了植物铵、尿素等特异性转运蛋白的克隆和基因功能分析；开展了玉米、水稻、大豆、油菜等作物氮、磷高效种质资源的筛选、生理机制的研究，培育出相应的高效作物种质资源；在水稻根系高效吸收利用氮、磷营养的分子机制方面取得了较大进展；筛选出高效吸收磷的、具有优良根系构型的大豆品种，并且在根系构型的遗传机制方面做出了特色；在小麦氮、磷高效吸收和利用的遗传研究方面、在根际与重金属环境修复等方面、在铵硝比例对根际调节机制方面，均取得了重要进展或成果。

随着分子生物学技术的发展及其向农业资源利用研究的渗透，植物养分高效吸收利用的分子机制研究展现出强大的活力，未来将在以下几个方面实现新的发展和突破：①养分逆境胁迫下植物适应性反应及其分子调控机制研究；②植物根系养分转运蛋白的生物学功能及其调控机制研究；③植物根系养分信号的感应与传递机制研究；④作物养分高效与籽粒营养品质的遗传改良方面，进一步加强传统氮、磷高效育种研究；⑤发展转基因技术培育玉米氮、磷养分高效新种质。

（四）在农业废弃物资源化利用与污染控制方面形成了特色，并具有一定优势

农业生产尤其是种养废弃物循环利用技术，减少污染，提高水、土、肥、药等资源的利用效率，是建设社会主义新农村的重要科技支撑技术。随着我国农业的发展和人口的持续增加，产生的废弃物（如作物秸秆和人、畜、禽粪便等）与日俱增，如处置不当可能会造成环境污染。与此同时，这些废弃物中携带大量农业生产所必需的大量、中量和微量营养，科学处理之后可以继续应用于农业生产，从而成为重要的潜在性可利用资源。因此，需要大力发展农业废弃物循环利用技术，且（有机）碳、氮、磷的土壤和生态系统循环也成为植物营养学研究重点和热点。

尽管植物营养学在以上的研究方向形成了一定的特色，但还有一些薄弱学科需要进一步加强。例如，①土壤水肥资源高效利用的生物学过程；②与土壤水分养分有效性相关的土壤化学、土壤生物学和土壤结构的研究；③模型和尺度转换；④土壤—植物对全球变化的响应；⑤高效肥料的创制；⑥农业废弃物肥料化利用。这些方面是植物营养研究的重要基础，也是实现研究工作从室内走向田块并扩展到农业生态系统，从微观向宏观转化的重要环节。

植物营养学的发展离不开交叉学科的推动作用。未来可进一步加强与生物学、水文学、气象学、信息技术和生态学等学科的交叉，从而在虚拟技术应用、区域模型、食物链物质循环和全球变化等方向上实现新的突破。

三、总体经费投入与平台建设

从全国范围来看，植物营养学科主持的项目包括“973”项目、农业部行业计划、国家重大项目专项、国家自然科学基金重大项目、“863”项目、科技部支撑计划、农业部重大国际合作项目等国家级和省部级项目。近10年来科研的总经费投入超过5亿元，有力推动了学科的快速发展。目前已建成的实验室有：教育部植物—土壤相互作用重点实验室、农业部植物营养学重点实验室、农业部作物营养与施肥重点开放实验室、农业部南方土壤与植物营养重点实验室等国家和部门重点实验室。建成1个部级有机肥工程研究中心和1个国家肥料工程中心，以及国家肥料效益监测网和各种长期定位试验站等国家实验基地。

四、人才队伍建设

总体来看，植物营养学领域年龄在45周岁以下的研究者占80%，博士学位获得者占85%，具有国外留学、合作研究经历的教师已达90%以上。目前已有10人获得国家杰出青年科学基金，2人获“长江学者”称号，形成了一批土壤与植物营养学领域的骨干和中坚力量。

五、推动学科发展、促进人才培养、营造创新环境等方面的举措和存在的问题

人才的培养是学科持续发展的重要推动力。引进国外高层次水平的人才将是植物营养学一贯坚持的战略。同时，继续通过让优秀青年教师和青年科学家出国参加培训，加强国内相关院校和研究机构的交流等加大青年科研工作者的培养力度，为学科的发展储备后备力量。另外，加强研究生培养体系的建设，如可通过扩大研究生公派出国留学比例及人数，使学生到国际知名的实验室工作，带动研究生的整体科研水平，以促使做出高水平的研究成果。

为进一步推动学科的发展，需进一步加强国际国内合作交流。我国在植物营养学方面已与美国、德国、英国、荷兰、澳大利亚、法国和日本及欧盟等国家和地区的多所大学和相关研究机构建立了稳定的合作关系。和国际上高水平实验室接轨是提升研究水平的一个重要方面。通过邀请国际上知名植物营养学领域的专家到国内讲学，实现了学科和海外学术大师的对话和交流，为建设一流的学科搭建了一个更好的平台。未来还应继续加强和国际上一流实验室的合作，以提升我们的研究水平。

学科的发展也离不开国内各相关科研单位的联网协作。国内植物营养学家的相互交流和协作，可通过实现资源的共享平台，不仅可提升研究工作的整体水平，推动学科的发展，而且可增强学科在国际上的整体竞争力。

和相关学科交叉是推动植物营养学发展的一个动力。例如，植物营养学和分子生物学结合形成植物营养分子生物学；生物学特别是分子生物学技术的进步，与土壤学的交叉发展了分子土壤学研究；土壤微生物学和植物根际过程结合形成土壤微生态学；在土壤的环境研究上，土壤—植物营养学与生态毒理、环境毒理和化学毒理与风险管理学等学科的交叉融合；而临界带土壤和植物的研究，则是整合了植物学、微生物学、水文学、生态学、环境科学、地球化学、地质学、大气科学的知识和技术，在考虑土壤过程、功能及服务上与地球系统

科学接轨，使得土壤与植物营养学在解决地球各圈层交互作用以及诸如农业与面源污染、土壤与全球变化、跨界面和跨流域环境污染与控制等问题的能力大为提高。

在创新环境方面，一方面，需要建立联网研究，包括长期定位试验基地的建设。科学研究需和当地生产、生态和环境相结合，实现在实践中验证和应用理论。另一方面，需进一步完善科研团队实验室建设，建立环境可控温室，达到国际高水平研究的需要，建设一些现代农业科技创新与新农村建设科技基地和平台。

第四节　学科发展布局

一、总体发展战略布局

植物营养学科经过 160 多年的发展，已形成较为完整的学科体系。随着地球科学、生命科学和信息科学的进步，植物营养学科形成了以土壤—植物系统物质循环与转化为基础，以植物营养过程与调控为对象，开展基础与应用基础研究。其成为 20 世纪以来农学、资源、环境和生态科学的支撑性基础学科。

在未来 10 年本学科领域的发展布局中，要重点支持面向国家战略性需求的植物营养学基础研究和应用基础研究，优先支持在该学科内我国有优势前沿领域和交叉领域的创新研究，保证使我国在未来 10～20 年成为国际植物营养基础科学创新与技术创新研究方面的先进国家。

植物营养学科的总体布局是：以土壤—植物系统物质转化、营养过程与调控为核心，突出土壤—植物相互作用这一特色，涵盖从土壤过程到根际互作过程，再到植物过程相互关联的 7 个分支学科或主要研究领域：①植物营养的土壤环境与过程；②植物营养生理；③植物营养遗传与改良；④根际互作过程与调控；⑤肥料与施肥科学；⑥养分资源与养分循环；⑦土壤—植物系统的环境效应与污染控制。

二、学科发展战略布局和重点发展方向

在优先领域和重点方向布局上，要以国家粮食安全、环境安全、资源高效与可持续发展等重大需求蕴涵的土壤与植物营养科学问题为导向，围绕揭示土

壤—植物系统物质循环与转化、营养过程与调控规律，解析养分资源高效利用的植物—土壤—微生物的互作关系、作物营养生理与遗传改良及调控、污染控制等基本内容和主要领域。主要包括：以土壤物质转化和功能研究为基础，在不同层次（分子、细胞、组织器官、个体、群体）上以植物营养过程与调控为研究对象开展土壤—植物营养过程与调控基础或应用基础创新研究。重点研究植物营养的土壤过程、生理与遗传过程及其调控途径，加强植物营养生理机制及其养分高效利用机制的研究，为植物营养过程与调控夯实理论和资源基础。加大与养分高效利用相关的作物—土壤互作过程与调控机制的研究，揭示植物地上—地下部的互馈过程，阐明作物对养分高效利用的根际效应机制。推动肥料与施肥科学研究的发展，创制新型肥料，探索新的作物施肥原理与技术方法。与生物学及信息科学有机结合，加强养分资源利用与养分物质生物地球化学循环过程的研究创新，推动协调作物高产和养分资源高效利用的养分资源综合管理研究的发展。加强有机养分资源循环利用的基础研究，为污染控制、节能减排和土壤生产力持续提高奠定理论基础。推动全球气候变化、温室气体减排、土壤固碳能力与养分管理之间的关系研究。为我国作物高产、养分资源高效和环境保护相协调的可持续农业发展提供科学依据。

基于以上分析，植物营养学涉及 9 个重点发展方向：①土壤养分水分生物有效性；②土壤生产力及其调控；③植物养分高效的分子生理基础及其遗传改良；④作物高产优质的营养基础；⑤根际互作机制与调控；⑥高产高效施肥原理与方法；⑦养分资源利用与养分循环；⑧养分和污染物的环境效应与控制；⑨土壤—植物系统过程定量化。

三、交叉学科发展布局与发展方向

植物营养学在加强重点研究方向的基础上，要特别注重培植新兴交叉领域和新的学术生长点，鼓励学科交叉合作，鼓励植物营养学基础研究的前沿和自由探索。在学科交叉方面，针对未来植物营养学前沿和我国农业与资源环境发展的需求，重点支持以下 4 个交叉学科发展方向：①推动植物—土壤—微生物相互作用的交叉前沿研究；②积极支持将土壤与植物营养学同生物技术结合形成的植物营养功能基因组学、植物营养遗传、植物营养生理及生态学的基础研究，加强分子调控在植物营养遗传改良中的应用基础研究力度；③鼓励土壤与植物营养科学同信息技术结合的创新研究，土壤—植物系统过程定量化研究创新，发展肥料与施肥科学的新理论与方法；④加强土壤与植物营养学与全球变化方面的创新研究。

四、国家重点实验室等平台建设计划需求分析

我国植物营养学科的发展得益于国家自然科学基金的支持，基金资助在促进植物营养学学科发展、培养高水平人才方面发挥了重要的作用。植物营养学科先后获得重大项目 3 项，资助经费超过 2300 万；国家杰出青年科学基金项目 10 项，资助经费 820 万；2008 年中国科学院遗传与发育研究所和 2009 年中国农业大学分别获得了国家自然科学基金创新群体的支持。植物营养学科的进一步发展依赖于高水平研究平台和实验室的建设，全国已先后建成 1 个土壤学国家重点实验室（中国科学院南京土壤研究所“土壤圈物质循环国家重点实验室”），农业部植物营养学重点实验室和教育部植物—土壤相互作用重点实验室等 5 个部级重点实验室，2 个部级研究工程中心，植物营养学也被评为国家重点学科。目前我国还没有植物营养学国家重点实验室，成为制约植物营养学快速发展的一大瓶颈，建成植物营养学国家重点实验室已成为学科发展的重大需求。

第五节　优先发展领域与重大交叉研究领域

植物营养学 9 个优先发展领域与重大交叉研究领域如下所述。

一、土壤养分水分生物有效性

土壤是植物营养的基础，土壤水分直接影响土壤中养分的形态和生物有效性，如何为植物根系创造适宜的土壤水分等物理条件是进一步提高我国农田养分利用效率的关键课题。重点研究养分生物有效性的土壤水分条件与过程，田间土壤水分循环、养分转化过程的实时、原位监测技术，不同土壤条件下水分和养分的耦合机制等。

主要科学问题：

1）土壤水分循环和养分转化过程定量化；

2）土壤水分养分有效性的土壤条件与过程；

3）土壤养分有效性的水分过程调控。

二、土壤生产力及其调控

土壤生产力提升是作物高产、高效、优质、安全的重要保证。然而，在高投入和高利用强度条件下，我国农田土壤生产力普遍不高，并且不断产生影响作物生长的土壤酸化、盐渍化和土壤生态系统退化等障碍性因素，制约着土壤功能的发挥和农业的可持续发展。重点研究高强度物质循环条件下土壤生产力的演变规律，作物高产的土壤条件及其培育机制，土壤酸化、盐渍化和土壤生态系统退化等土壤质量下降的原因及修复与调控途径等。

主要科学问题：

1）揭示高利用强度条件下土壤有机质的演变规律及驱动因子；

2）作物高产、高效土壤条件的形成规律与定向培育；

3）高物质投入条件下土壤酸化和盐渍化发生规律与调控途径；

4）连作条件下植物主导的土壤生态系统演变规律与恢复机制等。

三、养分高效利用的分子生理基础及遗传改良

通过研究植物对营养物质吸收、运输、转化和利用的规律，以及植物与外界环境之间营养物质和能量交换过程，揭示植物养分高效利用的生理和分子机制，对于充分发掘植物自身养分利用的生物学潜力，培育养分高效作物新品种具有重要意义。现代分子生物学技术及相关组学研究（基因组学、转录组学、蛋白质组学、代谢组学和离子组学）已经发展成为植物营养分子生理研究重要的手段。通过筛选和鉴定作物养分高效的遗传种质，利用现代遗传学与分子生物学技术定位养分高效 QTL，克隆重要功能基因，并利用传统育种技术、分子标记辅助选育技术和转基因技术，改良作物营养性状，获得养分高效吸收利用的作物新种质和新材料，可以加快作物养分高效育种进程。

主要科学问题：

1）植物根系活化土壤养分的生理机制；

2）植物根系感知和吸收土壤养分的生理与分子机制；

3）植物对土壤养分环境变异的响应及其分子调节机制；

4）植物感受体内和根际养分信号的途径及互作关系；

5）养分在植物体内的分配机制；

6）植物体内养分的活化和再利用的分子生理机制；

7）作物养分向籽粒高效转运的分子生理机制；

8）养分高效作物优异种质资源（如近缘野生资源，地方种质，育成品系等）的挖掘和利用；

9）作物养分高效性状形成的遗传学基础；

10）控制作物养分高效的关键基因/QTL精细定位、克隆及功能解析；

11）作物养分高效的分子设计育种（如分子标记辅助选择、转基因育种等）。

四、作物高产优质的营养基础

作物高产优质的营养生理与调控研究是提高作物产量和品质的基础。阐明营养物质转化、运输、代谢和主要农作物产量、品质形成过程，探索激素对作物产量和品质形成的调控和机制，深化源库理论，阐明作物营养与农产品品质之间的关系，对于充分发掘作物的高产潜力，改善作物营养品质，增进人体健康，实现高产、优质、高效、安全目标具有重要现实意义。

主要科学问题：

1）研究营养物质转化、运输、代谢过程与主要农作物产量和品质形成的关系；

2）养分的分配和调节过程，源—库关系及其在作物产量和品质形成中的调节作用；

3）研究利用各种内、外源激素或调节剂对作物产量和品质形成的调控和机制；

4）控制籽粒微量元素含量与生物有效性的生理与分子机制；

5）作物高产优质的营养调控原理与途径。

五、根际互作的过程与调控

根际是植物、土壤及微生物相互作用的重要界面，根际互作过程影响着土壤养分和污染物的有效性、迁移与转化。重点研究：发展根际原位定量化研究方法；揭示根分泌物主导的根际过程及调节机制；阐明根际生物互作及其对话机制；研究根际互作对植物养分利用、生产力及生物多样性的影响；阐明我国主要作物种植体系养分高效利用的根际调控机制与途径。

主要科学问题：

1）根际研究新技术和新方法；

2）植物—土壤—微生物互作机制与调控；

3）根分泌物主导的根际生态过程及调控机制；

4）根际生物互作过程的基础理论研究。

六、高产高效施肥原理与方法

在不断提高作物产量的前提下提高养分资源利用效率、保护生态环境是农业可持续发展面临的最大的科学挑战之一。长期以来我国农业依靠高投入获得高产出，但却造成高污染，这样的发展道路已不可行，必须建立高产、高效的施肥原理与方法。重点研究：高产作物养分需求特征及抵抗生物和非生物胁迫的特殊养分需求；高产作物根系与土壤养分、水分的相互作用；高产作物根层养分调控理论与技术；高产作物养分实时诊断方法；高效新型肥料的作用原理；高产、高效的土壤—作物体系综合管理等。

主要科学问题：

1）作物高产、抵抗生物和非生物胁迫的养分需求特征；

2）高产作物养分高效利用的根系形态与生理特征及其调控；

3）高效新型肥料的作用原理与施肥调控；

4）作物高产与环境保护相协调的根层养分调控原理与途径。

七、养分资源利用与养分循环

针对我国高投入集约化农业生产中普遍存在的施肥过量、养分损失多、环境污染重等重大问题，以粮食安全、资源高效和环境友好等为目标，应从田块、区域、国家、全球等尺度，重点揭示土壤、肥料、环境等养分资源的特征及其时空变化规律，阐明养分流动与循环规律及其关键驱动因素；探讨社会经济发展、农业结构调整、土地利用变化、作物管理等人类活动对土壤—植物系统养分流动的影响效应与驱动机制；揭示养分资源高效利用的机制，废弃物农业养分资源高效利用途径，研究养分资源综合管理理论与方法。

主要科学问题：

1）不同尺度各种养分资源的时空变异特征及其主导因素；

2）土壤植物系统养分流动与循环规律及其驱动机制；

3）不同尺度养分资源高效利用的机制与调控途径；

4）养分资源综合管理理论与方法。

八、养分和污染物的环境效应与控制

植物、土壤之间的相互作用和以微生物为主的土壤生物群落，决定了土壤中物质迁移、转化和循环的强度与方向，并对生态环境产生重要影响。重点研究：氮、磷在土壤—植物系统中的迁移规律及对水环境的影响与控制途径；土壤碳库的演变规律与固碳潜力；温室气体在土壤—植物系统中的排放、吸收规律与减排途径；污染物在土壤—植物系统中的迁移、转化规律；污染土壤的生物与化学修复等。

主要科学问题：

1）土壤—植物系统中氮、磷非点源污染的发生规律与控制途径；

2）土壤碳库的演变规律及驱动因素；

3）温室气体产生的生物学过程及调控途径；

4）土壤—植物—微生物相互作用与污染土壤净化的关系；

5）防止污染物进入食物链的控制途径。

九、土壤—植物系统过程定量化

基于数字化理论和技术，发展土壤—作物系统田间原位定量测定方法；综合定量研究土壤—作物系统中物质与能量的交换过程；利用建模与虚拟现实、遥感监测、空间信息技术，研究建立不同尺度的、能反映土壤—作物系统变化机制的数字模型。为水分、养分的精确化管理，以及发展适合不同地区的高产、高效、优质的农业水土利用优化模式提供理论和方法支撑。

主要科学问题：

1）土壤水分、养分过程田间原位监测方法与实现；

2）土壤—作物系统中水分、养分的耦合模拟与调控；

3）植物冠部—根系—土壤的三维功能—结构互作过程模拟；

4）基于“3S”空间信息技术的田间与区域水分养分监测与管理模型。

第六节　国际合作与交流

一、植物营养学领域国际合作与交流的发展态势

植物营养学领域国际合作与交流的发展态势是：以引进大师级人才、国际一流和知名科学家为主要特征的国外优质智力资源引进全面开展，追踪国际科学发展前沿动态并借鉴先进的研究理念；与世界一流实验室和优势学科开展项

目合作、联合指导研究生、共同发表研究论文等实质性的国际合作等，提高该学科的整体研究水平和人才培养质量；从解决我国食物生产、资源利用和生态环境方面的实际问题出发，有目的地引进和借鉴国际上先进的研究方法和思路，特别是注重引进和借鉴相关学科的研究方法和思路；来华进行研究的国际学生的数量不断增加。

在国外优质智力资源引进方面，近年来在有关上级部门的支持下，该学科引进了以国际著名生态学家、美国科学院院士 Tillman 教授等为代表的一批大师级人才、国际一流学者和知名科学家来华短期工作。除进行传统方式的讲学之外，还与相关研究人员和学生进行了深入讨论和交流。这对充分了解国际上相关学科研究的前沿动态、借鉴先进的研究理念、提高整体研究水平具有极大推动作用。

与世界一流实验室和优势学科共同进行科研项目合作在近年来得到了进一步加强。这些项目中既有多国合作的欧盟第六、第七框架合作项目，也有由双方政府和研究基金会共同资助的双边合作项目，合作项目的数量在不断增加。而且，随着国内该学科发展水平的提高，平等互利的合作方式是目前合作研究的主流。同时，每年我国还派出数十位博士生到世界上的一流实验室和优势学科进行联合培养。国际上一流和知名科学家与我国学者合作联合指导研究生的数量也在不断增加。此外，与国外学者联合发表论文的数量提高较快，据不完全统计，近年来本学科有数十篇 SCI 论文是与国际知名学者共同署名发表的。

在共同研究和联合指导研究生等实质性合作中，该学科还十分注重以解决我国的实际问题为出发点和立足点。鉴于实际问题的复杂性，往往需要进行跨学科的国际合作。因而，近年来还注重与生态学、环境科学、植物学等相关学科的一流科学家进行合作。

扩大国际学生的来华规模对改善学术氛围，提供人才培养质量和研究水平具有重要的推动作用。近年来，随着国家来华留学资助强度的扩大和合作项目数量的增加，该学科常年保留着十数位国际学生在华进行研究工作。

二、我国在植物营养学领域开展国际合作与交流的基本情况

该学科与美国、欧盟（包括德国、英国、法国、荷兰等国家）、澳大利亚和日本等地的多所大学和相关研究机构建立了稳定的合作关系。例如，中英合作低碳经济项目“Improve soil nutrient management towards a low carbon economy in China”，中国、美国、荷兰合作项目“动物生产体系养分管理科研国际合作计划”，中德合作项目“遥感技术在精准农业中的应用研究”、“中国农业废弃物的循环和再利用”、“华北平原作物高产及高生产力条件下环境可承受

的持续农业研究”，以及美国麦克耐特（McKnight）基金会国际合作作物研究项目、国际磷肥研究所（IMPHOS）项目、美国农业部（USDA）项目、国际科学基金（ISF）项目和德国研究局（DFG）项目等国际科研课题。建立了FAO亚太地区养分管理协作网等国际合作网络。学科聘请澳大利亚科学院院士、国际菌根研究专家Sally Smith教授，荷兰科学院院士、澳大利亚西澳大学著名植物生理生态专家Hans Lambers教授，美国科学院院士、美国明尼苏达大学David Tillman为名誉教授，从国际同行中聘请8位著名学者任兼职和客座教授。

据不完全统计，近5年来开展国际合作研究100余项，每年邀请前来进行学术交流的国内外专家学者达120人次左右，平均每周都有两位以上的访问学者进行学术报告。近5年来，累计有220人次的国内学者参加国际学术会议，300多人次参加国内学术会议。在国际、国内学术会议做报告近160人次，其中国际会议特邀报告15人次、大会报告70人次。每年派往国内外著名大学、研究所参加学术交流、学习访问的教师、学生达20人次以上，吸引63位国外研究生在植物营养学科的有关实验室进行研究。5年间举办国际会议24次，尤其是2005年9月第15届国际植物营养大会在中国的成功举办，极大提升了我国植物营养学学科在国际及国内的影响力。“高等学校学科创新引智项目计划”启动后，进一步促进了本学科和海外学术大师的对话和交流，为建设一流的学科搭建了一个更好的平台。

该学科在国内养分管理上的成功经验还被国际同行普遍认可，应邀到印度、韩国、日本、美国、德国、荷兰等13个国家介绍中国经验。

三、我国在植物营养学领域开展国际合作交流的战略需求分析与总体布局

（一）战略需求分析

目前，国际上以服务于生态建设和环境保护为主要目的的研究是其科研工作主流，而为农业生产服务研究工作处于次要地位。生态环境问题往往具有全球性和普遍性特征，也是国际上十分关注的热点问题。同时，与我国农业科学家合作也是发达国家部分科学家生存的需要。而且，我国整体研究水平近年来快速提高。所有这些为平等、互利的高层次国际合作提供了重要基础。此外，跨学科、跨地区的综合研究已经成为国际科技合作的主流，重要的国际和地区合作项目如果没有中国参加，就是不完整的。因而，主要发达国家和地区的科学家和政府机构，十分重视对华合作，其中，欧盟、日本和澳大利亚等更为主动。

为切实解决我国在粮食安全、食品安全和环境安全等方面存在的问题，并在科技领域取得突破性进展，实现跨越式发展，需要采取“引进来”和“走出去”相结合的方式，在更大范围、更广领域和更高层次上参与国际合作。我国政府部门和科学基金组织积极推动科研机构的国际合作，不断推出重大国际合作行动计划，并增加国际合作资助经费。例如，科技部制定了国际科技合作发展纲要，国家自然科学基金委员会制定了基础科学国际合作战略规划，并设立了重大国际合作项目专项计划；教育部在建设一流大学的目标下，大量增加了研究生派出的名额，同时国内著名高校同样非常重视与国际高校和研究机构的强强合作和强项合作；其他政府部门也出台各种政策措施，千方百计吸引优秀的国外专家和归国留学生为我国工作，积极组织具有重大影响的国际会议和交流活动；此外，许多著名高校还设有国外著名专家来华工作和交流专项计划和基金。

国内科研环境的改善和研究水平的显著提高，国际上主动提出与我们进行合作的机构和专家也越来越多。鉴于此，学科优先考虑支持部分对经济社会发展具有重大意义、学术上最有可能达到国际先进水平的国家，省（部）级重点学科、实验室、学校重点建设学科，以及有望实现重大突破的新兴学科和交叉学科的国际合作与交流。力争发挥学术顾问和客座教授的作用，为学科发展和科学研究提供咨询和建议，促进学科跟踪国际学术前沿，开展国际学术交流和合作，拓展在国际学术界的影响，提升学科的国际学术地位。促进团队建设，推荐并协助相关学科引进海内外优秀人才，推荐青年教师到国外著名大学或研究机构进修和开展合作研究。组建或参与组建具有国际先进水平的创新团队，积极争取并主持、参加国际及国家重大科研项目。支持在国内外重要学术期刊上发表，特别是与国际专家联合署名发表高水平研究论文等。

多年来植物营养学的国际合作与交流取得了瞩目的成绩，为该学科的科技发展做出了应有的贡献。知识创新工程的顺利实施，极大地改善了本学科的科研条件、科研环境和人才队伍状况，提高了本学科的整体科技创新能力。“科技创新跨越发展战略”、“科技创新人才战略”和“科技创新可持续发展战略”的实施，为该学科今后一个时期的发展指明了方向，也对该学科的国际合作工作提出更高的要求。国际合作与交流必须跟上形势发展，正确面对已经和正在发生巨大变化的外部环境和内部条件，及时调整战略和政策，通过国际合作交流提高该学科的创新能力，促进该学科科研项目的实施与完成，在科技创新工程中发挥更大的作用。同时要充分发挥国际合作的先导作用，带动一些符合世界科学前沿的领域和学科的发展。

（二）战略布局

以美国、欧盟、澳大利亚和日本等国家和地区为主要合作对象，围绕着国家需求这一中心，开展植物营养学优先研究领域国际合作。

美国在植物营养学的研究方面处于全面领先的地位，特别是在植物营养的土壤环境与过程、植物营养的生物学过程、根际互作过程与调控、养分资源与养分循环、土壤—植物系统的环境效应与污染控制等方面具有十分突出的优势。与美国合作重点解决的科学问题主要包括：高产土壤的培育机制；土壤障碍性因素的发生规律及控制机制；养分高效吸收利用的生理、遗传及分子调控基础研究；植物—土壤—微生物互作机制与调控；协调作物高产与环境保护的养分资源综合管理理论与技术；养分资源再利用与污染控制的机制，以及土壤—植物系统过程定量化等。与美国的合作方式主要是高层次、优质智力资源的引进，举行双边会议，派出青年教师和联合培养的研究生到一流实验室进修、学习，合作指导研究生等。在此基础上，实现联合发表高水平学术论文。

德国、英国、法国、荷兰、瑞典等欧盟国家在植物营养的生物学过程、根际互作过程与调控、养分资源与养分循环以及土壤—植物系统的环境效应与污染控制等方面具有一定优势，特别是在与环境有关的研究方面优势明显。解决的主要科学问题包括：养分高效吸收利用的生理、遗传及分子调控基础研究；植物—土壤—微生物互作机制与调控；协调作物高产与环境保护的养分资源综合管理理论与技术；养分资源再利用与污染控制的机制，以及土壤—植物系统过程定量化等。与欧盟国家的合作方式主要是科技项目合作，同时注重高层次、优质智力资源的引进，举行双边会议，派出青年教师和联合培养的研究生到一流实验室进修、学习，合作指导研究生等。

澳大利亚在植物营养的土壤环境与过程、植物营养的生物学过程、根际互作过程与调控等方面有自己的特色和优势。合作解决的主要科学问题包括：土壤障碍性因素的发生规律及控制机制；养分高效吸收利用的生理、遗传及分子调控基础研究；植物—土壤—微生物互作机制与调控；土壤—植物系统过程定量化等。与澳大利亚的合作方式包括科技项目合作、优质智力资源的引进、双边会议、人员交流和合作指导研究生等。

日本在植物营养的土壤环境与过程、根际互作过程与调控以及土壤—植物系统的环境效应与污染控制等方面具有一定的优势。解决的主要科学问题包括：高产土壤的培育机制；土壤障碍性因素的发生规律及控制机制；植物—土壤—微生物互作机制与调控；养分资源再利用与污染控制的机制等。科技项目合作是中日合作的主要方式，以此为基础，开展双边的学术与人才交流工作。

此外，随着我国国际地位的进一步提升，与发展中国家的科技合作也将出现新的需求。目前，主要集中在人才培养和技术培训上。今后，参加科技合作项目，特别是我国政府和国际组织的国际合作项目的机会将逐渐增多。

第七节 保障措施与建议

作为农学及资源、环境和生态等学科的重要基础与支撑学科，植物营养学应在能力建设、人才引进、队伍建设、学术环境建设和国际合作等方面予以政策倾斜：

1）确保稳定递增经费投入，提高该学科基础与应用基础的研究水平，进一步提升植物营养学作为农业基础学科的地位。

2）进一步拓宽资助渠道，对引进的高层次人才，重点研究群体的学术梯队建设，特别是年青一代学术带头人的培养给予特殊的政策与经费支持；通过体制和管理机制创新，统筹基础研究与人才培养计划。

3）积极支持组织全国优势队伍，建立高效的合作网络与平台，实现资源与信息共享；统筹跨学科的综合性基础研究与应用基础研究；加强集成创新研究。

4）加强本学科领域的国际合作与交流工作，注重引进大师级人才；加强与世界一流学术机构和研究特色突出的机构的实质性合作与交流；吸引国外博士后和国际学生来华开展研究工作。

5）对针对解决实际生产过程中出现的新问题的研究，予以优先支持。

◇参考文献◇

Cassman K G. 1999. Ecological intensification of cereal production systems: yield potential, soil quality, and precision agriculture. PNAS, 96: 5952～5959

Drinkwater L E, Snapp S S. 2007. Nutrients in agroecosystems: rethinking the management paradigm. Advance in Agronomy, 92: 163～186

Epstein E, Bloom A J. 2005. Mineral Nutrition of Plants: Principles and Perspectives. Sunderland Massachusetts: Sinauer Associates Inc. Publishers

Marschner H. 1995. Mineral Nutrition in Higher Plants. London: Academic Press

Pinton R, Varanini Z, Nannipieri P. 2007. The Rhizosphere: Biochemistry and Organic Substances at the Soil-Plant Interface. New York: Taylor & Francis Group, CRC Press

Rovira A D. 1991. Rhizosphere research-85 years of progress and frustration. *In*: Keister D L, Cregan P B. The Rhizosphere and Plant Growth. Dordrecht: Kluwer Academic Publishers: 3～13

Römheld V, Neumann G. 2006. The rhizosphere: contributions of the soil-root interface to sustainable soil systems. *In*: Uphoff N, et al. Biological Approaches to Sustainable Soil

Systems. Boca Raton: CRC Press: 91～107

Tilman D, Cassman K G, Matson P A, et al. 2002. Agricultural sustainability and intensive production practices. Nature, 418: 671～677

Wardle D A, Bardgett R D, Klironomos J N, et al. 2004. Ecological linkages between aboveground and belowground biota. Science, 304: 1629～1633

第六章

林　学

林学是研究森林的形成、发展、经营管理以及保护利用的理论与技术科学。林学属于自然科学范畴，它是在其他自然学科发展的基础上形成和发展起来的综合性应用学科，一般包括森林培育、森林保护、森林采伐更新、森林经营管理等方面的科学。广义的林学还包括林业机具的应用改良、木材采运和林产品加工等森林工业方面的科学。林学的研究对象是森林，它是人类重要的资源宝库，但它与其他矿藏资源不同，是可以更新和再生的自然资源。

林学学科发展程度是衡量国家林业科技水平的重要标志。由于国家对林业与生态环境建设的重视，林学学科建设随之得到迅速而健康有序的发展，林业科学研究领域不断拓展，研究队伍发展壮大，学科条件不断改善，学术水平和科学研究水平明显提高。

第一节　战略地位

林学学科战略地位与林业战略地位紧密相关。我国林业战略地位总定位是：在贯彻可持续发展战略中，要赋予林业以重要地位；在生态建设中，要赋予林业以首要地位；在西部大开发中，要赋予林业以基础地位；在应对气候变化中，要赋予林业以特殊地位①。

林业战略地位基于现代林业的特点和任务，即按照其基本属性和内在规律，构建三大体系（生态体系、产业体系和文化体系），提升三大功能（生态功能、产业功能和文化功能），发挥三大效益（经济效益、社会效益、生态效益），以

① 中共中央国务院关于加强林业发展的决定，2003；温家宝总理在 2009 年 6 月召开的中央林业工作会议上的讲话。

林业的多种功能满足社会的多样化需求。这既是现代林业建设的基本内容，也是生态文明建设的本质要求。

林业战略地位必须有林学学科的支撑与保障。林学学科发展所产生的新概念、新理论、新方法和新材料是推动林业科技进步和创新的原动力；林学学科发展程度是衡量国家林业科技水平的重要标志；林学学科科技积累和产生的基础数据是国家宏观决策的重要科学依据；林学学科人才建设是提高林业行业从业人员整体素质的重要途径。因此，林学学科在我国科技、经济、社会发展中占据极其重要的战略地位。

一、生态建设和生态文明对林学的战略需求

森林是陆地生态系统的主体，林业是生态建设的主体行业。林业承担着建设森林生态系统、保护湿地生态系统、改善荒漠生态系统和保护生物多样性的重要职责，肩负着建设生态文明的历史重任。

当今世界生态环境问题突出。随着气候变暖、土地沙化、湿地缩减、水土流失、干旱缺水和物种灭绝等生态危机日益严重，国际社会对林业给予了前所未有的特别关注，林业问题受到空前重视，成为全球政治议程的重大主题。生态危机既是人类文明延续和发展面临的严峻挑战，也给林业发展带来了极好的机遇。

生态问题已成为人类生存与发展的最大威胁，建设生态文明成为延续人类文明的必由之路。由于人类对森林破坏而导致国家衰亡和文明转移的例证在历史上屡见不鲜。就我国而言，生态问题已成为制约经济社会发展的最大瓶颈，建设生态文明成为实现科学发展的紧迫任务。

据最新统计（国家林业局资源司，2010.1.28），全国森林面积 19 545.22 万公顷，森林覆盖率 20.36%。活立木总蓄积 149.13 亿立方米，森林蓄积 137.21 亿立方米。全国森林植被总碳储量 78.11 亿吨。我国森林生态系统每年涵养水源量 4947.66 亿立方米，年固土量 70.35 亿吨，年保肥量 3.64 亿吨，年吸收大气污染物量 0.32 亿吨，年滞尘量 50.01 亿吨。仅固碳释氧、涵养水源、保育土壤、净化大气环境、积累营养物质及生物多样性保护 6 项生态服务功能年价值达 10.01 万亿元。

由于历史原因、人口众多和资源依赖型的经济高增长，我国森林稀少、土地沙化、水土流失、湿地破坏、干旱缺水和物种濒危等生态问题十分突出。我国已成为全球第二大二氧化碳排放国，生态负荷日益加重。森林是最大的陆地生态系统，在生态防护、物种多样性保护、固定二氧化碳等方面具有巨大效能。所以推进现代林业又好又快发展，才能有效地维护国家的生态安全、木材安全、物种安全、能源安全、淡水安全和粮食安全，改善当代人的生存发展条件。只

有推进现代林业又好又快发展，才能不断增强可持续发展的能力，为后代留下可生存发展的空间。也只有加强生态建设，推进现代林业又好又快发展，才能不断增加森林碳汇，不仅增强应对气候变化的能力，为全球应对气候变化做出更大贡献，也为GDP增长提供新的空间。

党的十七大提出了建设生态文明的历史重任，并提出到2020年将我国建成为生态环境良好国家的目标。建设生态文明是贯彻落实科学发展观的新要求，是党的执政兴国理念的新发展，是作为一个负责任大国维护全球生态安全应尽的历史责任，也是对林业发展的新的历史定位和现代林业建设的新任务。

二、林产品产业发展对林学的战略需求的科学

（一）木材产业

木材生产是林业的主要产业。根据第六次全国森林资源清查结果，中国年均林木采伐消耗量为3.65亿立方米，人均消耗只有0.28立方米，远远低于世界0.58立方米/人的平均水平。到2015年，按人均木材消耗水平达到世界发展中国家水平（0.47立方米）计算，中国森林资源消耗水平将达到每年6.5亿立方米。我国木材现有生产能力很低（2007年为6976.65万立方米），供给能力与总需求之间存在很大差距。弥补需求缺口不能依赖木材进口，所以，提高我国森林生产力，发展我国木材产业，是林业工作的战略任务。分析国内外林业科技水平的差距，及我国森林资源发展潜力，我们立足国内解决木材供需平衡问题是可能的。

快速持续增长的森林资源总量是提高木材供给能力的基础。近年来，我国森林蓄积量年净增达到1.78亿立方米，中龄林和近熟林面积增加了3个百分点，蓄积量已经达到56.72亿立方米，后备资源相对充足。按现有资源测算，2010年以后，将有30亿～35亿立方米中龄林、近熟林逐步变为成熟林，到时国内木材供给能力将有较大幅度的增强，立足国内解决木材供需平衡问题将不再是梦。

（二）生物质能源产业

面对化石能源的日益枯竭，寻找可再生能源为国际社会普遍关注，开发新能源已成为产业发展趋势。我国发展林业生物质能源资源培育潜力巨大，前景十分广阔，最终使林业生物质能源达到从原料培育、加工生产到销售的“林油一体化”格局将逐步形成。

国家林业局已编制了《全国能源林建设规划》和《林业生物柴油原料林基

地“十一五”建设方案》。规划提出，“十一五”期间，将重点在云南、四川、贵州、重庆等省（直辖市）发展小桐籽600万亩；在河北、陕西、安徽、河南等省发展黄连木375万亩；在湖南、湖北、江西等省发展光皮树75万亩；在内蒙古、辽宁、新疆等省（自治区）发展文冠果200万亩。并推动这些地区合理布局生物柴油产业化项目。

据国家林业局测算，我国现有可作为林业生物质能源利用的原料约3亿吨，折合标准煤约2亿吨。我国木本油料树种总面积超过400万公顷，种子含油量在40%以上的植物154种，果实产量在400万吨以上。目前我国尚有宜林荒山荒地5400多万公顷，还有近1亿公顷盐碱地、沙地、矿山和油田复垦地等不适宜农耕的边际性土地，大都适宜培育特定的能源林。

（三）非木质林产品产业

我国有200多个经济林树种，这些树种可生产干鲜果品、饮料、调料、橡胶、树脂、栓皮、药材、香料等1000多种非木质林产品。例如，板栗、核桃、枣、扁桃、柿、油橄榄、油棕、油茶、银杏、八角、杜仲等，都是驰名的林产品。

第二节　发展规律和发展态势

林学学科的发展规律和发展态势是：学科向基础理论和应用研究的各领域纵深发展；林学学科的各个分支学科之间以及与其他相关学科的联系更加紧密，学科交叉与融合更加显现，学科不断分化；研究领域不断扩展。

一、基础林学发展迅速

木本植物不同于农作物和模式植物（拟南芥）等草本植物，主要差别是其具有多年生特性与高度木质化过程。木本植物具有特殊性，包括性别分化、开花生殖、生长、分化、发育等现象；速生、抗逆、水分与矿质营养利用；生长特性与遗传规律、生长阶段转换、抗性形成、木材形成及其他特性形成过程等。这些是树木在生命周期中非常重要的事件。除遗传因子外，还受激素、营养、温度、光照和环境微生物等多种因素影响。以现代分子生物学、发育生物学、生殖生态学和现代遗传学理论为指导，应用遗传学、生理学、分子生物学和系统生态学研究方法，对具有重要理论价值、生态价值以及特定经济价值的重要造林树种和珍稀濒危植物的生长、生殖、发育、次生代谢及木材形成与组学研究，对揭示树木乃至植物生殖与营养、生物质产量形成与调控机制、进一步进行系统研究具有重要的科学意义，并对协调树木生长、生殖平衡具有理论指导价值，还对速生树木、能源新品种、早花育种新材料、无花或生殖败育环境友好型新品种，以及杂交育种、倍性育种和林地微生物资源基因的开发与利用、可再生资源的转化利用及开发（如制浆造纸、林业生物质能源开发等）、环境污染控制具有重要理论和实际意义。

林学日趋广泛地与自然科学的其他学科，如自然地理学、气象学、土壤学、水文学、植物学、动物学、微生物学等，以及与社会学、经济学等人文科学和遥感、物理、化学测量分析技术和生物技术等紧密结合。例如，森林生态学已由阐明森林与其环境相互关系、指导森林培育和经营管理的经典定义发展为指导人类科学、合理地处理人与森林相互关系，指导最大限度地发挥森林功能以服务于人类社会和地球表面系统环境的科学。近 30 年来，世界和我国的森林生态学研究快速发展。一是查明与监测各类森林生态系统在人类活动影响下的变化，对包括森林植被在内的生物生产力、人为活动对生态系统的影响和变化、全球变化与生态系统相互关系和影响，以及生态系统水循环和气候的影响等进行了大量研究。二是对各类天然林、人工林的生长、发育、演替和种群动态等有较深入的研究，如林木种群自我调节能力、生态系统的食物链结构、反映生物间相互制约关系和病虫害防治的生态问题，以及对人工速生林的养分、水分、能量的流通、转换和为提高人工林生产力、防治土壤退化的研究。三是森林生态功能和社会经济效益计量评价的探讨。四是酸沉降及其他有毒物对森林的危害及其防治的研究。五是森林生态系统的恢复和生物多样性保护的研究等。

二、种质资源创新成为森林资源培育的前提

林木遗传育种是在生物学理论和分析技术基础上，借鉴农业和畜牧业等领域的研究成果和经验，结合林木生长、发育特点，围绕林木良种选育的目标，对树木个体和群体遗传变异的现象、规律、物质基础、影响因素，以及遗传改良技术等科学层次上的创新与深化发展。发展态势呈现出强调常规育种和分子育种有机结合，注重产量、品质多性状关联育种技术的综合研究。基因资源、遗传变异规律等研究对林木育种提供了支撑作用。树木有个体高大、生殖周期长、杂合起源、改良历史短、经济性状稳定需较长时间等特点，而且其遗传学基础研究相对薄弱，因此世界上规模化的林木遗传育种研究起步较晚（20 世纪 50 年代），难以直接仿效作物育种的技术路线开展良种选育。

通过技术创新、开发可有效提高林产品数量和质量的优良种质。树木遗传变异层次的多样性，多年生木本植物特性、生境因子的复杂性和不可控性，培育新种质需经环境适合度验证，以及可以多年结实与无性系利用等特点，决定了林木遗传育种学科的研究特点是：研究目标设计要有前瞻性；环境设计要有地域性；样本设计要有代表性；因子设计要有综合性；方法与指标设计要结合树木特性；实践性强，研究需要有坚实的田间试验或环境控制试验基础，在研究过程中需要密切结合生产实践；种质的开发和利用要结合其繁育途径；重要理论与技术成果取得需要较长时间，需要有前期试验积累和研究成果的继承；林木育种成果的效益具有较强的社会公益性等。

三、森林资源培育成为林学的核心

森林资源培育是林学学科的核心。森林资源培育是从林木种子、苗木、造林到林木成林、成熟的整个培育过程中，按既定培育目标和客观自然规律所进行的综合培育活动，它是整个森林经营活动的主要组成部分。

20 世纪五六十年代，我国森林培育领域研究主要是进行荒山造林的规划和绿化美化的技术研究；七八十年代主要进行立地、混交和抗旱造林技术的研究；90 年代至今重点进行了人工林地力维护、特种立地环境的造林技术研究，并逐步开展了公益林的抚育经营的研究。森林培育学科的发展态势是：需要在学科发展中不断推出资源培育的高新技术，以适应国家对森林资源和生态建设的发展需求；为实现森林多功能培育技术提供坚实的理论基础。例如，重点突破生态公益林质量提高、用材林定向培育、林下植物多功能培育、木本粮油植物培育、生物质能源林培育、竹林多目标经营和纸浆林高效、稳产经营等森林资源培育关键和共性科学问题。森林培育学科发展和高新技术推出，必然要与相关基础和应用基础学科联系，得到土壤与植物营养、植物生理生化、生态与气象等学科紧密结合，共同解决森林资源培育中的科学问题和技术难题。

四、可持续发展作为森林经营管理的理念

森林资源经营管理是关于森林区划、调查、生长与收获、监测与评价、决策规划与控制调整等理论、方法及技术的科学。现代森林经理学愈来愈显示出其龙头作用，通过解决森林经营管理的关键理论与技术，始终引领林学的发展。例如，20 世纪 50 年代提出森林调查技术和永续利用理论；60 年代的森林经营方案编制与遥感技术应用；70 年代建成达到国际先进水平的、具有中国特色的

全国森林资源连续清查体系；80 年代创建森林资源综合信息管理体系；90 年代开展林业可持续发展和森林可持续经营研究；21 世纪初的中国林业实现了跨越式发展，森林文化、“3S”技术集成及其在森林经营中应用、近自然经营和森林健康经营等，为我国林业发展和森林经营做出了不可替代的贡献。

森林经理学发展总态势是在可持续发展理论的指导下，全面实现森林资源可持续经营管理。战略目标是在精确的时间与空间范围内，实施精确的经营措施，以期在保证森林生态系统健康的条件下，满足利益共同体的多方面要求。基本途径是在逐步实现森林资源和生态状况信息化、知识化的基础上实现森林生态系统经营。

现代森林经理学涉及的领域更加广泛，包括社会、经济、生态、政策、文化和技术等。要综合多学科的理论、方法和技术，构建森林经营技术体系。其研究的内容包括理论（永续利用、多功能经营等）、方法（区划、调查、生长与收获、监测与评价、决策规划与控制调整等）和工艺（制定森林经营标准、规程等）。研究对象包括天然林和人工林，既包括实物（林地、林木）生长与收获，也包括森林多效益评估和碳储量预测。在空间尺度上从具体的林分到森林经营单位，扩大到区域，甚至国家层次。在时间跨度上既有 20 年以上的长期规划，又有 10 年的中期计划，还有年度和项目的作业计划。

森林有害生物灾害控制策略提倡灾害防御和环境协调并重，并逐步向可持续控制的策略转移。同时已充分重视和认识到森林生态系统的物种多样性、结构复杂性、时空稳定性和多功能目标，顺应自然规律并适度加以人为调控使其有利于森林健康生长，达到可持续控制生物灾害的目标。

森林可持续经营管理中的有害生物防控，研究对象已经由以单一病虫发展到以寄主植物为单元的多种有害生物。研究内容上由经典的灾害生物学研究趋向于揭示寄主—有害生物—生态系统互作机制，控制手段上发展为以生态调控为主导，研究策略上发展为以生态系统为单元的有害生物可持续控制技术体系。

研究重点聚焦在以提高森林自身健康水平、改善森林生态环境为基础，通过营林措施恢复森林健康。同时辅以生物防治和抗性育种等措施来降低和控制森林有害生物的种群数量，提高森林的抗逆能力等方面的基础研究。

五、林业生态工程地位明显提升

林业是生态建设的主体，林业生态工程是实现这一目标的手段。当前，该领域发展规律和发展态势是以过程耦合和尺度转换为理念，试验观测与模型模拟相结合，采用 GIS、RS、GPS 等高新技术并与传统技术相结合，从单因子的实验研究扩展到从点尺度、坡面尺度、景观尺度、流域尺度、区域尺度研究森林与水文、地质、地貌、气候、生态等的相互作用机制。全球范围内该研究领域的热点在于全球变化与荒漠化、荒漠化监测、实用治理技术（包括节水灌溉技术、造林种草技术、防风固沙技术等）、林业生态工程技术、近自然流域治理、景观生态工程、森林植被—土壤系统的水分运动的尺度性动态研究、泥石流的预警预报等方面。

加强基础理论和应用技术研究，扩大科技成果辐射范围。在国际前沿领域进行深入探索，面向国民经济发展和生态环境建设主战场。深入研究典型生态脆弱区生态系统的动态监测技术，退化生态系统恢复与重建技术，重大工程沿线和复杂矿区生态保护及恢复技术，以及植被恢复与生态重建机制。在生态脆弱区水土保持与荒漠化防治方面取得突破性进展。近年来，随着沙尘暴的不断发生和生态环境的日益恶化，我国政府对于水土流失治理与荒漠化防治等生态环境问题，给予了高度重视，并列入中国生态环境建设规划的核心内容。

六、林业生物质材料科学蓬勃发展

木材及其加工剩余物、废弃物等主要由纤维素、半纤维素、木质素构成的森林生物质作为材料整体利用，以及生物质内含物、主要组分化学转化利用，是现代材料科学的重要组成部分。其基础理论服务主要对象是林产品产业，由于产业产品量大、应用面广、技术集成度高，需要不断地与生物技术、信息技术、新材料技术等高新技术交叉、融合以促进传统产业技术升级。林产品产业在高新技术介入方面的基础理论研究尚不系统，缺少重大突破，制约着我国学科的发展和林业产业水平的提高。

木材等森林生物质既具有高分子材料的结构特征又具有独特的细胞结构层次，木材物理学和林产化学基础理论研究既有普适性又有较强的针对性。未来林产化学学科将积极向林业生物质产业方向拓展。面向林业产业的需求，基础理论研究需进一步建立在适树适用、适材适用前提条件下，围绕多层次和多品种综合加工、提高出材率和附加值、功能性改良提高使用性能、延长使用寿命，以及提高转化效率与降低成本等方面开展基础理论研究。在这些领域，我国研究多属于跟踪性的，在林业产业上具体反映是生产力水平低，森林资源利用率、出材率、商品率及林产品附加值等均较低，普遍存在原料消耗大、成本高、效益差的问题。因此，针对我国森林生物质资源的特点进行源头创新研究，是实现学科发展目标的根本出路。

第三节 研究现状和研究动态

林学学科整体上已经进入了现代林学的发展时期。由于我国林业事业发展，林学学科领域目前已经初步形成了一个门类齐全、队伍壮大、人员素质较高、设备先进和课题完善的学科体系。学科整体水平明显提高，取得了一系列突破性进展。随着国家科技支撑（攻关）计划、“973”计划、“863”计划和各级自然科学基金等项目的研究，形成了一支具有坚实的专业基础理论知识和娴熟的实验技术技能、学历和年龄结构合理并具有创新能力和协作精神的学科团队。建立了一批相对稳定的科学研究、推广示范和产、学、研相结合的基地。

在重要科学领域里取得的标志性成果和进展有：在超微和分子水平上深化了对树木抗逆机制和木材现状形成的认识；实行自主创新与引进战略相结合的方针，选育（引进）了一批用材林、经济林、花卉良种；初步建立了杨树、桉树、杉木、落叶松等速生用材树种和经济林树种的定向、高效、集约化培育体系；研制出典型生态区域和困难立地条件植被建设中树种选择及配套培育技术；研制出适合不同地域和立地条件的以先进理论指导和技术手段调控的农林复合生态经营技术；初步建立了高效空间配置和稳定林分结构的防护林建设科技体系；初步建立了基于高新技术的森林资源动态管理和森林灾害监测体系。

与此同时，表现出学科研究领域不断拓展、学科渗透愈加明显、新的研究分支不断涌现等特点。

一、抗逆生理和发育生理引领森林植物学发展

由于生物科学高新技术的应用，我国森林植物学科在理论研究和基础研究方面发展迅速，现已初步形成了具有我国鲜明特色的森林植物学科。该领域的重要成果主要有：在植物抗逆生理机制与分子生物学基础研究方面，获得了以国家科学技术进步奖为代表的一批科技奖项成果。并正在形成以前期成果为基础、现行抗逆分子基础研究和优先领域研究为目标的成果积累，纵深探讨生物学基础科学问题与森林功能之间的关系，树木生长与木材形成中的木材细胞壁结构组成和功能的关系，抗逆、速生与优质林木培育的分子生物学基础等。这些有中国特色的系列成果已在国际上占有一席之地。

在树木生长与木材形成的生物化学与分子生物学基础研究方面，以树木形

成层再生、木质素生物合成代谢和植物激素调控植物生长等为代表的基础研究取得了可喜成果与进展。开展了生物合成代谢途径中关键酶的基因克隆、高效表达、酶学特性研究和酶蛋白结晶结构分析，在分子水平上阐述和分析树木生长与木材形成的分子基础，居国际水平。

二、不同尺度的森林生态学研究全面展开

（一）作为森林培育学的应用基础研究

作为森林栽培生态的研究，如20世纪50年代以来对杉木实生生长区的气候条件、土壤类型、群落分布和立地条件等系统研究。对红松、油松、杨树、白榆、泡桐、油橄榄、梭梭等乔木、灌木树种和经济林树种的生态学研究，围绕森林抚育间伐、采伐更新开展的森林区划、天然林群落分布与分类、结构与功能和演替等。以群落生态学和生态系统研究的应用基础研究，为这些树种的培育技术提供了可靠的理论依据。

（二）环境生态学研究

开展了林业建设在改善和美化环境的应用研究、防护林建设对改善环境的生态功能、保健卫生更新研究以及实体化预测软科学研究等。

（三）生态系统定位观测研究

森林生态系统结构、过程与功能规律及其网络化研究，首次在中国进行了跨部门、跨地区的森林生态系统长期观测网络集成研究，并建立了统一、规范的森林生态系统观测指标体系及野外生态数据采集系统和数据库系统，发展了生态系统网络研究的理论与方法，推动了生态系统生态学发展，加速了我国生态系统研究网络化进程。

国家自然科学基金重大项目“中国森林生态系统结构与功能规律”的实施，对我国森林生态系统的地理分布、群落的组成结构生物生产力、养分循环利用、水文生态功能和能量利用等规律有较深刻的揭示。这是我国首次运用森林生态长期定位观测，开展联网化和多学科的生态系统综合研究。

保护森林植被对区域和农业生态环境的调控机制研究方面，研究了中国典型地区（如西南、黄河上中游、干旱半干旱地区等）的森林植被及其恢复和重建与水资源的相互关系及合理调控机制，并着眼于学科发展前沿和多学科共同

关注的焦点，开展了多学科、多尺度研究。

基于CFERN（中国森林生态系统定位研究网络）长期、连续观测研究基础数据的中国森林生态系统服务功能评估，综合运用了生态学、水土保持学、经济学等理论方法，选取了多次专家咨询讨论形成的中国林业行业标准《森林生态系统服务功能评估规范》（LY/T 1721—2008）中的评估指标体系，定量分析评估了“九五”、“十五”和“十一五”三期全国森林生态系统7项主要生态服务功能的物质量及其价值量。

（四）从森林生态系统养分循环到森林退化与恢复研究

随着对杉木、落叶松等树种人工林地力衰退，以及多类天然林破坏导致的群落退化的研究，对森林生态系统恢复的研究得到重视，现在正在进行与将继续深入开展的是对恢复机制与有效恢复途径的研究。现有的研究成果已经产生了“恢复生态学”的理论和实践范例。

（五）野生动植物保护、生物多样性研究

据国家林业局统计，截止到2005年我国林业部门共建立了自然保护区1699个，面积11 988.54万公顷，约占国土面积的12.49%，其中森林生态类型的自然保护区达1089个，面积3111.59万公顷，占保护区总数的64.1%，保护区总面积的26.0%。森林生态类型的自然保护区为森林生物多样性保护、野生动植物栖息地保护提供了可靠保证，为森林生态学和保护生物学的研究建立了良好的基地。

我国先后开展了华南虎野化放归、猎隼国际合作、野马放归自然及监测、藏羚羊及普氏原羚调查、野生动物标记及管理、森林和野生动物类型自然保护区生物多样性监测体系、珍稀濒危野生动植物资源保护与管理、湿地保护与管理等方面的调查研究工作。在森林群落分类和森林群落结构研究的基础上进行了森林生物多样性监测、评价与保育研究。

（六）国家重大林业工程的生态问题

1996～2000年“生态林业工程功能观测与效益评价技术研究”建立了一套全国统一的生态林业工程效益评价指标体系，并完成对三北、长江、太行山和沿海四大生态林业工程的效益做出区域性评价和综合评价。通过额尔济斯河杨树更新的基本规律、杨树天然林的人工更新、海南岛热带天然林主要功能群保

护与恢复的生态学基础研究，完成了天然林保育工程的技术研究与示范，以及退耕还林工程的效益评价。

（七）森林健康评价及其生态调控

国家林业局早在1992年就启动了中美合作研究森林健康的项目，在全国布设了5个研究基地，并对森林健康评价与生态调控进行全面研究。

（八）森林与环境领域的研究

主要研究以森林或树木为材料、探讨污染环境生物的生物化学转化过程及植物修复机制，根际微域环境微生物多样性及其生态功能。建立超积累植物的繁育技术及筛选、施用螯合剂及表面活性剂以增加重金属的植物可利用性技术等一系列植物修复集成技术体系。

（九）森林碳汇功能与全球温暖化对森林的影响

森林是巨大的碳库和碳汇，它的变化直接影响到大气中二氧化碳浓度的变化，而二氧化碳浓度上升是导致温室效应进而引起全球变暖的主要因素。我国近年来在这方面的研究主要有：气候变化对森林及树种分布的影响；气候变化对我国森林生产力的影响；我国森林生态系统碳储量估算；我国森林生态系统碳储量的空间分异；中国森林生态系统碳源/汇潜力；气候变化对我国木本植物生长发育的影响等。

三、林木良种化进程加快

在林木基因资源和基础研究方面，选择和收集了30多个树种的优树4.46万株，建立种质资源库3670公顷，自然保护区数量达到1672处，面积1.19亿公顷，占国土面积的12.4%，种质资源得到有效保护；开展了主要造林树种育种资源的收集、保存、评价和利用研究，初步揭示了主要造林树种多层次遗传变异规律；引进的树种中，湿地松、火炬松、加勒比松、木麻黄、欧美杨、刺槐等已经成为我国重要的造林树种，有些已经形成了产业，并开展了种源、无性系、家系选择及杂交育种；已完成对杨树、马尾松、桉树、桦树、杉木等用材树种中等密度遗传图谱的构建和重要经济性状基因定位；通过建立杨树次生维管再生系统，结合蛋白质组学和基因芯片技术筛选了在木材形成中起关键作用的基因；利用生物信息学与分子生物学相结合分离得到了与抗旱、耐盐等相关的批量候选基因，并对部分基因进行了功能鉴定等。但相关研究跟踪多，原创性成果少，多数为引进国外技术，系统的林木分子基础研究平台尚未建立。

在林木育种技术研究和品种选育方面，除杉木等个别树种外，大多乡土针叶树种遗传改良仍停留于利用自由授粉种子的初级或1.5代种子园阶段，遗传增益低，许多树种种子园利用研究甚至基本处于停滞状态；选育出一大批高产优质的杨树、泡桐、马褂木、刺槐、桉树、相思树等树种的杂种无性系，通过有性多倍化培育出三倍体毛白杨新品种，并从一些现有品种中检出一批来自天然 $2n$ 配子的欧美杨、橡胶三倍体；在杨树、刺槐、白桦、落叶松等树种中开展了基因工程育种研究，获得了一大批抗虫、耐盐、抗旱以及材性改良等的转基因树木，其中两个转基因杨树品种已经进入商品化栽培阶段。

我国的林木遗传育种进展是非常大的，一大批林木良种和技术成果应用于林业生产，产生了巨大的社会、经济和生态效益，其中近10年获得国家科学技术进步奖的就有10余项，远远超过此前50年的总和。

四、人工林营造继续保持世界首位

根据第七次森林资源清查结果，我国人工林保存面积0.62亿公顷，蓄积19.61亿立方米。我国继续保持世界上人工林营造和保存面积最大这一领先地位。取得这一成就与围绕人工林营造开展了长期、全方位的研究分不开。

（一）林木种苗领域

在林木开花结实、种子休眠、种子寿命、种子活力等机制方面的研究取得重大进展。例如，种子休眠生理和种子活力的研究最为活跃；苗木培育研究领域，菌根化育苗、组培苗培育、生长调节剂和生物制剂（微生物肥料、菌根制剂等）应用、全光照喷雾扦插育苗和设施育苗等技术相对成熟；轻基质网袋容器苗实现了农林废弃物资源化利用，而且基质轻、根系数量多、表面积大、抗逆性强，极大提高了造林成活率，目前已广泛应用于生产实践中；生理指标和形态指标相结合的苗木质量评价体系迈出可喜的步伐。

（二）森林营造领域

该领域在造林理论、立地分类与树种选择、造林整地、造林方法、造林密度、树种混交和林地施肥、主要林种造林等方面的研究都取得明显进展。

第一，速生丰产林营造。在良种选育及扩繁技术、立地分类及评价、定向培育技术、集约栽培和经营技术、地力衰退防治技术、栽培生理生态应用基础等方面取得的研究成果，为推动速生丰产林基地建设提供了理论基础和技术保障。

第二，能源林培育。早在“七五”期间，我国利用野生小桐籽提取生物柴油获得了成功，随后中国科学院在完成了金沙江流域燃料油植物资源调查的基础上，建立了小桐籽栽培示范区。“十五”以前我国薪炭林试点建设，为我国燃料能源林的发展奠定了很好的物质与技术基础。“十五”以后，通过黄连木和文冠果资源状况的详细调查及建立良种繁育基地，为我国黄连木和文冠果能源林基地的建立奠定了重要的技术基础。杂交柳引种和选育为能源柳生产基地的建立提供了优质的品种资源。尽管沙枣、柠条、沙柳等灌木以及刺槐、柳树等高热值、高生物产量速生能源树种的品种选育与培育技术研究刚刚起步，但对于保障我国迅速成长的生物质发电的资源供应、解决偏远落后地区的经济发展问题均显示出了巨大推动作用。

第三，公益林培育。对各类防护林的树种（品种）选择、结构调控、农林复合经营及生态经济效益进行了多方位研究；“十五”以来，各地相继零星开展了有关营林方面的研究，提出了林分抚育的部分关键技术指标，有的省市也提出了抚育的地方标准，并建立了一些示范区，为抚育经营的推广工作提供了技术支撑。

五、森林资源经营管理水平明显提高

（一）森林资源经营管理理论研究深化

20世纪80年代提出了以培育为中心的思想，一方面，经营现有林以生长量控制采伐量，另一方面，积极造林，调整森林空间结构，局部与整体相结合地发展森林。有些学者提出“林业分工论”，把森林分为商品林、公益林和兼用林，形成森林分类经营思想。90年代末期，学术界提出可持续多功能生态系统经营作为森林经理的基本理论，开展了林业可持续发展、多功能经营、森林健康、森林认证、森林文化、林权改革、森林可持续经营等理论研究。

（二）森林资源经营管理模式优化

长期以来，我国森林资源信息管理的基本模式是以两类调查为基础，一个经理期为周期的阶段性静态管理模式。20 世纪 90 年代初，唐守正院士提出由信息反馈、实施反馈和决策反馈等 3 个反馈环构成的森林资源动态管理模式，把森林资源经营管理工作看成是以资源信息为基础的科学组织经营活动的全过程。该模式目前已经为国内外学术界所普遍接受。

(三)“3S”技术用于森林资源调查监测技术

20 世纪 70 年代引入森林资源连续清查系统，建立了国家和地方森林资源监测体系，80 年代以后加强了遥感、地理信息系统、全球定位系统等新技术应用，21 世纪开始筹划建立我国森林资源及生态综合检测体系。

(四) 森林生长模拟与经营数表编制

20 世纪 80 年代以来我国相继开展了森林生长模型和预测方面的工作。例如，北京林业大学关毓秀教授领导的研究小组开展了与立地相关的生长模型研究；中国林业科学研究院唐守正研究员领导的研究小组开展的与收获相关的生长模型研究。近期模型研究由全林模型向分级模型和单木模型发展，由数值模型向可视化模型发展。

与此同时，在公益林区划、调查、配置方法，天然林经营决策及其专家系统，主要树种的生长过程和生物量表等经营数表，森林资源与环境综合监测平台与评价等方面的研究，为森林可持续经营提供技术支持。

(五) 森林资源管理信息化

随着计算机和信息技术的发展，我国研制了很多森林资源信息管理系统，研建现代信息技术支持的森林经营和林业重点工程信息管理系统集成技术平台。实现了图面数据和属性数据的一体化管理和同步更新。现代森林资源信息管理系统已经广泛应用于各级林业部门的各项工作之中。

(六) 森林健康经营从理念走向实践

森林健康的实质就是要使森林具有较好的自我调节并保持其系统稳定性的能力，从而使其最充分地持续发挥其经济、生态和社会效益的作用。森林健康理论最初动机主要是针对病虫害防治和森林防火，但随后不久因得到广泛的认同而成为美国林业的核心价值观念。目前森林健康经营已经在国际上产生了广泛的影响。我国围绕森林健康主要开展了如下工作。

1. 森林病虫害分类学

森林病虫害分类学已经从传统的形态分类发展到形态分类与生物学分类、超微结构分类、化学生态分类及分子分类相结合的阶段。新鉴定出数百种天敌昆虫和森林微生物，区分出一些近缘种，澄清了一些混淆不清的分类学问题。

2. 森林病虫害生物学

森林病虫害生物学系统地研究了10多种新暴发成灾的森林病虫及其重要天敌的生物学，如栎山天牛、沙棘木蠹蛾、红脂大小蠹、椰新叶甲等。在典型广布型森林病原物和害虫群体结构的复杂性和遗传分化方面，明确了地理种群的遗传多样性、种群遗传分化与基因流分化。

3. 森林病虫生态学

森林病虫生态学查明了主要森林病虫害发生区的危害状况，初步探明了光肩星天牛、松毛虫、桑天牛、红脂大小蠹等重大森林病虫害暴发与气候、天敌控制力、寄主种类、群落组成与结构等因素的关系。从分子、细胞、组织水平上对重要病原或害虫与寄主互作过程，以及抗病机制等方面有了初步认识；阐明了许多森林害虫种类如小蠹、天牛、松毛虫等与寄主识别的化学信息机制；明确了小蠹虫暴发成灾过程中伴生真菌的特征。同时，该学科还关注异常气候现象导致的病虫害频繁发生以及全球变化与病虫害发生关系等国际前沿问题。

4. 天然林群落环境和群落结构影响病原物和害虫动态变化

天然林群落环境和群落结构影响病原物和害虫动态变化研究也成为近年来国内森林保护学和森林生态学研究的重点，包括干扰和空间异质性调节物种多样性、森林演替影响昆虫群落的动态等。增加植被可提高林内昆虫多样性和稳定性，使天敌生物多样性指数提高从而增强林内天敌捕食和寄生作用，抑制病原物和害虫种群暴发，尤其是在松毛虫的研究方面比较深入。

5. 森林有害生物进行综合管理

在许多有害生物的生态控制技术、生物控制技术、化学控制技术和无公害控制技术方面均取得重要研究进展。提出了以生态系统稳定性、风险分散和抗性相对论为核心的多树种合理配置抗御人工林生物灾害理论，构建了控灾技术体系；利用间伐措施有效增加了人工林的生长量，实现了对枯梢病引起的森林衰退的持续控制；根际微生态调控对杨树溃疡病等寄主主导性病害的发病率和感病指数有明显的降低作用等；创建了松材线虫检测鉴定技术、非放射性杂交检测鉴定技术以及与之相应的检测试剂盒，这些均已成为我国松材线虫病关键防控的核心技术；信息素已经被广泛应用在林间监测防控松毛虫、沙棘木蠹蛾、天牛、松褐天牛、红脂大小蠹等；同时，通过人工大量繁殖和释放寄生性天敌昆虫，如白蛾周氏啮小蜂、肿腿峰和花绒坚甲等，以及利用昆虫病毒来防治美国白蛾、松毛虫、春尺蠖、舞毒蛾、天牛等害虫，取得了一定的控制效果。

六、林业生态工程理论研究得到加强

随着研究领域的拓展和深入，以“单一学科独立研究与多学科综合交叉研究相结合，微观手段与宏观方法结合”为宗旨开展了基础理论与应用基础理论研究，以野外大规模实地定位观测为主要手段，在流域土壤侵蚀与森林水文机制与过程、水土流失生态机制与过程和荒漠化生态修复机制与过程等理论发展与实践建设中做出了应有贡献，为我国北方风沙区、黄河流域和长江中上游水土保持与荒漠化防治、防护林建设提供了强有力的技术支撑。

主要研究方向取得显著进展和突破。

（一）土壤侵蚀与森林水文学机制与过程

进行了流域可持续发展的基本理论研究，在流域复合系统的资源、环境、人口、社会经济的空间分布规律；各项技术措施空间配置的原理、方法以及相互作用机制；流域动态监测调控机制及途径方法；流域管理的模拟；森林生态系统对水分运动及水量转换的调节机制和森林生态系统对流域径流形成的调节机制；森林生态系统伴随水分运动和水量转换过程的主要水质要素迁移规律；降雨径流侵蚀能量的时空分布规律和林木根系层的固土力学机制；森林生态系统结构特征与调节水文功能的规律等方面开展研究工作，为实现生态复合系统的稳定、协调发展提供基础理论和技术支持。

（二）水土流失生态修复机制与过程

面向六大林业重点工程，主要从事林业生态工程体系的配置、布局、结构、设计等方面的理论与技术研究。在林业生态工程营建与经营管理，困难立地造林，森林综合效益增强的理论与技术，林业生态工程改善土壤、改善小气候和森林水文等生态效益的作用机制；林业生态工程区域效益与环境评价理论、方法、指标体系；林业生态工程区域资源与环境的动态监测网络系统开发；林业生态工程区域空间信息管理系统开发；林业生态工程的功能效益评价指标体系与评价预测系统等方面取得了重要的进展和突破。

（三）荒漠化生态修复机制与过程

面向荒漠化防治和防沙治沙工程，主攻荒漠化地区土地资源、水资源和植被资源的优化利用，在防沙运动规律，荒漠化动态过程及其时空动态规律，荒漠化形成的动力学机制，荒漠化土地植被恢复与重建机制，荒漠化监测、预警、灾害评估等指标体系与理论，荒漠化防治工程规划与环境影响评价，荒漠化地区集水、节水、改水利用理论与配套技术，优良经济植物设施栽培技术，不同类型荒漠化综合治理的可持续经营技术模式等研究领域均取得了重要的进展和突破。

七、林业生物质材料研究发展迅猛

林业生物质材料是具有广阔发展前景的新材料之一，我国在该领域的研究发展很快。

首先在木材构造、性质、加工利用、保护、改性及测试和研究方法等方面都取得了很大成绩。例如，建立、完善了木材解剖的基本理论，识别分类我国重要木材树种，建立和完善我国重要商品材的宏观、微观和超微观结构特征数据库系统；物理特性与干燥基础研究方面，研究了木材性质与营林培育和加工利用关系、木材—流体关系和木材干燥特性改良等核心基础理论；在木材细胞壁力学性能表征体系构建及应用方面，有关理论应用于活立木材性的早期预测，并对纸浆造纸领域的研究有直接的促进作用；木材阻燃抑烟基础理论等研究方向成果众多并处于国际先进行列，生物质-聚合物复合材料和环保性人造板研究方向形成了具有中国特色的系列成果，并在国际上占有一席之地。

林产化学研究领域，在生物质液化制造高分子材料和生物质液体燃料方向，已建立我国相关基础理论体系，并取得一系列独特成果；在生物质材料与化学品方向，基础理论关键性突破，促进聚羟基丁酸酯、聚乳酸、生物质柴油联产聚酯多元醇等系列化工产品以及淀粉基聚合物等产品形成一定的产业化规模，填补了松香、松节油等松脂资源合成耐候性、水性化特种环氧树脂及其复合材料的国内空白；在生物质提取物化学方向，围绕我国林产植物资源生物活性物质的活性功能与利用理论研究，在五倍子单宁、银杏提取物等方面获得国际性影响。

八、存在的主要问题

（一）森林资源短缺是制约林业发展的瓶颈

我国森林资源总量不足，质量不高，不能满足国家经济社会发展的需求。据 2009 年 11 月公布的第七次全国森林资源调查结果，全国森林面积 1.95 亿公顷，森林覆盖率 20.36%，活立木总蓄积 149.13 亿立方米，森林蓄积 137.21 亿立方米。我国森林总面积不到世界森林总面积的 5%，森林每公顷蓄积量仅约 70.36 立方米。随着人们生活水平的提高木材需求量增加很快。到 2015 年，中国森林资源消耗水平将达到每年 6.5 亿立方米。森林的数量和质量均难以满足我国占世界 22%的人口生产发展和生态安全的双重需求。

（二）造林良种化率低

我国造林良种化与林业发达国家的差距有进一步拉大的趋势，其表现在：国外在木本植物的基因组学及涉及休眠过程、木材形成过程的基因调控、重要性状的基因定位等方面均取得了重大进展，而我国只有一些零散的跟踪研究；林业发达国家造林的良种利用率几乎达到 100%，而我国尚不足 30%；国外一些重要针叶树种遗传改良已由利用自由授粉种子进入双亲控制授粉种子时期，遗传增益达 30%以上，而我国大多为遗传改良程度较低的初级种子园甚至母树林采种；国外在林木无性系选育配套技术方面进展迅速，甚至利用优良家系扦插或体胚培养实现辐射松、火炬松等树种进行无性系造林，而我国在无性繁殖困难树种的无性系规模造林方面尚有较大的差距，营养繁殖机制研究有待加强，扦插技术研究需要细化，体胚培养技术有待实质性突破。

（三）森林生物灾害控制研究滞后

以往研究侧重应用技术开发，基础研究十分薄弱，在整体上处于点状和间断的状态，明显落后于国际水平，也明显落后于农业病虫灾害的研究。主要体现在：重大基础研究的课题支撑少，至今尚无独立的“973”项目，仅有 8 项国家自然科学基金重点项目，在具体研究和实践上，大都孤立地局限于一种或几种有害生物为对象，如研究对象主要局限于松材线虫和松毛虫，生态因子调控作用未能充分发挥，有关森林病虫灾害控制原理和技术的基础研究工作仍很薄弱。

（四）缺乏与林木研究特点相配套的长效科研资助机制

许多研究因得不到长期的支持而中断。例如，基因库和试验林因缺乏经费而难以维持，研究缺乏继承性和持续性，导致科研资源浪费严重；常规育种受生物技术的冲击较大，科研资助导向加剧了常规育种研究的萎缩，限制了林木育种的可持续发展。

第四节　学科发展布局

林学是一门应用学科，随着我国社会经济发展和科学技术的进步，林学及其分支学科发展很快，社会对林学的需求也发生了根本变化。林学学科的战略布局应与其战略地位相适应，通过科技创新，建立和完善现代林业新的理论体系和技术体系，为构建三大体系（生态体系、产业体系和文化体系）、提升三大功能（生态功能、产业功能和文化功能）做好支撑。

一、加强林学基础学科的研究和高新技术的应用

林学基础学科研究是林学科技发展的原动力，关系到林学科技创新能力和发展后劲的提高，是林业可持续发展的关键。在学科研究方面，针对国内外林学领域的重大科学问题，巩固和加强该学科已有的特色和优势学科领域，注重学科渗透和融合，不断开拓新的研究方向。主要是：木本植物生物质（细胞壁）组成、生长、分化、发育、次生代谢与木材形成；树木花器分化、开花、杂交、染色体加倍、多倍体发生与倍性育种的细胞与分子机制；生长、发育、分化、次生代谢与特定性状（速生、优质、抗逆等）形成相关的组学（基因组、蛋白质组、转录组、代谢组以及互作组）研究。

利用分子生物学方法研究林木性状变异特点、林木遗传基因图谱与数量性状基因定位，以了解和掌握林木遗传规律。通过分子育种和常规育种相结合的手段，实现林木在抗性、材性等优良性状的改良，为森林资源的快速增长提供优良的种质资源。从分子、细胞、个体、群体等不同层次和不同地理尺度研究森林生物与环境的关系，多角度、多学科、多层次探索林木、森林发生发展的科学问题，森林资源科学培育和保护问题，森林资源管理和信息化问题，以及森林可持续经营问题。

以深入研究树木抗逆、水分高效利用、速生和优质生长为主线，研究树木速生、抗逆、水分高效利用和优良材性性状形成过程中分子组学机制及其杂交和倍性的育种与生长发育调控机制。开展生物质能源形成与转化基础研究。

重点开展我国重要林木抗逆、水分高效利用的种质资源、基因资源收集、评价和鉴定；逆境（尤其是干旱）条件下乔木、灌木功能性状及其调控机制；综合生理、分子和生物地理学手段研究极端环境条件下林木功能性状的进化适应策略；研究个体、群落和区域水平的林木功能性状的尺度转换方法；结合过程模型就我国生态脆弱区植被对全球气候变化的响应进行预测和评估。

二、加强重点林业工程和产业关键科学技术研究

重点林业工程是我国林业的主体，林业工程科技发展对我国林业起到保障和引领作用。经过多个五年计划科技攻关（支撑）和其他项目实施，林业工程若干科学技术问题得到一定解决，但是随着新工程（如能源林、碳汇造林等）的开展和工程建设的进展，若干关键技术研究仍然需要启动、提高和突破。例如，短周期工业用材林和珍贵用材林、经济林、能源林等良种选育和高效栽培技术；植被恢复与重建技术，各类防护林的树种选择、空间配置及其效益监测评价技术；林产品高效加工利用中，创建拥有自主知识产权的新型木基复合材料制造成套技术及生产工艺，研发专用、多能复合新材料理论与技术研究。

三、加强符合林业特点的平台建设和条件建设

通过国家级平台建设，培养、引进一批在国际上有重大影响专家学者，承担国家级和行业重大科技项目，形成优势学科和学科群。

（一）加强实验室建设

国家林业部门自 1995 年以来建立了基本上涵盖了林学各分支学科的部（省）级重点实验室。经过 10 多年建设，形成了具有相当规模的学科专业科技队伍。在提高我国林业科技水平、推进林业发展中发挥了重要作用，取得了显著成效。但开放程度和创新程度有待提高。在未来 5～10 年内，在省部级重点实验室的基础上，建立好完善“流动、开放、竞争、协作”的运行机制，不断提高创新能力。同时，更新和完善仪器设备，改善试验条件。经过 5～10 年，建设若干个国家级重点实验室。

（二）加强科学技术研究基地建设

包括森林生态系统（与湿地生态）定位观测站网络建设、森林资源培育与经营技术定位观测网络体系建设和种质资源库建设等。自20世纪60年代以来，我国陆续建立起由35个定位观测站组成的长期陆地（含森林、湿地、荒漠）生态系统定位研究观测网络。同时，在重点生态工程区建立了近50个生态效益站。根据《国家林业局陆地生态系统定位观测网络建设中长期规划（2008—2020）》，到2020年将建立100个定位观测站，逐步形成森林、湿地、荒漠在内的完整的陆地生态系统观测网络。生态系统观测网络建设中还需要根据我国林业的特点，加强人工林生态系统和城市森林生态系统的观测。

生态系统定位监测的同时，还必须建立基于森林培育技术、森林经营技术的长期固定样地系统。为我国主要造林树种、主要林种、主要林分结构和关键培育技术的科学化、数量化、标准化提供依据，形成提高森林质量的技术保障体系。

在种质资源库建设方面，已初步建成10个种质资源库。全国林木良种基地保存了育种材料种质3.5万份，初步建立了林木种质资源库的技术体系和林木种质资源信息体系。收集登录了包括育种材料在内的种质信息5万余份，今后仍需继续扩大多树种种质资源的收集、保存和开发利用。特别是珍贵树种和灌木树种的收集、保存与利用。

（三）信息平台建设

以现代化信息技术手段，丰富的数字化、信息化资源，方便、快捷、高效的网络平台满足用户对学科多种信息资源需求。加大数据库开发力度，研究和建立可靠的林业科技信息保障体系，加快“网上数字图书馆”建设，实现部分馆藏文献全文数据库的数字化加工、存储和检索，为用户提供网络化、个性化服务。

（四）工程技术中心建设

在现有基础上建立一批涵盖林木良种繁育、花卉、工厂化育苗、森林药材与食品、木浆造纸、林业机械等领域的国家级和省部级林业工程研究中心。促进林业科技成果转化为具有自主知识产权的成套技术和工艺，推动产业化发展。

四、加强学科队伍建设

加强学科建设和条件建设，形成完善合理的学科体系，增强学科合力，培养创新型高层次复合人才，造就一批在国内外享有较高声誉的科学家和学术骨干。在我国林业建设主战场发挥重要的科技支撑作用，并扩大在国外林学界影响，增加国际学术界的话语权。

第五节　优先发展领域与重大交叉研究领域

一、优先发展领域

（一）林木生物组学研究

利用表型组学、基因组学、转录组学、蛋白质组学和代谢组学等组学基础理论和方法，从整体水平研究并揭示林木生物基因资源的调控机制，解决林业生产面临的生物学问题。国内外农业科学家在生物组学的研究方面取得了一系列高水平的研究成果，但多以一年生农作物为试验材料。林业科学家在杨树、火炬松等树种的基因组学，云杉的蛋白组学研究方面有所探索，对于多年生木本植物则还没有建立一套合适的生物学研究体系。林木作为重要的自然资源，在生态环境建设中有巨大的生态和社会效益，同时也是重要的工业原料，具有巨大的经济价值。因此，开展林木基因组学研究很重要。

主要科学问题：

1）我国重要林木抗逆、水分高效利用的种质资源、基因资源评价与鉴定技术方法；

2）林木优良种质分子设计、分子辅助育种、早期鉴定理论与技术；

3）树木高抗、高效水分利用、速生、优质生长与材性形成分子组学基础；

4）逆境条件下乔木、灌木功能性状及其环境和进化调控机制；

5）树木特有生物化学与分子生物学次生代谢过程基础科学；

6）森林生物质定向（资源与能源）调控代谢途径重构理论与技术。

（二）人工林种质创新与定向培育

我国是世界人工林面积最大的国家，但木材等工业原料供不应求，营造并经营好现有人工林是短期内解决供需矛盾的唯一有效措施。

主要科学问题：

1）林木种质资源的保存、评估和突变体库构建；

2）林木杂交育种基础及杂种优势形成机制；

3）林木多倍体诱导、评价及其利用；

4）短周期工业用材林、珍贵用材林、能源林和经济林等人工林的立地评价、良种选育与适应性评价；

5）森林结构的调控机制；

6）营造、抚育、改造、更新和营养管理等森林培育技术科学体系的构建。

（三）退化生态系统的发生机制与恢复策略

我国生态脆弱区总面积大，是我国主要的生态工程建设区。已经实施的林业六大工程对这些区域的治理初见成效，但由于地域范围广、治理难度大、科技支撑力度有限等原因，植被恢复重建任重而道远。

主要科学问题：

1）自然生境主要生态过程受损机制与评价；

2）典型森林生态系统结构和功能的长期动态变化规律、健康维护与经营技术；

3）典型区域森林生态系统的观测网络体系构建；

4）生态系统健康风险评估与预测预警技术体系；

5）自然生境生态过程修复中的理论与技术；

6）生态脆弱区土壤—水—植被—大气资源的关系与优化；

7）高效防护林体系建设理论与技术；

8）典型森林生态系统不同尺度物种多样性的起源与维持机制；

9）不同尺度下与森林生态系统功能相关的植物功能性状的变化规律。

（四）城市森林生态系统构建

随着城市化进程的加速加快和经济社会发展，环境恶化、污染加重等城市生态问题日益突出，对于城市森林的需求不断提高。

主要科学问题：

1）城市不同功能区森林结构、功能与营建；

2）城市森林的树种选择和空间配置的生态学、美学基础理论与培育机制；

3）城市森林的可持续经营理论等。

(五) 天然林保育与经营

我国天然林的面积和蓄积量分别占到全国森林总面积和总蓄积量的70%和90%，天然林也是我国最重要的物种资源库和江河的水源地，是我国极其重要的生态资源。我国实施了天然林保护工程以来，森林恢复取得显著成效。但是，仅仅停留在保护的层面上是远远不够的，建立天然林科学经营体系迫在眉睫。

主要科学问题：

1）天然林发生发展规律、类型划分的理论基础；

2）退化天然林的功能变化与恢复重建；

3）天然林多功能经营理论；

4）生态采伐与更新理论；

5）森林生物物种保护与开发利用的理论。

(六) 森林健康与森林可持续经营

森林健康、生态系统管理与森林可持续经营是现代森林经营管理的理念，森林经营管理必须适应林业建设从“以木材生产为中心”向“以发展森林资源的多功能作用为中心”的转变，实现森林资源的监测管理技术的现代化。虽然在信息采集处理、分析及模型模拟和优化决策方面应用了高新技术，但森林资源监测和经营管理的理论与技术仍有待加强研究。

主要科学问题：

1）森林可持续经营区划和规划的理论；

2）森林健康的标准与经营管理的机制；

3）森林生态系统经营理论基础；

4）森林多功能经营模式及其机制；

5）森林资源生态和环境综合监测、评价体系建设。

(七) 重大森林灾害的防控

鉴于我国每年的病虫鼠害的发生面积约800万公顷，外来有害植物发生面积1000万公顷以上，森林灾害还有加重的趋势，林业有害生物的防控形势严峻，实行强有力的科技支撑势在必行。

主要科学问题：

1）重大病虫害成灾与流行的生态学基础；

2）天然林生态系统自我调控病虫灾害的机制；

3）生态调控模式对人工林病虫害持续控制的机制；

4）外来有害生物的预防和控制。

（八）森林生物质材料科学

目前我国在木材资源化学与利用过程的研究和非木质资源化学与利用过程方面均开展了一系列研究。森林生物质材料科学领域，重点向生物基产品、生物质能源、生物质化学品和生物质提取物等方向发展。

主要科学问题：

1）生物质细胞壁结构与性质及其调控、生物高分子聚集态与流变学、生物质界面科学及其调控、生物质材料的分子切割与分子重组和生物质复合材料结构设计；

2）生物质替代石油资源产品的化学基础、生物质热化学转化基础、生物质定向催化气化理论、生物质材料绿色合成理论；

3）生物质生物转化和生物质化学品合成化学基础与过程研究；

4）林业生物质资源的活性成分高效利用、先进提取分离纯化技术理论，木本油脂的特色加工理论；

5）废弃木材、人造板、废纸等生物质资源高值利用和节能减排理论。

（九）林业对全球气候变化的响应

由于工业化对环境造成了严重污染和破坏，威胁着社会经济发展和人类的生存。森林作为陆地生态系统的主体，在全球环境保护方面具有不可替代的巨大功能和特殊地位。

主要科学问题：

1）森林对全球气候变化的调节作用；

2）森林对全球与区域环境变化的响应；

3）森林在环境污染治理中的功能与作用；

4）不同类型森林生态系统的碳循环；

5）树木与森林的耗水量与水资源的关系。

（十）新技术在林学中的应用

生物技术、信息技术和材料技术等高新技术对林学学科发展产生着重大而深远的影响。这些高新技术在我国林业中应用虽已初见成效，但是仍需加强。

主要科学问题：

1）生物技术在林木遗传育种中应用；

2）林业信息技术。

二、重大交叉研究领域

（一）森林资源监测评价

基于“3S”技术与生态学、林学等学科交叉研究的基础上的开发与应用。

主要科学问题：

1）森林资源清查，森林火灾、森林重大病虫害监测、评估和预警理论；

2）充分利用空间信息技术的森林资源与环境管理系统。

（二）森林质量提高理论

我国的林业研究从数量增加进入森林质量提升的阶段。我国森林质量不高的问题突出，事关林业全局，从立地学、遗传育种学、植物学、生态学等多学科的交叉进行全方位多角度的研究，是解决这一问题最为有效的途径。

主要科学问题：

1）林木分子生理和分子育种；

2）遗传材料生长、材质等经济性状变异规律；

3）光能、水分和养分吸收、运移和利用效率的生理、生态机制；

4）重要人工林高效和环境友好光、水、养集约管理技术基础研究；

5）种植结构和复种模式对能源植物群体光能利用率的影响；

6）逆境环境因子对能源植物生物产量形成的影响机制等；

7）森林培育过程中的病虫害、林火等灾害防治的森林保护问题。

第六节　国际合作与交流

我国林学学科要在国际林学界占有与社会主义大国、国家经济社会发展相适应的地位，需加强国际合作与交流。找准学科在国际林学界相应学科的定位，明确本学科的优势与弱点，制定发展方向和目标，是必要条件。

国际合作要由国际学术交流为主转变为以国际项目合作为主，学术交流、项目合作等多种形式相结合。通过各种渠道，在科研、教学和社会公益等方面争取更大的项目和更多的资金。要进一步巩固与美国、加拿大、英国、德国、芬兰、日本、韩国等林业发达国家的高等院校、科研所和国际组织的友好关系，进一步探索实质性合作；充分发挥我国在海外的毕业生和教师的作用，以各种方式邀请他们回国参与教学和科研工作，并在国际交流与合作中发挥其桥梁作用；积极利用国际友好关系，推动国内学者参与国际前沿科学研究和高层次人才培养的各种活动。派中青年教师或管理干部赴国外学习或合作研究，并通过各渠道邀请国际知名专家学者来校讲学或参加研究；鼓励学科成员在国际知名刊物上发表学术论文，争取更多的论文被国际著名检索期刊录用，扩大本学科在国际上的影响；积极吸引国外留学生来我国学习。

开展国际合作与交流的优先领域如下：

1）森林生态系统碳、氮、水长期连续定位观测的关键方法和技术，尺度转换技术。在熟练掌握和运用国际著名的碳、氮、水及其耦合模型的基础上，结合我国的实际情况，开发具有自主知识产权的碳、氮、水尺度转换模型。

2）紧密结合国际能源形势、环境状况与人口状况。研究重点为生物质能源次生代谢途径整合，逆境环境中高抗速生林木良种树种的选育、培养和优质木材产业化。

3）木本模式植物——杨树后基因组学时代的相关领域。国际杨树基因组计划在2006年已经完成测序任务，作为木本植物模式材料的杨树研究在国际上也进入了后基因组学时代。及时参与国际杨树研究的前沿领域是我国林木遗传育种提升国际知名度的必然选择。

4）林木生长、生殖发育过程中的基因及功能。林木材质及速生性状发育和开花发育的分子机制、药用植物次生代谢物质分子调控途径及关键功能的开发，一直是国际的热门研究领域，一些发达国家在这些方面已经取得了重要的成果。

5）培育或引进速生、高产、优质、抗逆性强的新品种。

6）针叶树遗传改良理论及技术。目前我国针叶树种遗传改良研究与世界发达国家差距较大。美国、加拿大、瑞典、澳大利亚等国家的针叶树遗传改良从传统的种子园到现代分子育种工作都有很深厚的技术和理论积累。参与国际合作是我国针叶树种育种工作缩小差距的捷径。

7）重大森林有害生物分类与种群遗传变异，有害生物与森林树木互作机制，信息素监测害虫等。研究内容将从防治技术逐步侧重于监测预警和控制基础理论方面，探索有害生物种群遗传变异、地理分布格局、流行的生态学过程以及生态调控机制的新思路方面。

8）公益林树种最佳抚育方法、合理林木分级标准、间伐木量化确定技术、抚育配套技术以及基于合理经营密度的抚育技术参数确定技术；构建人工公益林抚育效果与综合效益的评价与预测技术。

9）防护林、短周期工业原料林的持续经营模式。

10）森林经营标准、规程体系建设，中国森林认证体系建设。

11）采用“3S”技术并与传统方法相结合，从单因子的实验研究扩展到从点尺度、坡面尺度、景观尺度、流域尺度、区域尺度研究森林与水文、地质、地貌、气候、生态等的相互作用机制。

12）学习美国、法国、澳大利亚等发达国家，它们利用先进的空间技术及“3S”技术对非洲一些国家和地区的荒漠化土地进行了大尺度监测评价；学习以色列等国的荒漠化土地集约经营技术和管理制度。

13）土壤侵蚀与地表过程，生态水文过程机制，植被力学过程与机制，荒漠化土地退化过程及驱动机制，退化系统生态修复与重建机制。

14）新型林业生物质能源和生物质-聚合物复合材料研究，内容也将主要从制造工艺逐步侧重于加工装备和新技术基础理论方面。合作目标将是在生物质能源、生物质材料和生物质化学品等林业资源高效加工利用基础理论方面。

第七节　保障措施与建议

（一）对林学学科支撑倾斜

建议在重点实验室布局、研究团队建设、重点装备引进和国际合作等方面给予林学领域适当倾斜。其依据是：林木生长周期长，研究基础弱，但可整体回报社会与环境等。

（二）加强装备建设

未来的重要基础研究将在很大程度上依赖于材料和装备，建议将对林学学科的支持重点逐步过渡到大型开放共享装备平台的建设、维持与运行，并加大对稳定团队与稳定研究方向的支持。

（三）加快林学国家重点实验室建设

整合“国家重点学科”、“211”工程和“985”创新平台等优势资源，进一步加强学科团队的建设，尽快完成国家重点实验室科研平台的组建与申报，改变林学长期以来没有国家重点实验室的局面，促进林学优势学科的发展，提高林学学科国际竞争力。

（四）建立长期资助机制

鉴于林学研究具有实践性、继承性、长期性的特点，建议在林学领域中资助设立长周期相对稳定的研究项目、建立稳定的研究基地和定位观测站点。并把长期、连续定位观测工作从单一生态站点逐渐扩展到景观单元、区域和全国尺度。

（五）加强学科团队建设

采取培养与引进相结合、重点培养提高的方式，加强学术梯队建设，特别是学术带头人队伍的建设，注重发现和培养一批战略科学家、科技管理专家；进行学科交叉培养，建立多学科融合的创新团队；提高基础研究团队的支持强度，增加国家自然科学基金滚动支持的比重，以稳定骨干基础研究队伍。同时，加大探索性课题的支持力度，对研究尚处于起步阶段的青年研究人员给予政策性扶持，从而形成一种创新研究和人才培养相互促进的长效机制，培育学科生长点。

（六）支持重点学科和研究平台

重点支持并充分发挥现有国家重点学科和相关研究平台在国际交流、合作以及先进科研成果与技术引进方面的带动作用。

（七）保障国际交流合作

从制度保障和经费支持方面，促进广泛开展多层次的国内外学术交流合作，努力争取多边和双边国际科技合作项目和国际科技交流项目，创造并增加学科参与国内外重要学术活动的机会。

（八）完善管理体系

完善科技项目立项、监管制度，建立符合林学特点的科研评价机制，着重对林学研究方向和发展潜力的评价，逐步形成与林学具有的前瞻性、长期性等研究特点相适应的评价体系，纠正盲目跟踪研究热点的倾向，激励开展原创性研究工作。

◇参考文献◇

谷瑞升，于振良，杜生明. 2005. 我国林学基础研究及其发展. 林业科学，41（6）：201～205

国务院. 2003-06-25. 关于加强林业发展的决定. http：//www. ah. gov. cn/zcfg/showcontent. asp? newsid＝250

林业部科技司. 1994. 中国森林生态系统定位研究. 哈尔滨：东北林业大学出版社

沈国舫. 2000. 中国森林资源与可持续发展. 南宁：广西科学技术出版社

中国林学会. 2007. 2006～2007 林业科学学科发展报告. 北京：中国科学技术出版社

中国林业可持续发展战略研究组. 2003. 中国林业可持续发展战略研究. 北京：中国林业出版社

第七章

畜 牧 学

畜牧学是研究与畜牧生产有关理论和技术的科学，是促进畜牧业发展的基础，涉及农业动物和经济动物的遗传育种、繁殖、饲料营养、饲养管理、草地与饲料生产、环境卫生、畜产品加工等学科内容。畜牧学科的发展为我国畜牧业健康、稳定和可持续发展提供了理论和技术支撑，对国民经济以及社会发展有着极为重要的作用，同时还促进了医学、生物学等其他学科的发展。

第一节 战略地位

畜牧业是农业的重要组成部分，并已成为现代农业的支柱产业之一。畜牧科学研究发展在提供动物性蛋白食品、改善居民饮食结构、提高国民营养水平、缓解粮食压力、供给轻工原材料、控制公共卫生安全等方面发挥了至关重要的作用。我国是畜牧业生产大国，2008 年全国肉类总产量 7269 万吨，禽、蛋总产量 2638 万吨，居世界第一位。奶类总产量 3651 万吨，居世界第三位。人均占有量迅速增加，1978 年全国人均肉、蛋、奶占有量分别只有 8.9 千克、2.4 千克和 1.0 千克，到 2007 年人均占有量已分别达到 52.0 千克、19.0 千克和 27.5 千克，分别是 1978 年的 5.8 倍、7.9 倍和 27.5 倍。我国人均肉、蛋、奶的消费已经达到中等发达国家的水平。2007 年畜牧业总产值已超过 1.6 万亿元，占农业总产值的比重达到 33%。畜牧业已成为我国农村和国民经济中相对独立的一个大产业。全国从事畜牧业生产及相关产业的劳动力总数约达 1.3 亿人，在畜牧业发达地区，农民从事畜牧业生产所得的现金收入已占到整个农业生产现金收入的 50%左右。畜牧业对促进农民增收和社会主义新农村建设的效果十分显著，已成为农民脱贫致富的重要渠道。同时，我国还是世界养蚕中心和世界第一养蜂大国，蚕、蜂产品总产值分别为 1500 亿元和 80 多亿元，其中茧丝产量和出口量分别占世界总额的 70%和 80%以上，年创汇超过 50 亿美元，是在国际市场上处于绝对优势的特色产业。

农业和粮食安全问题始终是国家的头等大事。我国畜牧业已经初步摆脱了畜产品严重短缺的时代，畜牧业的战略地位和作用也发生了根本性的转变。在加速粮食转化、扩大农村就业、增加农民收入、带动种植业和相关产业发展及振兴农村经济等方面，畜牧业都起到了不可替代的作用。尽管如此，我国畜牧业仍未摆脱传统落后的局面，品种不优、育种技术落后、育种效率不高、饲料报酬低、管理水平低下、环境污染严重、草地退化加剧等问题依然是制约我国畜牧业发展的关键因素。随着人口快速增长、工业化程度逐渐提高，可耕土地面积、可供畜禽饲养的草场草地面积却在不断减少，我国畜牧业的发展依然落后于国民人口增长及人们消费的需求。以动物性食品来源的蛋白质摄入量为例，2002 年我国人均动物性蛋白食物消费量为 38.55 千克，如果在 21 世纪中期我国人均占有量要达到发达国家现在的水平（80～90 千克），那么我国每年必须生产 1.6 亿吨肉，是我国目前年度肉生产总量的 2.2 倍。因此，从当前形势和发展趋势判断，我国食物安全的本质将是动物生产的安全和饲草安全。包括草业科学在内的畜牧科学将为优异畜禽品种培育，畜禽及其产品安全、高效生产提供基础理论和决策依据。

当前，我国畜牧业正处于从传统畜牧业向现代畜牧业转型的关键时期，迫切需要新的技术和基础理论。畜牧学科的跨越式发展所带来新技术、新理论和新方法是现代畜牧业成功转型的基础。因此，畜牧学发展布局和优先领域选择是当前急需解决的战略问题。

第二节　发展规律与发展态势

畜牧学是生命科学的重要组成部分，是一门应用性和技术性较强的应用基础学科，决定了该学科以现代养殖业发展过程中出现的重大战略需求为动力的发展规律。现代生命科学与技术迅速发展，极大地推动了畜牧学的发展，学科研究的对象和内容也不断得到拓展和深入。畜牧学科研究已经逐渐从个体、群体水平转向微观探索，分子生物学方法和技术已成为畜牧学科的常规研究方法和技术之一。以分子遗传学、分子数量遗传学、分子营养学、分子免疫学等研究为代表，取得了一批重要的理论研究进展。这些学科的发展又进一步催生了畜牧业所需新方法和技术（如标记辅助选择技术）的产生和应用，极大地推动了畜牧业科技水平的提高。

然而，畜牧学研究对象和研究内容的复杂性特点决定了还原论的研究手段不能解决畜牧生产的诸多问题，因此，准确把握微观和宏观的统一、还原论和整体论的结合等当代科学发展前沿主要特征，从整体论角度思考畜牧学研究内容是当前学科发展的重要趋势。目前，以整体论为指导的生命组学（如结构基因组学、功能基因组学、比较基因组学、转录组学、蛋白质组学、代谢组学和表型组学等）原理、方法已全面影响畜牧科学的基础研究。以高通量技术为基础的系统生物学方法正逐渐成为畜牧学领域重要研究手段和工具。从生态水平、群体水平、个体水平、细胞水平到分子水平，在继续沿用传统研究手段和方法的同时，通过引入和发展新研究方法和技术，从多层次、多角度研究家养动物各种生命过程和生物学规律，已经成为畜牧学研究的重要特点。由于以“组学”为研究内容的系统生物学对硬件平台要求很高，对硬件平台的依赖增强也成为畜牧学研究的重要特点。

随着研究的深入，畜牧学已由单一学科研究向多学科相互渗透与融合的方向发展。当前，畜牧学与其他基础学科和应用学科交叉融合，科学和技术完美结合，促进了畜牧学跨学科领域的形成和自主创新能力的提升，推动了多学科多领域的协调发展。多学科交叉和融合构成了该学科领域另一个重要的研究特点。畜牧学的进展突出表现在以下几个方面。

一、对种质资源基因的高度重视，拥有自主知识产权的基因是新品种培育和产业化的核心

动物基因资源是动物遗传多样性中对人类具有现实和潜在价值基因的总和，它们是生物多样性的物质体现，是人类赖以生存的物质基础。多样性动物资源为人类的生存提供了必需的食物、药品、工业原材料和能源。动物资源可以科学地管理和保护，也可以被消耗或补充。动物资源有效利用是人类社会可持续发展的基础。世界各国已经将生物资源作为国家发展的重要战略资源，纳入国家可持续发展战略，国际社会已经形成了抢占生物资源的激烈竞争。

按照有关国际公约以及知识产权法规，蕴涵于生物资源中的基因才有知识产权。1972年以来，美国、英国等国家先后从我国引入了太湖猪部分类群。利用这一特殊材料，不仅发现了控制猪产仔数的主效基因——ESR基因，而且申请了专利，获得了基因知识产权。种猪改良有限公司（PIC公司）充分利用这一专利成果，并结合基因聚合育种技术、分子标记辅助选择和基因导入技术，使种猪产仔数在较短时间内大幅度提高，并返销中国。自20世纪90年代以来，千方百计获得尽可能多的“基因专利”，已成为发达国家及其跨国公司意欲称霸世界的又一种集中表现。我国拥有极其丰富的生物资源，只有把生物资源优势转变为基因资源优势，才能应对基因竞争白热化的“残酷”局面。

在国家自然科学基金委员会和"863"计划的支持下，我国动物分子育种技术的研究取得了一大批国际公认的成绩。我国科学家在中国猪高产仔数基因、高温应激综合征基因、肉质基因、脂肪蓄积基因，牛的"双肌"基因、高产奶量基因、流产基因、奶蛋白量基因，鸡矮小基因、快慢羽基因、白血病抗性基因等方面，都已发明了相应的DNA标记或基因标记技术，多数还获得了自主的知识产权。但是，与发达国家相比仍然存在很大差距，我国还需加大科技投入力度，大规模开展基因发掘工作，抢占基因资源制高点，获得更多具有知识产权的基因标记专利，并采取有效措施提高科技转化效率，促进动物新品种培育和改良。

二、农业动物育种、繁殖等高新技术的迅猛发展，极大地推动畜牧学科的快速发展

20世纪70年代以来，遗传工程发展使人们在改变畜禽性状上取得了更多的自由，它的深远影响为打破物种界限，克服远缘杂交的困难，为有计划地培育出高产、优质、抗逆等优良的畜禽品种提供了契机。

20世纪80年代末，人类基因组计划启动和成功完成推动了畜禽功能基因组学、结构基因组学以及比较基因组学和蛋白质组学的产生和蓬勃发展，为畜禽遗传改良奠定了遗传学基础。应用分子数量遗传学理论，采用分子技术、计算机技术和系统工程技术，挖掘和利用中国地方畜禽优良品质的主效基因，用标记辅助选择和辅助渗入等方法与常规育种相结合，培育出新型高产优质新品种（系）。

20世纪90年代末，随着家畜的"体外成熟-体外受精-胚胎体外培养及冷冻技术体系"的确立，在世界范围内进行规模化生产商业化奶牛和绵羊胚胎成为可能。

21世纪初，农业动物基因组、单倍体计划的实施，多个农业动物物种基因组测序的完成，SNP（single nucleotide polymorphism）芯片等大规模高通量SNP检测技术完善和成本降低，使得全基因组选择方法的应用成为可能。全基因组选择能够对所有遗传变异和遗传效应进行准确的检测和估计。在个体早期进行基因型检测而估计育种值，在不降低育种值估计准确性的前提下，缩短世代间隔，降低性能测定的成本，并提高遗传进展。

此外，转基因克隆的成功、标记辅助选择、分子育种新领域的开辟，标志着畜禽育种进入一个新的时代。利用动物全基因组标记信息结合生物信息学的系统，动物分子育种技术平台已经开始建立，并正在育种实践中进行完善。

三、从动物营养、遗传和环境的结合处着手研究营养素的消化吸收、生理代谢机制及其生物学功能，已成为动物营养学发展的新方向

饲料是畜牧业赖以持续、稳定发展的物质基础，饲料成本占整个畜牧业生产成本的70%左右。因此，动物营养与饲料科学发展水平直接关系到饲料工业和畜牧业的生产水平和可持续发展，在畜牧业乃至整个国民经济发展中起着十分重要的作用。

动物营养与饲料研究由粗到细、由浅入深、由表及里，正向着更深入、更全面和更系统的方向发展。从动物营养、遗传和环境结合处着手，将动物优良生产性状遗传潜能（内因）与营养和养殖环境（外因）相结合，针对动物营养代谢过程（采食、消化、吸收、转化、利用）、调控（环境、免疫调控等）和最终生成产品这一主线，采用多学科交叉结合开展研究，从分子、细胞、组织器官和整体不同层次系统研究揭示动物安全、优质、高效生产中营养代谢和调控的基本规律。建立饲料安全和高效利用的理论和方法，从根本上拓展动物营养学研究的内涵和外延，为建立现代动物营养学新体系奠定理论基础。其具体发展规律和研究特点主要体现在以下几方面。

1）宏观研究与微观研究的结合。一方面，传统领域饲料营养价值评定和营养需要量研究仍需要进一步深入开展；另一方面，分子生物学、基因组学、蛋白质组学、代谢组学、表观组学等新型学科领域进展正推动着分子营养研究。

2）动物对饲料中营养成分的代谢、吸收及其调控机制。动物营养需要量的精确化、科学化与动态化仍将是动物营养学与饲料学研究的重要组成部分。

3）伴随着畜禽基因组信息的成功解析，国际上动物营养学家试图在更深入了解畜禽基因背景和动物自身营养生理调节机制的基础上，对畜禽生产过程（繁育、生长和产品品质形成等）进行准确调控，以及在此基础上建立新的畜禽营养需要标准。

4）营养素体内的代谢物代表了机体营养供给与代谢状况，也反映营养、环境和个体之间的互作效应。通过目前日益成熟的代谢组学技术对营养参数引起的代谢应答进行分类、判别和预测，正逐渐成为营养需求量制定、营养评价与推荐、生物安全评价与营养素代谢机制研究等领域重要的技术手段。

四、畜禽养殖对环境的破坏、环境对畜牧和草地的影响日益受到关注，畜牧和草地的可持续发展对畜牧学科提出了新的要求

畜禽环境学是研究畜禽的生长发育与环境因素之间相互作用关系的科学。畜禽环境学科主要包括畜禽的逆境生理、逆境行为、环境应激、环境健康、畜禽规模化养殖的社群关系、畜禽与设施设备构成的空间环境关系等。畜禽环境学不仅影响现代畜禽优良遗传潜力的发挥程度和饲料营养的转化效率，也影响畜禽自身的抗病能力水平，是与现代畜牧业密切相关的重要交叉学科。

随着全球气候变暖问题的日益严峻，控制温室气体排放成了重中之重，而畜禽养殖业是农业温室气体重要源头之一。自改革开放以来，我国畜禽养殖业飞速发展，生猪、家禽养殖数量居世界首位，奶牛、肉牛和羊等反刍动物饲养量也居世界前列，因此动物及动物粪污温室气体产生排放不容小视。另外，由于全球气候变化，草地生境因子也随之改变，使得草地植物种群呈现出明显不同的分布格局，其相对丰富度也发生显著变化，导致草地植物组成和产量形成机制等随之发生相应变化，进而对整个群落演替过程和区域生态发展产生深远影响。

五、从系统生物学的角度阐述农业动物和牧草重要经济性状形成的分子机制已成为畜牧学科的前沿领域

绝大多数农业动物和牧草重要经济性状均为受多个基因和环境共同作用的数量性状，控制这些复杂性状的遗传体系包括基因主效应、基因间互作效应（上位效应）以及基因与环境的互作效应，上位效应以及基因与环境互作对复杂性状的影响要比对简单遗传性状的影响更为重要。因此除进行主效基因的分离和定位外，仍有更多的基因和它们之间的相互作用机制有待深入挖掘。

除了基因序列外，另有一些因素如DNA甲基化修饰、组蛋白的各种修饰等影响着基因的表达，也即基因的表观遗传，这些因素所起的作用往往因环境、个体的差异而各不相同。表观遗传导致同一个细胞内等位基因发生了功能上的差异，进而决定了畜禽个体的发育和各表型性状的形成。

传统的研究手段已难以解析这些性状的形成机制，亟须从系统生物学角度，运用数学、物理学和工程学手段，研究基因表达调控网络，从而更好地理解其

生物学过程。进而鉴定和利用重要功能基因、基因网络、生化通路以及生物系统来提高农业动物生产力或品质。

第三节　研究现状和研究动态

一、畜牧学科领域的研究现状和发展趋势

畜牧学前沿领域呈现出以分子水平为主，细胞、个体、群体和生态水平相结合的总体研究格局。随着鸡、牛、马、文昌鱼、家蚕以及猪等农业动物基因组测序的完成，在综合性和专门化网络数据库中已积累了海量的基因组数据。利用比较基因组学、基因差异表达或QTL定位等技术进行农业动物重要经济性状新基因分离、克隆与功能鉴定仍是现阶段及今后一段时期内重要研究内容。分子数量遗传学、分子营养学、分子免疫学、牧草分子生物学等分支学科的出现和发展有力地促进了从分子水平研究畜牧业、水产业和草业中的科学问题。随着动物结构基因组学的发展，牛、猪、鸡基因组SNP芯片相继出现并投入使用，引出了全基因组关联分析与基因组选择等新研究内容。目前，现代生物技术如生物芯片技术、RNAi（RNA interference）技术、转基因技术、克隆技术与ES（embryonic stem cell）/iPS（induced pluripotent stem cell）技术，以及纳米技术、量子点技术、GPS技术、人工智能技术等已开始在该领域得到初步或愈来愈深入的应用；以高通量技术为代表的新兴生物技术为探索农业动物基因功能和性状发育机制提供了重要工具。此外，从功能基因组学角度研究重要农业动物的生物学性状和生命活动调控规律正在成为当前重要研究热点，这些研究包括：畜产品产量、品质营养调控及遗传调控的基因组学；畜禽抗病基因组学；涵盖生殖调控机制和繁殖生物技术的生殖基因组学；以不同生理、病理状态下营养素吸收、利用与代谢的基因表达调控为重要研究内容的营养基因组学；与反刍动物养殖业相关的草场生态基因组学；畜禽粪尿污染物处理的微生物组学等。最近，畜禽miRNA组学正在成为新的研究热点。畜禽基因组中不同类型非编码RNA的鉴定及其参与骨骼肌生长发育、脂肪沉积、毛囊发生发育、激素分泌、免疫应答、营养素代谢等生物学过程的调控机制正受到人们越来越多的关注。在对分子信息的利用层次上，动物表观基因组、蛋白质组和代谢组的研究逐渐引起人们的重视。通过系统生物学思想和手段整合不同层次的分子信息，探索畜禽生长、发育、繁殖、营养、代谢、免疫、抗逆等生命过程及其相互关系的分子调控机制已初见端倪，并可预期为新的发展趋势。

二、畜牧学科研究资助现状和取得的成就与差距

长期以来，国家自然科学基金委员会通过重点项目、面上项目、地区基金、地区联合基金、国际合作项目、人才项目等形式对畜牧学科进行了较高强度的资助。近年来，国家自然科学基金重点资助的研究内容主要包括：农业动物重要经济性状分子遗传与基因组学基础；猪、鸡分子营养学与重要营养素的营养生理及其基因表达调控研究；地方畜禽品种与特种经济动物种质基因组研究；畜禽生物学性状发育与生命过程调控的表观遗传学机制；畜禽消化道微生态与营养调控的微生物组学研究；动物繁殖生理与繁殖新技术研究；新兴生物技术的发展与应用；畜禽排泄污染物处理与环境控制的微生物基因组学与微生态学研究；我国特有的地方畜禽极端环境适应机制等。具体资助情况如下。

国家自然科学基金委员会生命科学部畜牧、兽医、水产和动物学科，自1997年以来共受理各类项目申请11 266项，占生命科学部各类项目申请的8.04%；共资助2298项，资助率20.40%，总经费60 885.11万元。其中，受理自由、青年、地区等面上项目10 053项，资助1934项，总经费36 768.2万元；受理重点项目262项，资助59项，总经费6593万元；受理国家杰出青年科学基金和海外合作研究基金305项，资助59项，经费5160万元。

国家自然科学基金委员会对畜牧学科的投入对学科发展起了巨大的推动作用。在国家自然科学基金的资助下，我国畜牧科学工作者取得了一系列较为重要的研究进展和成果，在国内一些重点研究单位构建一系列研究平台和材料库，先后在国内外高影响力刊物上发表了一批高水平文章，获得了多项国家级、省部级科技奖励，申请和授权了多项国家发明专利，为我国畜牧科学部分领域的基础研究和应用基础研究走向世界前沿起了重要促进作用。

（一）遗传育种领域

国内学者重点围绕猪、鸡、牛、羊等传统大宗畜禽品种的生长、胴体、肉质、毛皮、泌乳力、繁殖力、抗病力、抗逆性等重要经济性状和生物学性状基因组解析做了大量卓有成效的工作。迄今为止，已定位了一批影响重要经济性状的QTL，分离、克隆和验证了包括FSH-β亚基基因在内的多个控制重要经济性状的主基因、候选基因和实用化的分子标记；构建了部分畜禽的遗传连锁图谱；建立不同遗传背景、不同生长发育时期、不同营养成分和不同内外界环境诱导下的基因表达谱；获得了多个畜禽经济性状的遗传参数。这些研究成果极大地促进了对畜禽生长发育、繁殖、胴体、肉质、适应性和抗病性等性状遗传

机制，以及对畜产品产量和品质控制基因或基因网络的理解，为畜禽新品种（系）的培育、我国现代养殖业的可持续发展奠定了坚实的基础。

（二）动物营养领域

研究主要涵盖畜禽能量代谢规律，氨基酸（蛋白质）、脂肪酸（脂类）与微量元素营养循环，营养素对畜禽生长、抗病、免疫、妊娠等特殊生理状态或生理事件的基因表达调控；基因、环境与营养互作对畜禽产量和品质性状的影响及其调控；植物抗原蛋白致敏机制，饲料毒理与安全，饲料生物学效价和风险性评估；反刍动物乳蛋白合成机制和营养调控，草食动物消化道微生物营养调控，以及动物胃肠道结构与功能的发育规律及其基因表达调控等。目前，已在猪、鸡肌肉发育与脂肪沉积，反刍动物肠道微生物组学，母体营养代谢程序化，生物活性物质调控机制方面取得了重要进展，这些研究为建立不同生理、病理、免疫状态下的畜禽营养需要标准提供了重要的理论依据。并且为通过饲料加工工艺与营养学的结合，合理制订畜群甚至个体特异性的营养方案，从而为实现高产、高效、环保的目标打下了基础。

（三）特种经济动物领域

以蚕、蜂为主要代表，重点开展的研究主要包括蚕、蜂基因组学研究，如基因组序列测定、新基因（如 miRNA 基因）挖掘与功能分析、突变体鉴定与筛选、性别调控机制等；变态、蜕皮等特有生命过程的生物学调控；蚕、蜂等特种经济动物的种群遗传结构与维持、遗传多样性与系统进化、宿主与寄生虫的共进化、基因组人工驯化适应机制，以及特有种质保种与利用；蜜蜂社会化行为模式与调控、外激素的行为调控功能；特种经济动物营养代谢机制、疾病的发生机制与流行病学等。特种经济动物研究取得了以家蚕基因组测序结果为代表的一批产生了较大影响的研究成果，为我国特种养殖业的发展提供了重要的理论支撑。

（四）动物繁殖学领域

先后开展了家畜生殖内分泌激素测定，生殖激素基因免疫、作用机制以及临床应用研究；家畜生殖激素基因及其受体基因的表达调控机制研究；性腺发育、初情期启动、配子发生、卵泡招募、性别决定、胚胎着床、妊娠识别、胚胎发育、妊娠维持与分娩等生殖生理病理的分子调控机制研究；发展、优化和应用卵母细胞体外成熟培养（*in vitro* maturation of oocyte，IVM）、体外受精（*in vitro* fertilization，IVF）、性别控制、胚胎工程技术等人为干预生殖过程的繁殖生物技术研究；大型家畜繁殖障碍发生机制研究；从免疫学、内分泌学、分子生物学、细胞生物学、基因组学等角度研究动物胚胎发育的机制等。国内学者在动物繁殖学领域取得的研究成果有力地促进了我国畜牧业的发展。

（五）生物技术领域

先后开展了胚胎工程、转基因、体细胞克隆与继代克隆、生物反应器、胚胎干细胞等方面研究。克隆牛、绵羊、山羊、猪、水牛相继成功，在家畜干细胞系的建立、干细胞多能性与潜能性的基因调控、克隆动物异常发育的调控机制等方面也取得了重要研究进展。这些研究为其他科学问题的解决提供了重要技术平台并创造了研究材料，有力地促进了动物育种、医学的发展。

（六）草业科学领域

在草业科学前沿领域的宏观探索方面，我国与国际基本是同步进行并得到国际认同，提出了草地农业生态系统四个生产层的理论、界面论、系统耦合与系统相悖的理论；阐明了不同生产层间通过物流和能流的耦合机制；明晰了主要生态区域的系统耦合的模式及其发生机制；评价了草业科学框架内三个界面过程的系统耦合效应。

我国学者构建了以 CVOR（condition，vigor，organization and resilience）为核心的草地健康评价体系，建立了测算模型，实现了草地健康评价从定性到定量的跨越，发展了草地遥感监测的基础理论，综合顺序分类法与信息技术结合，建立了草地农业专家系统，并构建了草畜平衡数字化平台，为全球变化提供在草原生态系统响应的发生学依据。开展了草类植物育种与种质资源评价，应用分子生物学技术，克隆了部分草类植物的抗逆基因，并对其功能进行了鉴别。

近年来，我国畜牧学有了长足的发展，但与发达国家相比，质量上仍存在较大差距。主要表现为基础设施薄弱、生产效率低、数量多但质量差，并存在安全隐患。这种差异的根本原因之一是畜牧科学技术仍不够发达，关键技术自给率低，自主创新能力不强。

解决畜牧学科发展中存在的问题需要加大基础研究的强度来作为技术支撑，“十五”期间畜牧、兽医和水产学科资助各类项目 920 项，经费 23 736.12 万元，分别占生命科学部的 6.21%和 6.6%，其中，重点项目 25 项，占生命科学部的 8.17%；经费 3510 万元，占生命科学部的 8.17%。从上述经费可以看出，尽管

“十五”期间项目数和经费投入有所提升，但与国家实际需求相比有些偏低。应加强对这一领域的支持，进一步完善资助格局。

1）加大向畜牧学科的政策倾斜，建议大幅度增加资助额度。国家自然科学基金要成为畜牧学科发展的原动力，实现用基金资助的形式对畜牧学科科研方向进行宏观指导和调控。

2）从我国的国情和畜牧学科偏重应用性的特点出发，加大资助，用基金资助的方式扭转其专业结构不适应、重大应用性研究滞后的局面，学习美国国立卫生研究院的资助模式，设立专题连续性基金，用于研究重要经济性状形成的遗传机制等。对需要长期定位研究的草业课题，设立3×3模式，长期连续资助。

3）目前我国草业科学在国家自然科学基金委员会所设置的学科中，仍然隶属于畜牧学下属的二级学科，与其他二级学科相比，国家自然科学基金对草业科学的资助力度总体较低，这与草业科学在国家发展战略中的地位不匹配，也与国家高校专业设置不一致。建议在条件成熟时，将草业科学提升为一级学科。

三、我国畜牧学科人才队伍发展、建设现状与不足之处

国家自然科学基金在国家基础研究人才队伍建设方面发挥了十分重要的作用。长期以来，国家自然科学基金十分注重我国畜牧科学领域的人才队伍发展和建设问题。近十年来，国家自然科学基金委员会通过国家杰出青年科学基金、面上项目以及青年科学基金等资助了一批业绩突出的中青年学者。通过这些措施，国家自然科学基金在人才队伍发展和建设上取得了明显成效，一些领军型人才迅速成长起来。目前，我国畜牧学科已基本上形成了在吴常信、旭日干、张子仪、向仲怀、熊远著、任继周、刘守仁、李宁、南志标等院士领衔下，以长江学者和国家杰出青年科学基金获得者、一批中青年专家学者为学术骨干，大批青年博士为后备梯队的研究队伍，并取得了一大批产生了广泛影响的重要研究成果。另外，我国畜牧科学领域的人才队伍发展和建设也面临着一些问题。近年来，我国包括畜牧学科在内的基础研究人才队伍和学术资源有向北京和华东等经济发达地区过分集中的发展趋势，呈现出明显的地区不平衡特点，这与科学研究水平高的西方国家人才和学术资源呈相对均衡、合理分布的情况有明显的差别。此外，少数弱势二级、三级学科的基础研究相对薄弱，人才相对匮乏，有广泛影响力的高水平学者不多，整体研究实力偏弱。尽管国家自然科学基金委员会通过地区基金、地区联合基金对偏远地区给予了一定的倾斜和优惠，为经济相对落后和位置偏远地区的人才培养和维持发挥了重要的促进作用，但我国畜牧学科人才队伍发展和建设面临的学科、区域严重不平衡问题仍亟待解决。

第四节　学科发展布局

一、总体发展战略布局

以国家层面上历史形成的研究分布为基础，向与符合我国畜牧业区域发展格局和现代养殖业可持续发展需求更加适应、更加科学的创新布局转变。在畜牧科学研究队伍整体实力和创新能力较强的北京和华中、华东、西南、华南等地区，重点部署与畜牧业结构升级所需理论和技术支撑的重要基础研究，以及代表我国畜牧业研究水平的前沿科学研究，以此全面辐射、带动我国整体研究水平的提升。在西藏、云南、江苏等地方畜禽品种资源丰富和拥有畜禽资源库的地区，适当辅以省际、地区间合作，重点部署地方遗传资源评价与开发利用，以及改造、升级当地、周边传统养殖业的相关研究。在动物营养、饲料加工的基础研究领域，今后一段时间内的发展布局将以北京和西南、华东等地区为火车头牵引全国其他地区发展为主，在饲料加工工艺等偏向于技术层面的研究布局上，仍坚持以国家工程技术研究中心、大中型饲料生产企业为主，高校和研究所为辅的主体发展格局。在西部、华北地区重点部署反刍动物养殖业相关研究；以西南、华东等传统上蜂、蚕研究强势区域影响、带动全国特种经济动物的基础研究。在研究领域的学科布局上，历史上形成的以动物遗传育种、动物营养、家畜繁殖、特种经济动物等为强势学科的宏观分布格局在较长时间内仍不会有大的改变，今后鼓励二级、三级学科研究内容之间的交叉创新，并以此带动其他弱势学科基础研究的发展，如通过遗传育种学与畜禽行为学交叉从而带动畜禽行为学的快速发展。此外，在畜种的研究布局方面，以猪、鸡等与国计民生密切相关的大宗畜禽为重点，全面带动奶牛、肉牛、绵羊、山羊和特种经济动物等其他物种的研究，同时适度注重全面、均衡发展。在原则上，因基础研究具有不可预测性，应在公平、公正的基础上不分区域对所有可能取得较大突破的研究给予同等资助机会。

二、学科发展战略布局和重点发展方向

针对各学科领域发展规律和研究特点，依据我国国情，形成切实可行的发展布局规划。总体上说，畜牧学基础研究要围绕“保证使我国在未来 10～20 年

逐步成为世界农业基础科学创新与农业高新技术创新研究方面的先进国家”的目标而开展，以生产实践中的关键问题为切入点，将中、西方哲学思想有机地结合起来，充分发挥聪明才智，揭示自然界的规律，创立具有自主知识产权的理论和技术，推动我国畜牧学科的发展。同时，在布局规划上鼓励交叉学科和跨学科研究，通过不同学科或研究领域的思想融合，形成源头创新的基础理论。

（一）农业动物、草地种质资源基因挖掘及利用

充分发挥我国农业动物、草地种质资源优势，面向健康、农业、环保、能源和材料等领域的重大需求，建设我国农业动物、草地资源保护与利用、科学研究与技术的创新平台。为我国农业动物、草地种质资源健康发展不断提供资源、新技术与新方法，形成资源种质创新与知识创新体系、技术创新体系、知识传播体系和应用体系，实现研究与生产紧密结合，通过知识产权对我国农业动物、草地资源实施保护和垄断，形成我国独立自主的基因产业。重点开展农业动物、草地种质资源发掘、保存以及创新战略性、关键性的重大核心技术研究；发掘和利用关键功能基因；创新优异农业动物、草地遗传资源；建立其基因资源新型、安全的保存方法和技术体系。大力建设和发展遗传资源领域的新兴学科、交叉学科，丰富本学科内涵，拓展学科外延，促进学科发展。

（二）农业动物、牧草重要经济性状形成的遗传机制研究

中国许多农业动物品种具有优良的种质特性，如繁殖力高、抗病力强、肉质好、耐粗饲、产浆、抗螨等；此外，野生牧草多具有高产、优质、抗病、抗虫和抗逆等优良基因。应充分利用中国优质地方品种，采用全基因组关联分析、连锁和连锁不平衡分析等研究手段分离影响畜禽生长速度、胴体和肌肉品质、繁殖、抗病等重要经济性状的致因基因及因果突变位点，然后通过转录组学、蛋白质组学、转基因、基因敲除和 RNA 干扰等研究手段从基因功能上解析畜禽优良品质形成的分子机制，从而揭示畜禽重要经济性状形成的机制和遗传规律，为畜禽产量和品质性状的遗传改良提供理论基础和指导。

（三）现代畜禽育种、繁殖新技术的关键基础问题

动物遗传育种学学科研究主题仍将是动物遗传的基本规律、遗传基础、重要育种原理和方法方面的基础和应用基础研究。发展畜禽遗传育种学科主要指导思想是采用新技术、新方法，突破常规育种，通过学科间交叉，分别在群体、

细胞和分子水平上研究数量性状遗传和动物育种的新理论、新技术和新方法。在遗传理论方面，继续保持在数量遗传理论研究基础上，结合细胞遗传学和分子遗传学对选择理论、杂种优势理论、群体保种理论以及线性与非线性模型等研究做出新贡献。在畜禽育种方面，继续开展畜禽优化育种方案的研究。在生物技术方面，开展细胞水平和分子水平的生物技术研究，为在动物育种方面取得新的突破打下基础。

在动物繁殖基础研究方面，重点研究配子发生、受精、性别发生、胚胎发育的调节机制。在应用基础研究方面，重点研究生殖内分泌激素作用机制、不孕症防治理论、发情排卵调控原理、提高受胎率和胚胎存活率的原理与方法等。

(四) 动物营养、遗传和环境互作的基础研究

动物营养与饲料研究采用多学科交叉结合的研究思路，全面揭示营养物质在动物体内的代谢（消化、吸收、利用）机制、规律和生物学功能，以及更科学、更准确地研究畜禽营养需要量和评定饲料的营养价值。紧紧围绕国家重大需求和国际动物营养研究的前沿领域，以为安全、优质、高效的畜禽生产提供理论依据和关键技术为研究目标，抓住主要科学问题，从动物营养、遗传和环境的结合处着手，将动物优良生产性状的遗传潜能（内因）与营养和养殖环境（外因）相结合，针对动物营养代谢过程（采食、消化、吸收、转化、利用）、调控（环境、免疫调控等）和最终生成产品这一主线，采用多学科交叉结合开展研究，从分子、细胞、组织器官和整体不同层次系统研究揭示动物安全、优质、高效生产中营养代谢和调控的基本规律。建立饲料安全和高效利用的理论和方法，从根本上拓展动物营养学研究的内涵和外延，为建立现代动物营养学新体系奠定理论基础，使我国动物营养与饲料科学在整体上达到国际同期先进水平。取得一批畜牧业发展所急需的源头创新成果，培养一批在国际上有影响的学术带头人，建设具有国际一流水准的科学研究基地和国内外学术交流窗口，推动我国畜牧业的可持续发展。

(五) 畜禽产品品质形成的机制研究

在畜产品加工领域，肉品科学仍将是该领域的重点发展方向，乳品科学研究将有重要提升，蛋品研究保持稳步发展。就国内研究机构的分布来看，肉品科学研究的主要力量集中在北部、中部、中东部及西部地区，乳品研究集中在北部及东北部地区，蛋品研究集中在中南部地区。针对畜产品加工行业发展和市场需求的关键技术和基础理论进行攻关，仍将是该领域今后工作的重点。基础、应用基

础及重大公益性课题的研究，将成为突破该领域技术的前提与关键。此外，畜产品质量控制与安全保障体系的建立与完善是该领域工作的核心和当前工作的重点。

（六）畜禽环境与动物行为的基础研究

该领域主要开展我国特色的主要畜禽品种产热量、产湿量等环境数据库建立研究；研究不同热环境、光环境、水质环境、空气质量环境、声环境等对主要畜禽生理、行为、健康、生长发育与生产性能的影响关系、应激机制和应答模式；研究不同季节气候条件下畜舍空气质量与病原微生物的变化规律；研究畜舍建筑、设备等工程环境参数对畜禽生长发育及生产模式的影响；研究畜禽粪污等废弃物收集、处理方式对畜禽环境的影响；研究畜禽场粉尘、臭气、温室气体等排放机制，对养殖场周围环境影响水平以及减排方法与机制；研究畜禽场无害化消毒工艺与技术；研究畜禽环境与动物行为、动物福利的关系。

（七）草地系统结构、功能与生产力的基础研究

根据《纲要》，结合草业科学自身需求和国家经济社会发展需求，以基础研究和人才建设为导向，草业科学的整体发展布局为：以草地农业生态系统理论为指导，开展天然草地资源管理与合理利用机制，草类植物优质、高产、抗逆等重要性状形成与遗传变异的分子基础。在草类植物育种方面，继续开展细胞水平和分子水平的生物技术研究，为在草类植物育种方面取得新的突破打下基础。开展草地有害生物的成灾规律和生态调控机制、草坪稳定性维持机制、不同草畜系统耦合机制和界面过程的系统效应等方面研究，实现资源高效利用、生态保育与生产协调发展。

第五节　优先发展领域与重大交叉研究领域

一、畜牧学优先发展领域

（一）农业动物、草地植物种质资源评价、保护与利用

动物遗传育种研究核心是种质创新，而种质创新又严重依赖于种质基因库资源的构成和目标性状的遗传特性。地方畜禽种质资源是生物多样性的重要组

成部分，也是农业动物品种改良的重要战略资源。畜禽遗传资源的评估、保护与利用是满足畜禽品种由高产型向高产、优质、专用、资源高效型和环境友好型转变的重要保障条件。我国拥有大量的优异畜禽种质资源，但资源利用率低，其原因是种质资源的保护与利用研究不够系统，研究技术落后，相应的基础研究严重不足。

开展畜禽种质资源收集和系统分类，畜禽种质资源优异性状遗传学评价，有助于挖掘和利用我国特色动物种质资源，从而使我国丰富的基因资源转化为科技优势和竞争优势，最终变成产业优势。

牧草种质资源是生物多样性的重要组成部分，也是草类植物品种改良的重要战略资源。我国拥有大量的优异牧草种质资源，但资源利用率低，相应的基础研究严重不足。开展牧草种质资源的收集和系统分类、优异性状的遗传学评价，有助于挖掘和利用我国特色草地植物种质资源。

基因工程技术、胚胎工程技术、干细胞技术、转基因动物技术、核移植与动物克隆技术等生物技术的发展和应用对生命科学研究产生深远的影响。特别是在农业动物研究领域，现代生物技术的应用极大地提高了家畜繁殖效率和加快了育种进程，现代生物技术在畜禽种质资源利用与创新方面有着诱人的应用前景。然而，干细胞技术、转基因技术等生物技术在畜禽种质创新中的应用尚需进一步完善和发展，在实现正常产业化之前仍然面临着诸多尚未解决的主要科学问题。深入研究现代生物技术在畜禽种质创新中所面临的若干关键基础问题具有重要的科学与实践意义。

主要科学问题：

1）我国稀有、特有动物种质资源的保护和利用；

2）地方畜禽种质基因组与特色基因素材的挖掘；

3）草地植物种质创新与逆境适应性选择机制；

4）草地植物抗逆遗传基础和生理调控机制；

5）地方畜禽基因组演变规律、驯化与逆境适应性选择机制；

6）家畜胚胎干细胞自我更新和分化机制；

7）畜禽成体干细胞的分离和培育以及分化的机制；

8）胚胎干细胞、类胚胎干细胞和诱导型多功能干细胞在表观修饰方面的差异；

9）克隆动物与转基因动物制备关键技术的理论方法；

10）克隆动物发育缺陷的发生机制。

（二）农业动物重要经济性状的遗传机制

全面、深入地理解动物重要经济性状遗传机制是提高遗传改良效率和育种效益的基础。良种是现代养殖业的基础支撑和战略保障。长期以来，我国养殖业面临着高端种源严重依赖于国外进口的尴尬局面，扭转这种局面的关键在于加强动物遗传育种的基础研究。鸡、牛、马、家蚕等农业动物基因组测序的完成以及猪和绵羊全基因组测序的重要进展，为解析动物重要经济性状遗传机制提供了海量的信息和数据，各种动物重要经济性状功能基因鉴定取得了丰硕的成果，从基因组、转录组、蛋白质组、代谢组不同水平多层次解析动物生长发育、脂肪代谢、产品品质、毛囊发生发育、激素分泌、免疫应答、营养素代谢等生命过程的遗传调控机制也取得了重要进展。但是，我国动物遗传育种基础研究仍然亟待加强。从基因组水平开展农业动物重要经济性状形成的分子调控机制，以及分子设计育种的关键基础研究，可为培育具有自主知识产权的新品种提供理论和技术支撑，具有十分重要的战略意义。

主要科学问题：

1）农业动物重要性状的基因调控网络解析；

2）miRNA 组等表观遗传介导的性状形成机制；

3）畜禽常见遗传性缺陷病的遗传基础和对主要疫病的免疫、抗病能力的遗传调控机制；

4）主要动物产品（肉、蛋、奶、毛）品质的遗传调控机制；

5）基于全基因组多层次分子数据的整合分析理论与方法以及遗传评估新理论和新方法。

（三）家畜生殖生理与早期胚胎发育的基础研究

提高家畜生殖能力和质量是畜牧业生产发展的基础。长期以来，对动物生殖过程研究已经使人类能够对家畜的某些生殖过程在一定程度上进行调控，为提高家畜繁殖力做出了重要贡献。然而，家畜繁殖潜力还远未能充分发挥。研究证明，家畜出生时卵巢内有大量卵母细胞，但在整个育龄期，一般仅有少量卵泡排卵，70％～99.9％的卵泡都发生了闭锁（atresia）退化。家畜卵原细胞是否能够再生的研究也是充分发挥繁殖潜能的重要方面。家畜正常胚胎死亡率为25％～40％，其中围产期胎儿死亡率为15％～30％。两性动物随机出生造成家畜繁殖力的巨大浪费。因此，有必要研究与提高家畜繁殖力相关的科学问题，进一步挖掘家畜的繁殖潜力。

在性腺发育、配子发生以及胚胎早期发育过程中，生殖激素起着至关重要的作用，生殖内分泌调控是该领域的研究重点。目前，绝大多数生殖激素的分子结构已经弄清。激素测定技术不断发展，灵敏度由10^{-12}克/毫升上升到10^{-15}克/毫升水平。然而，目前所发现的生殖激素在体液中的含量均在痕量级，即

10^{-12}～10^{-9}克/毫升水平；在超痕量级（10^{-15}克/毫升）水平，尚未发现新的生殖激素。此外，各种动物各生理阶段各种激素变化规律尚不系统，各种激素间的相互作用及作用机制尚未明了。最后，除在下丘脑-垂体-性腺轴不断发现新的激素和激素受体外，细胞因子、免疫因子对动物繁殖活动的作用也成为研究热点。

虽然已发现许多激素和细胞因子、免疫因子和基因印迹现象调节胚胎着床与发育，但着床机制和胚胎发育机制尚未明了，严重影响了胚胎存活率（奶牛有30%～70%胚胎在早期死亡）、体细胞克隆技术（5%）和人工子宫技术（牛胚胎体外培养只存活18天）的发展。

主要科学问题：

1）影响家畜生殖的主要生殖激素、细胞因子、神经递质、免疫因子的合成、贮存和分泌的分子机制；

2）生殖激素、细胞因子、神经递质、免疫因子对家畜配子发生和早期胚胎发育的调控机制；

3）激素运载蛋白、激素受体与激素作用的分子机制；

4）影响家畜早期胚胎发育主要基因及其作用机制；

5）早期胚胎分泌的妊娠识别信号分子的分离纯化及功能分析；

6）胚胎死亡和围产期胎儿死亡的原因；

7）单胎动物（黄牛和水牛）、少胎动物（绵羊和山羊）和多胎动物（猪）胚胎着床和体内外发育调节机制；

8）胚胎延迟发育机制等。

（四）畜禽营养代谢规律及分子调控机制

畜牧业实质是利用动物本身的生长发育机能，将植物性产品转化为动物性产品的过程。动物以日粮中碳水化合物、脂肪、蛋白质等碳氮有机营养物质为底物，通过体内合成代谢和分解代谢，实现在靶组织定向沉积与转化，目前对其所涉及的代谢规律及其调节机制还了解甚少。分析营养物质的数量和比例在不同生理阶段和环境条件下对畜禽体内代谢规律的影响，对于揭示畜禽代谢的调节机制具有重要意义。通过分析营养流经过消化、吸收，在各消化器官和靶组织中的碳氮化合物的组成的变化，以及生长因子、激素、酶等代谢网络中的功能基因的表达，揭示日粮供给与动物生产性能间营养素利用所涉及的代谢与分配机制、调节因子和调控途径，对于了解和优化畜禽碳氮营养供给，建立精确、动态、模型化的营养需要量，实现健康、高效的饲养目标具有重要意义。

主要科学问题：

1）日粮碳氮营养素种类和比例调节机体代谢的规律与分子机制；

2）营养物质在体内生物合成、分解和定向转化的分子机制与调控途径；

3）机体营养代谢类型为适应生长发育和生产而发生转化的信号调节机制；

4）畜禽碳氮营养代谢组学模式识别系统的建立与优化。

（五）畜禽产品质量形成的机制研究

在我国，肉类仍然是动物蛋白主要来源，肉品质除了其嫩度、系水力、pH和瘦肉率外，我国消费者比较关注的是肉的色、香、味。另外，肉的安全性也是人们重点关注的重要质量指标。肉的品质受动物的品种、性别、年龄、营养状况等诸多因素影响。但肉品质的形成却有着其内在的机制，特别是其形成的生理生化和分子生物学基础至今还不是十分清楚。

蛋品也是我国消费者摄食动物蛋白的重要来源，蛋蛋白和蛋黄品质、营养与功能指标是人们关注重点，但这些品质和相关性状的形成机制目前还不明了。在我国乳及乳品的消费这些年上升很快，但我国乳特别是牛乳的乳蛋白、乳脂率等这些品质与欧美等国家和地区相比还有较大的差距，反刍动物养分的吸收转运、泌乳及乳品质形成的机制仍处在“暗箱”之中，很多基础性研究工作还十分缺乏。

主要科学问题：

1）营养素或生物活性因子对与畜禽机体蛋白、脂肪（肌内脂肪）、肌红蛋白等沉积的相关基因表达的影响；

2）蛋品风味影响因素、规律以及调控机制；

3）加工中乳品质量变化规律和调控机制；

4）加工、贮藏过程中乳品生物活性物质变化规律；

5）畜禽产品有害物质形成机制及控制途径。

（六）草—畜界面过程及其调控机制的研究

草—畜界面是草食动物与草地相互作用而成，它是草业系统三个主要界面之一，是草业科学主干。本界面过程的核心驱动因素是草食家畜对草地的扰动及其响应。一方面草地植物通过多种适应机制，如补偿性生长、应激反应等来保护其自身，并与家畜协调共存。另一方面，草地状况直接影响家畜健康和牧食行为。我国草地生态系统退化在该界面的主要表现为草、畜二者的关系不协调，而导致草、畜两退化，有必要对草—畜界面过程及其调控机制深入研究。

主要科学问题：

1）草地—动物界面过程的研究，包括草—畜时间、空间、种间相悖的根源与后果分析；

2）“适度放牧”与植物补偿性生长机制；

3）草地类型与畜（品）种间互作与反馈机制；

4）草地—动物界面的健康阈值；

5）草地健康诊断的指标体系与度量方法。

（七）草地系统结构与生产力的基础研究

草地生产力、系统结构是草地研究的基础。草地生态系统是全球和我国最大的陆地生态系统，其结构、功能、生产力研究是草地领域的永恒主题，既是草地畜牧业生产的主要基础，也与全球生态、气候变化等密切相关。由于我国草地面积大、类型多样，诸多问题尚未解决。

草地退化是世界性难题，草地退化的系列表现包括：牧草生物量下降；草地植物群落组分变差；土地稳定性和承载力降低；动物区系简单化及畜产品的质和量减少，直至草地消失，即系统崩溃。国内外对草业系统研究不足，对草地退化研究停留在表观描述和表征治理阶段，缺少系统的理解和防治，草地生态系统健康评价是国内外尚未彻底解决的难题，亟待进一步深入研究。因此，加强草地结构、功能、生产力与退化草地改良相关的理论研究，是实现我国草地可持续发展的长期需求。

主要科学问题：

1）草地生产力时空动态、结构与形成机制；

2）草地生产力形成的时空精准监测、预报理论和技术；

3）草原生态系统结构与功能对全球气候变化的响应与适应；

4）草原生态系统的碳循环、碳平衡及碳汇效应增强机制；

5）草地生态系统服务功能评价与生态补偿的理论基础。

（八）蚕的生理机能和丝蛋白结构研究

蚕的生理机能及其潜能开发是蚕业发展的基础。尽管在激素生理、昆虫免疫方面取得一定的进展，但在蚕激素的遗传调控及其作用的分子机制，蚕的性别控制、生殖机能以及营养生理等方面还需深入研究。

蚕丝是天然纤维中被广泛应用、价值最高的蛋白质纤维，而丝蛋白结构与功能研究则是开发蚕丝广泛用途的基础。因此，应深入研究蚕泌丝生理，同时对蚕丝纤度、洁净度、解舒性能、着色性能和力学性能等关键性状的形成机制，丝蛋白结构及其改性等进行相关组学及功能基因的调控等研究。

主要科学问题：

1）家蚕的性别调控机制；

2）家蚕的发育调控和代谢机制；

3）家蚕色素代谢机制；

4）丝蛋白合成调控机制、蚕丝结构改良等。

二、畜牧学重大交叉研究领域

学科交叉是“学科际”或“跨学科”研究活动，是创新的源泉。畜牧科学是生命科学重要分支学科，其学科定位决定了畜牧科学研究既有生命科学中的共性科学问题，又有畜牧学科的个性科学问题。长期以来，生命科学其他领域所取得的新理论、新方法有力地促进了畜牧科学研究的发展，同时畜牧科学的发展也在一定程度上促进生命科学的发展。学科交叉在畜牧科学及其延伸研究的发展发挥了重要的作用。未来10～20年该领域学科交叉的重点方向包括以下几个方面。

（一）畜禽规模化养殖环境生物学的关键基础问题

畜禽环境学是现代畜禽生产的重要基础性学科。环境因素不仅影响畜禽健康，而且影响畜禽优良遗传性能发挥。畜禽场区环境的好坏，对周围大气、水质、土壤等环境有很大影响。

我国畜禽养殖方式逐渐由传统的散户饲养向规模化饲养方式发展，由粗放经营向集约型方向转变。而规模化养殖场的高密度饲养以及常年温暖潮湿，为某些疾病的发生和传播创造了有利条件。近年来，随着畜禽重大疫病的不断出现，对人畜健康造成危害，以及畜产品质量安全问题加剧，人们对畜禽养殖环境重要性的认识在不断提高。我国对畜禽环境的影响因素、因子间相互关系及作用机制等方面的基础研究十分薄弱，这已成为制约现代畜禽生产水平提升和科技进步的瓶颈。加强畜禽环境学的基础研究，是现代畜牧业生产可持续发展和畜牧兽医学科健康发展的重要前提。

此外，畜禽养殖业是农业温室气体重要源头之一，国际社会对畜禽养殖业及其废弃物管理过程中的温室气体和氨气等十分关注，已经成为除稻田甲烷以外温室气体农业源的焦点内容。自改革开放以来，我国畜禽养殖业飞速发展，生猪、家禽养殖数量居世界首位，奶牛、肉牛和羊等反刍动物饲养量也居世界前列，因此动物及其动物粪污温室气体产生排放不容小视。

主要科学问题：

1）我国主要畜禽品种的产热量、产湿量等基本参数与小气候环境的影响关系；

2）逆境条件对畜禽机体健康与生产性能的作用规律及其行为表现、应激机制、应答模式；

3）畜禽场粉尘、臭气、温室气体的排放、扩散与减排机制；

4）畜禽场病原微生物传播途径与规律。

（二）蜜蜂生物学及行为学研究

蜜蜂生物学和行为学是开展蜂学研究的基础，虽然在蜜蜂舞蹈行为和社会化行为方面已经取得一定的进展，但在抗螨行为等行为学研究和生物学方面，还有许多空白，特别是在中华蜜蜂的生物学和行为学研究方面更是欠缺。中华蜜蜂是我国的本土资源，对其研究有助于了解其生物学，为更好地利用中华蜜蜂提供理论依据。

昆虫授粉是未来蜂业发展的一个重要方向，是提高蜂业生产效益的重要手段。国际上从雄蜂生物学以及授粉应用方面开展了大量的工作，但在传粉机制、传粉行为等方面研究相对较少，开展该方面研究对于提高授粉效果具有重要意义。

主要科学问题：

1）中华蜜蜂多样性及生物学、行为学的研究；

2）蜜蜂重要功能基因的挖掘、克隆与表达；

3）我国蜂种优良性状（产浆、抗螨）的遗传机制；

4）传粉昆虫与访花植物之间的互作关系；

5）传粉机制；

6）雄蜂发育生物学基础。

（三）畜禽胃肠道微生物宏基因组学研究

近年来，畜禽粪尿分解的微生物组学、反刍动物消化道微生物组学已成为该领域的研究重点之一。在该研究方向上，有望与新近出现的宏基因组学（元基因组学）交叉，以畜禽胃肠道微生物混合菌群为研究模型，从而建立“畜禽宏基因组学”分支。

主要科学问题：

1）胃肠道微生物的分类、鉴定；

2）微生物群落结构与功能；

3）不同微生物群落结构与营养细化的关系；

4）环境对微生物群落的影响。

（四）丝蛋白纤维形成与改性的基础研究

丝蛋白不仅作为织物、化妆品等的原料，在日常生活中有重要价值，而且在国防和航天领域也有重要价值。特别是美国（海军研究机构）用蜘蛛丝研制出防弹衣之后，因蜘蛛丝蛋白的氨基酸构成与蚕丝相似、空间高级结构差异较大、不能大量获得等原因，国内外学者进行了大量有关蜘蛛丝蛋白基因的克隆、基因向家蚕的转移等研究与探索，试图用家蚕生产在国防和航天领域有特殊重要用途的蚕丝。虽然国内外均得到了转蜘蛛丝基因的蚕，但均因丝蛋白纤维形成与改性的基础研究无进展，而想获得特殊重要用途的蚕丝的研究无果。这需要生物学（丝蛋白基因改造、丝蛋白合成与分泌）、物理学（丝蛋白在丝腺移动的动力学）、物理化学（丝蛋白形成特殊高级空间结构纤维的物理化学）等多学科交叉、联合攻关才能实现。

主要科学问题：

1）丝蛋白基因的改造、丝蛋白的合成与分泌机制；

2）丝蛋白在丝腺移动的动力学基础；

3）丝蛋白形成特殊高级空间结构纤维的物理化学机制；

4）纳米丝蛋白及其丝蛋白纤维结构重建的物理化学基础。

（五）农业动物作为生物医学研究模型的基础研究

农业动物（包括家蚕、蜂）有着丰富的表型变异，是研究复杂性状形成的较好模型。此外，一些农业动物的解剖学、生理学、疾病发生机制等方面与人极其相似，在生命科学研究领域中具有重要的实际应用价值。然而，农业动物作为医学生物模型的研究还不深入，相关基础理论不够完善，严重制约了该领域的快速发展。

主要科学问题：

1）农业动物中具有特定疾病表型个体或群体的遗传背景及其致病机制；

2）农业动物近交耐受的分子机制；

3）特定疾病模型、药物筛选模型的构建与评价等。

第六节　国际合作与交流

现代基础科学研究越来越呈现大学科特征，国际合作是基础研究发展的必然趋势之一。畜牧学研究是一个复杂的，涉及多学科、多层次、多角度、大交叉的学科内容。尽管我国在畜牧学科领域某些研究已经达到或接近发达国家水平，但同发达国家相比，在整体上我国的科学研究水平仍有一定的差距，加强国际合作不但符合全球基础研究发展的宏观趋势，而且是缩小我国与发达国家整体差距的有效途径。

近年来，我国的科学家们通过与欧盟框架计划欧洲方、IAEA、FAO、USDA以及国外知名大学和研究所之间的广泛合作，取得了以家猪基因组测序计划、家鸡基因组测序计划、亚洲小反刍动物特性鉴定等为代表的一批产生较大国际影响的合作研究成果。在未来10～20年内，畜牧学领域国际合作的优先领域包括以下几个方面。

一、全球框架下动物、草地植物遗传资源评价与利用

畜禽、草地植物育种战略重点是系统性地在分子水平上开展畜禽遗传资源的鉴定评价和创新利用研究。重点发掘优异的新材料、新基因，走发掘与利用相结合的道路；快速扩繁优良畜禽；以畜禽生产能力的提高作为最基本的育种目标，通过不断提高品种生产力保障农产品供给；将优质、专用化新品种作为畜禽、草地植物育种创新的重点；加强高新技术在育种技术中的应用研究，通过育种技术的升级，实现高新技术的实用化、高效化和安全化，大力开发和利用优秀的畜禽遗传资源，提高畜禽育种效率，增加畜禽、草地植物品种的科技含量。我国有极为丰富的优异畜禽遗传资源，未来在动物遗传资源的开发、保护和管理以及可持续利用方面将成为国际生物资源，并已经引起世界各国的高度重视。如何通过有效的国际合作交流，充分发掘、可持续利用这些畜禽遗传资源，服务于我们畜禽良种业，是我们未来10～20年应关注的重点。

二、农业动物基因组计划

基因组图谱构建是了解物种起源、进化以及特性形成的基础。农业动物基

因组测序有助于认识经济性状形成的遗传基础，进而帮助人们建立新育种理论，克服传统育种带来的不足，并生产出优质的动物产品。因此，农业动物基因组测序及其相关分析方法、工具和数据库的建立依然是未来10～20年世界畜牧学家关注的重点。我国在家养动物基因组测序方面取得了巨大成就，自主完成了家蚕全基因组框架图的绘制，参与了国际鸡、猪基因组测序计划。但和国外相比，我们还有较大的差距，特别是在牛、狗、马等基因组分析方面。此外，基因组数据的拼接与分析需要巨大人力和物力，从计划提出到精细图谱构建、功能区域分析一般需要5～6年的时间，尽管目前测序技术迅猛发展，这个过程仍然十分漫长，尤其是一些物种特定区域和功能区域的鉴定。我们应通过参与该领域的国际计划，学习先进分析方法和手段，进而缩短与发达国家的差距。

三、新兴生物技术的发展及其在畜牧科学中的应用

转基因动物技术在20世纪80年代初诞生后，在改良畜禽生产性状、提高畜禽抗病力以及利用转基因畜禽生产非常规畜牧产品（如人药用蛋白和工业用酶）等方面显示了广阔的应用前景。如转基因奶牛能大大提高产奶量，改变乳成分，提高乳品质，此外还可以为人类提供更多的各种药用蛋白和营养保健品，使奶牛的经济价值得到更大的发挥。近年来，随着RNA干扰、基因剔除、基因打靶、酵母人工染色体技术等转基因技术的不断进步，转基因的定点整合、整合率和稳定遗传等问题将会逐步得到解决。转基因技术在畜禽育种中发挥越来越大的作用，必将成为未来培育高产和优质新品种畜禽的主要途径，应在此领域加强与国际的合作交流。

四、包括畜禽在内的国家大型生物数据中心合作计划

建立国家级生物信息中心，收集分析国内外基因库数据，建立与动物良种繁育相关的基因组数据库。借鉴人和鼠信息学研究手段，运用先进有效的农业生物信息学研究手段，结合我国丰富的特有的遗传资源，开展中国优良家畜资源的SNP、插入、缺失等调节或结构突变的研究。分离、克隆有自主知识产权的有重要经济价值的新基因及重要的基因表达调控元件，发现控制优良性状基因的分子标记、主效基因或突变。生物信息学是基因组学和蛋白质组学研究的基础，对基因、基因结构、蛋白质功能分析都是必不可少的技术手段。如何利用当前国际上已有的信息学研究成果并使其结合我国实际服务于我国动物基因组学研究是当务之急。收集分析国内外基因库数据，建立与动物良种繁育相关

的基因组和蛋白质组数据库非常必要。

五、畜禽环境生物学

发达国家的畜禽环境学研究十分活跃，尤其是德国、荷兰、美国等。在动物福利背景下对畜禽新型养殖模式的基础研究，畜禽空气质量环境、畜禽声光环境及饮水质量环境等对畜禽健康和生长发育的影响机制研究，畜禽养殖过程节能减排机制、高温等逆境影响机制等领域，均有广泛的国际合作。我国作为畜禽养殖大国，具有环境多样性特点，对国际畜禽环境学领域专家也有巨大的吸引力，应加强该领域的合作研究，加快与世界接轨。

六、牧草/作物—家畜综合系统管理

草业科学研究分为科学理论和生产模式两大类。虽然我国在草业科学领域内的理论和宏观方面与国际研究水平同步，但以实验手段为主的微观研究却落后于国际水平。信息技术快速发展为草业科学的研究提供了新手段，我国关于信息技术在草业科学中的应用虽然发展迅速，建立了数字化草畜系统，但和国际水平相比，尚待提升。国际上草业科学发展以农区和牧区协同为主要目标，美国已经通过试验开展家畜和作物综合系统管理研究，虽然我国从理论上提出了系统耦合，但试验验证方面尚需加强。栽培草地是现代畜牧业发展的主要标志之一，也是草业科学研究的重要内容，但我国关于栽培草地的研究多以刈割为主，放牧型栽培草地存在利用时间短的缺陷，而新西兰等国家在栽培草地放牧时间能持续 30 年以上。我国牧草/作物—家畜综合系统管理在国际合作方面优先支持的方向包括：信息技术与精准草业，作物—家畜综合系统管理，放牧型栽培草地稳定性维持机制，可持续放牧系统，野生植物种质资源利用和特异功能基因挖掘。

七、全球气候变化对草地生态系统的影响

全球气候变暖导致土壤增温，草地植物逐渐衰老死亡，植被覆盖度降低且产草量下降，给区域景观生态和当地草地畜牧业生产带来不良影响。土壤高温胁迫直接作用于植物根部进而影响全株植物的生存生长。植物对全球变化的响应及其适应对策已成为植物学家、生态学家等的研究热点。我国草地面积居世界第二位，对调节全球气候变化起着重要的作用，应加强该领域研究与世界的接轨。

第七节　保障措施与建议

一、加强畜牧学研究人才队伍的建设

畜牧学科人才层次不分明，梯度性不强。应通过实施连续资助模式，培育创新团队；开拓多种渠道，吸引海外人才为国服务。

（一）造就杰出人才，培育创新团队

充分发挥国家杰出青年科学基金的示范和带动作用，探索持续支持优秀青年研究人员的有效机制，培养和造就一批优秀的学术带头人。按照科学目标引导，增强协作创新，发挥团队力量，冲击国际前沿的思路，加大对创新研究群体的支持力度，重视研究队伍结构和学科领域的合理布局，实施连续资助模式，促进学科交叉和团队协作，造就一批勇于冲击国际科学前沿的“攻坚队”。

（二）培养后备人才，支持青年成长

保护青年人才从事基础研究的兴趣和热情，不断增强青年人才勇于创新和开展协同研究的能力。发挥基础科学人才培养基金的作用，促进基础研究与教育的结合，为科学研究源源不断地提供高素质的后备力量。培养和提高基础学科本科生的科学素养和创新能力，促进基础学科的持续发展。支持特殊学科点青年学术带头人和研究生开展基础研究工作，稳定特殊学科人才队伍，增强对社会的服务能力。培养交叉学科、特色学科后备人才队伍。充分发挥基础研究培养人才的作用，探索以研究项目为载体的培养研究生的有效模式，切实提高研究生和博士后质量，保证基础研究队伍的源头供给。

（三）开拓多种渠道，吸引海外人才为国服务

坚持以我为主、按需引进、突出重点、讲求实效的方针，制定和实施参与全球人才竞争的战略和更加灵活的发挥海外人才智力作用的政策。开辟多种渠道吸引留学人员和海外学者以多种形式为我国学科建设和基础研究的发展贡献才智，积极吸引国外科学家来华从事研究工作。

二、加大向畜牧学科的政策倾斜和基础研究的投入，大幅度增加资助额度，稳定支持一些能参与国际竞争的研究队伍

（一）争取加大经费投入，实现资助经费持续增长

从全国畜牧学科基础研究总体布局出发，加强战略筹划和科学预测。根据基础研究发展需要，积极争取科学基金的投入，为学科领域的发展提供经费保障。

（二）加强资金管理，健全财务管理体系

认真贯彻国家财政与财务管理的法律、法规和政策，按照“量入为出，收支平衡”的原则，严格编制科学基金资助计划和预算，构建符合科学基金管理特点的资助经费计划、预算和拨付体系。加强科学基金的经费管理，建立健全财务内部制约机制，完善计划和财务信息管理系统，保障资助经费准确、及时、安全拨付，努力降低科学基金管理运行成本。强化项目依托单位对科学基金经费管理的责任意识，保证资金依法、高效、合理利用。

三、以重大科学工程带动畜牧学科发展

通过设置数个畜牧学研究领域的重大专项，如动物功能基因组重大专项等，带动畜牧学发展，并形成新的跨学科领域。

（一）重大科学工程的设置和实施有利于畜牧科技的跨越式发展

充分发挥社会主义制度集中力量办大事的优越性，通过设置数个畜牧学研究领域的重大专项，如动物功能基因组重大专项等，解决当前畜牧科学存在的重大科学问题，进而促进畜牧科技的跨越式发展。

（二）实施重大科学工程，提升科技创新能力

国家重大科学工程的实施一方面可以改善学科基础研究的条件，建设成熟的技术平台；另一方面，还可以吸引大批优秀的科研人员，依托建立的技术平

台，获得原创性的理论和高新技术。而这些技术和理论的突破，增强了畜牧学科的科学技术创新能力和综合集成能力，极大地推进了学科的发展。

四、加强科研条件的建设，为学科发展提供坚实的基础

（一）加强科技条件建设，推动科技资源共享

建立和完善畜禽遗传改良国家重点实验室、蚕学国家重点实验室、国家畜禽分子育种中心、转基因动物技术研究中心等整合程度高的大型实验平台，充分利用国家研究实验基地和大型实验平台，推动项目、人才、科研条件建设的紧密结合。促进基础科学数据汇集积累和资源共享，提高科技条件平台的利用效率。支持重要研究领域虚拟研究中心建设，为科学研究提供更好的条件保障。支持草业科学期刊，推动国际化进程。

（二）高度重视创新团队和特色研究基地建设

注重学科交叉，加强畜禽遗传育种学与人类医学、生物信息学、计算机科学、遥感科学等学科的交叉与合作，有计划地在全国范围内支持建立5～10个重要农业动物物种特色研究基地和创新团队。通过建立完善的动物组学研究技术平台，使之成为本学科领域的示范性研究基地、人才培养基地和原始创新基地。通过硬件建设拉动软件环境建设，提升畜禽遗传育种学科的研究水平和国际竞争力。

五、改进评审机制，加强专家队伍建设和成果管理，建立共享机制

（一）加强监督工作，维护科学道德

加强监督体系建设，探索有效监督模式，加强对科学基金申请、受理、评审、实施等环节的监督，维护科学基金制的公正性。加强管理队伍廉政勤政建设，倡导密切联系科学家，真心依靠科学家，热情服务科学家。建立不端行为预防和惩戒体系，加强科学基金工作中的科学道德建设。突出重点，开展资助项目抽查审计工作。强化项目依托单位的监管责任，保证科学基金项目实施中的真实性与合规性。

（二）完善管理考核制度

不仅以论文影响因子来评价畜牧学各领域的研究工作，而是通过考虑各分支学科的特点，坚持把支持源头创新作为评审工作的根本出发点，把研究价值判断贯穿评审工作始终。建立全面的评估体系，促进畜牧学科体系的健康发展。

（三）加强成果管理，建立共享机制

建立适合本学科基础研究特点的科学基金绩效评估体系，完善科学基金资助项目研究成果报送与登记制度，注重科学基金资助成果的知识产权保护。加强科学基金项目研究成果的集成和宣传，建立成果管理信息发布系统和成果展示与利用平台，促进基础研究学术信息资源的共享和利用。

六、加强基础研究国际合作，充分利用国际科技资源

（一）加强国际（地区）合作与交流

争取建立中-美、中-澳、中-英、中-新草业合作基金，草业科学国际合作基地和国际交流中心。国际合作项目更加开放，特别是对西部地区的草业科学研究群体。支持高水平的国际学术会议。加大对留学人员的扶持力度。

（二）加强基础研究国际合作，充分利用国际科技资源

积极参与组织以我国为中心、具有我国特定优势的重大国际合作研究计划。积极参与组织具有我国特定优势的重大国际合作研究计划，鼓励从事畜牧学基础研究的机构与国外优秀研究机构开展长期、稳定的合作。支持在我国召开相关国际学术会议，支持我国科学家参与或组织创建国际科学组织，选派优秀的研究生和博士后到国际一流研究机构深造。吸引国外研究生、博士后来华学习、研究，以多种方式吸引海外优秀华人学者为国服务。在国际合作等方面也需要相关部门的组织和协调，通过一些诸如“111”计划的国际合作专项来支撑国际交流与合作。

◇参考文献◇

常平凡. 2005. 我国动物蛋白食物消费与饲料用粮供求分析. 中国食物与营养，2：35～37
陈越，杜生明. 2000. 21 世纪初畜牧兽医学科发展展望. 北京：中国农业大学出版社

陈越，温明章，杜生明. 2006. 从国家自然科学基金角度谈西藏畜牧兽医优先领域. 中国科学基金，1：11～14

陈越，温明章，杜生明. 2006. 从自然科学基金项目申请看科学问题的凝练. 科学通报，51（7）：870～872

徐淑芳，陈越，陈领等. 2008. 畜牧学科遗传育种与动物营养学面上项目申请和资助情况分析. 中国畜牧杂志，15：60～64

叶志华，侯向阳. 2002. 我国草业发展的现状、问题及科技对策. 中国农业科技导报，2：69～73

赵要风，李宁，肖璐等. 1999. 猪 FSHβ 亚基基因结构区逆转座子插入突变及其与猪产仔数关系的研究. 中国科学（C辑），1：81～86

中国畜牧兽医学会. 2008. 2007～2008 畜牧兽医科学学科发展报告. 北京：中国科学技术出版社

中华人民共和国国家统计局. 2009-02-26. 2008 年国民经济和社会发展统计公报. http://www.stats.gov.cn/tjgb/ndtjgb/qgndtjgb/t20090226_402540710.htm

Elsik C G，Tellam R L，Worley K C，et al. 2009. The genome sequence of taurine cattle：a window to ruminant biology and evolution. Science，324：522～528

Wallis J W，Aerts J，Groenen M A，et al. 2004. A physical map of the chicken genome. Nature，432：761～764

Xia Q，Guo Y，Zhang Z，et al. 2009. Complete resequencing of 40 genomes reveals domestication events and genes in silkworm（Bombyx）. Science，326：433～436

第八章

兽医学

兽医学是研究预防和治疗动物疾病的科学。随着现代科学技术的发展，兽医学的范畴已扩大到涉及人畜共患疾病、公共卫生、生态环境、实验动物、食品生产、医药工业等领域，并形成了许多新的边缘学科。加强兽医学学科的发展，对农业生产和人类健康都具有重要的意义和作用。

第一节 战略地位

兽医学是保障动物和人类健康的重要学科，在动物疾病、人畜共患病、食品安全、公共卫生和生态环境健康等方面起到主导性作用。随着"一个世界、一个医学、一个健康"和"健康动物—健康食品—健康人类"新观念的提出，兽医学的作用正在不断地扩大和延伸，在国民经济和社会稳定中发挥着越来越重要的作用。

我国是世界养殖大国，畜牧业在国民经济中占有重要的地位。2008年畜牧总产值达到1.4万亿元，占农业总产值比重的34%，已成为农业和农村经济中的支柱产业。但我国畜牧业的经济效益远没有达到世界平均水平，其主要原因是动物疾病问题。动物疾病的不断发生给我国畜牧业造成了巨大的经济损失，影响了畜产品的产量和质量。由动物疾病引起动物死亡造成的直接经济损失每年达400亿元以上，其造成饲料、药物、人工浪费等间接经济损失上千亿元。此外，60%的人类传染病来源于动物，50%的动物传染病可以传染给人。当今人类新发传染病中约80%来源于动物。气候和栖息地的变化增加了动物的疾病发生，全球疾病传播速度超出了可控范围。新的疾病正在以每八个月一种的速度出现，新的人兽共患病威胁更加危险。在1400多种引起人类疾病的病原中，有800余种是人兽共患传染病。在过去25年，出现38种新病原体，其中75%源于动物。动物性食品即肉、蛋、奶等高蛋白质食品是增强人类体质不可缺少的要素，随着人民生活水平的提高，对食品的要求也越来越高，但由于药物残留、病原微生物污染和违禁药品的滥用，食品安全事件时有发生。因此，促进养殖业健康发展，保障人类健康，对兽医学科发展提出了新的挑战和需求。

一、畜牧业的快速发展对兽医学科的需求

近年来，随着畜牧业的快速发展，动物疫病的形势也日趋复杂。主要表现为老的疾病不但没有被消灭，反而呈重新抬头的趋势，如口蹄疫、新城疫、猪瘟和小反刍兽疫等。同时新的疾病又不断出现，如高致病性禽流感、甲型 H1N1 流感、高致病性蓝耳病、猪圆环病毒 2 型、副猪嗜血杆菌病、附红细胞体病等。猪、羊和禽类等动物的死亡率不但没有下降，反而还略有上升的趋势。多种疾病的混合感染现象严重，细菌性疾病危害越来越大，给防治造成了困难，经济损失巨大。《纲要》提出，要“创制高效特异性疫苗，开发动物疫病及动物源性人畜共患病的流行病学预警监测、检疫诊断、免疫防治、区域净化与根除技术”。根据畜牧业发展形势的要求，借鉴发达国家的经验，兽医学必须研究我国重大动物疫病和新发传染病的发生发展规律，发展防控与净化技术，为畜牧业健康发展保驾护航，提高畜牧业的经济效益，保障肉、蛋、奶营养品的供给。

二、加强人兽共患病的防控、保障人民生命财产安全，对兽医学科的需求

人兽共患病的发生，严重威胁着人们的生命财产安全。近年来，我国一直面临着人畜共患病的困扰，如 2003 年的 SARS、2004 年以来的高致病性禽流感、2005 年四川爆发的人-猪链球菌病、2006 年山西等地出现的流行性乙型脑炎、2009 年在全球流行的甲型 H1N1 流感。此外，狂犬病、动物结核和动物布氏杆菌病等人畜共患病近年来又有抬头，发病率呈逐年上升趋势。这些人畜共患病给我国的国民经济、人民健康、社会稳定和国际声誉造成了不良影响，经济损失不可估计。动物的健康就是人类的健康，如果不把动物疫病控制好，人类疾病的控制就永远不能成功。这些都给兽医学科的发展提出了艰巨的任务。

三、拒外来病于国门之外对兽医学科的需求

随着人类活动的增加，气候环境的变化，新的动物疫病和人畜共患传染病不断发生。国际贸易日益频繁，快速便捷的交通和快速发展的旅游业，使疾病

传播速度在全球范围内加快。尽管非洲猪瘟，南非 1、2、3 型口蹄疫，疯牛病，裂谷热，西尼罗脑炎，尼帕病毒病，爱博纳病等在我国尚未发现，但已在周边国家和地区发生或流行，随时都有传入我国的可能。如一旦进入，其后果不堪设想。如何将这些疾病拒于国门之外，更是兽医学科的重要课题。

四、保障食品安全对兽医学科的需求

食品安全是国际社会和广大消费者时刻关注的热点问题。病原微生物污染、药物残留和违禁物品的使用是动物食品安全的主要问题。由沙门氏菌、大肠杆菌、李斯特菌等食源性微生物的污染和食源性寄生虫与人畜共患病引起的食品安全问题时有发生。由瘦肉精、三聚氰胺、苏丹红等违禁物品的滥用和抗生素药物残留导致的食品安全问题频频发生，引起了社会的高度关注，给兽医学科提出了更高的要求。

五、宠物与野生动物疾病的控制对兽医学科的需求

随着我国人民生活水平的提高和对精神生活的需求，伴侣动物与宠物的饲养量显著上升。但随之而来的宠物疾病，尤其是由宠物传播的人畜共患病没有得到足够重视。加强宠物疾病研究、防治，保障人民健康已刻不容缓。同时，人畜共患病和动物重大传染病大都与野生动物的带毒和传播密切相关。因此对野生动物疾病的监测、防控和研究也必须提到议事日程。这些都给我国兽医学科的发展提出了新的课题。

人民健康是国家最大需求。动物健康是人类健康的保障。社会发展和进步赋予了兽医学更重要的责任与义务。但目前我国兽医学科的重要性、作用与地位还没有引起社会足够的认识和重视，长期以来支持和投入不足。因此，加强兽医学科的基础研究，满足学科前沿发展和国家战略需求，培养高水平的兽医人才队伍是当务之急。

第二节　发展规律与发展态势

兽医学是一门传统学科，在保障养殖业健康快速发展、人类生命财产安全、社会稳定与繁荣中发挥着至关重要的作用。20 世纪以来，兽医学与分子

生物学等现代生命科学同步发展，是生命科学的主要分支之一，与医学、公共卫生学与环境生态学等学科紧密相关、相互交叉、相互促进。早期的兽医学研究以实验、观察、描述和验证为主，在器官和组织水平上进行研究。随着生命科学如生物化学、生物物理学和生理学在20世纪后叶突飞猛进的发展，同位素、电镜、计算机、精密仪器等新技术的应用，动物疫病的研究由现象到本质、由细胞到分子、由表型到基因型、由个体到群体。系统研究动物疾病的发生、发展规律，研究其控制、净化与消灭技术，是现代兽医学发展的主要方向。

兽医学研究的具体任务是揭示动物疾病发生、发展的特点和规律；开发特异、敏感和高通量的诊断技术与试剂；研制安全、高效的疫苗、药物和生物治疗制剂等；制订有效预防、控制、净化和根除疫病的策略与方法。要达到此目的，必须加强兽医学的基础研究，提供其可持续发展的动力和源泉。

随着动物疫病的多样化与复杂化以及科学技术的不断发展，兽医学的研究无论是在广度方面还是在深度方面都发生了较大的变化，其研究特点集中体现在以下几个方面。

一、兽医学的研究对象不断扩大

随着全球化及人类和动物活动的日益频繁，环境、气候的不断变化，新的传染病和寄生虫病不断出现，一些新的病原不断被发现和认识，如SARS病毒、西尼罗河病毒、尼帕病毒、裂谷热病毒、猪繁殖与呼吸综合征病毒、猪圆环病毒2型、戊型肝炎病毒、猪胸膜肺炎放线杆菌、副猪嗜血杆菌、肠外致病性大肠杆菌等。同时，老的疫病死灰复燃，病原不断发生变异而出现老病新状，如结核病、布氏杆菌病、口蹄疫、流感、新城疫、鸡传染性支气管炎、球虫病、弓形虫病、旋毛虫病、华支睾吸虫病等。此外，频繁发生的宠物疫病和不断被认识的野生动物疫病，也极大地扩大了兽医学的研究对象。

二、兽医学的研究领域不断扩展

传统兽医学主要以个体动物为对象，研究其病因、发病机制、诊断方法和防治技术。现代兽医学研究已从个体发展到群体、整体、细胞分子、基因和蛋白质水平，以及动物与环境的相互作用等方面，力图多层次阐明个体与群体、群体与环境、病因与病变的内在联系，阐明动物疫病的发生、发展与流行规律。现代兽医学的研究领域突出体现在以下几个方面。

(一) 病原学研究更加系统

新病原的不断发现，病原生态学与流行病学的研究，为动物重大疫病的防控提供了理论依据；大量病原基因组序列的测定和比较基因组学研究揭示了病原遗传变异规律和重组产生新病原的潜能；动物病原基因组学、转录组学、蛋白质组学、代谢组学和免疫组学研究积累了大量数据，为揭示动物病原的生长、代谢、调控、致病与免疫机制等奠定了基础；病原大分子结构与构像的解析、基因网络与调控的阐明，有助于从分子水平揭示致病机制。

(二) 病原与宿主相互作用研究更加深入

一系列与吸附、黏附、侵袭相关的病原组分及其受体的发现，某些病原及其组分侵入宿主细胞和在胞内运输的分子细节的解析，感染宿主的基因表达差异、信号转导途径和调控网络的揭示，为病原体的组织嗜性、跨种感染、致病的分子机制阐明、药物靶标发现、药物分子设计提供理论依据。

(三) 动物基础免疫学研究得到发展

鉴定了大量病原的保护性抗原、B 淋巴细胞表位和 T 淋巴细胞表位，克隆了多种动物免疫相关的信号分子、效应分子、调控分子和非编码 RNA，初步揭示了宿主对某些病原的免疫识别、免疫应答，以及病原体的免疫逃避与免疫抑制的分子机制，为疫病诊断、疫苗研制与抗病育种奠定了基础。

(四) 兽医临床诊断及检测检验技术发展迅速

疾病过程中一些特异表达因子和特异调节因子及其蛋白质组学或酶组学的分子检测和监控技术研究，对于疾病的准确诊断和预后监控评估具有重要价值。开展了兽医临床诊疗技术、兽医检测检验技术、现代分子诊断技术及其在动物疾病诊断、食品安全和公共卫生等方面应用的研究。

(五) 药物靶标和兽药作用机制研究更全面

兽药是养殖业生存和发展不可或缺的物质。除能够防治和诊断动物疾病外，还具有改善养殖动物的生产性能、提高产品质量、降低生产成本等多种作用。

基于基因组学、蛋白质组学的高通量信号通路分析，高通量筛选药物作用新靶标，先导化合物的制备、结构修饰与优化，药物生物标志物的发现，这些研究都为兽药研发提供了技术支撑。

（六）动物源性食品安全研究备受重视

食品安全是全世界共同关注的热点问题，各国政府和国际组织对此均高度重视。对药物残留、违禁物品的检测与监控，对沙门氏菌、大肠杆菌、李斯特菌等重要食源性微生物分离鉴定、快速检测以及消除污染的策略研究，对食源性寄生虫病与人兽共患病病原学的预防、控制技术及其基础研究，均为提高动物源性食品安全、保障人民健康提供了技术支撑。

三、高新技术在兽医学研究中得到广泛应用

随着生物技术的飞速发展，分子生物学、生物信息学、核磁共振、分子影像、冷冻电镜等高新技术已经渗透到兽医学领域，得到广泛应用。从基因和蛋白质水平上诊断和解析某些疾病的成因，揭示其致病的分子机制，并从基因水平进行预防和治疗。利用高新技术，进行疫苗、诊断、药物靶标筛选、分子设计与新产品研发。

四、学科交叉、联合攻关、重点突破是兽医学发展的趋势

人类发展史是一部人与疾病作斗争的历史，在“一个世界、一个医学、一个健康”、“动物健康就是人类健康”这个大背景下，近年来，生物学、物理学、化学、地理学、信息学以及哲学与系统学等学科的理论与技术在兽医学中得到了广泛应用，产生了新观念、新见解、新成果，极大地促进了兽医学的快速发展。

第三节 研究现状和研究动态

一、人才队伍建设

人才是一切科研活动中最重要的资源。我国十分重视兽医学科的人才培养。

目前，全国农业高校中，拥有兽医学一级学科、国家级二级重点学科和二级培植学科的高校数量分别为 2 所、5 所和 3 所，具有 43 个兽医学博士点（基础兽医学、临床兽医学和预防兽医学分别是 13 个、14 个和 16 个）及 10 多个博士后流动站。与兽医学科相关的国家重点实验室有兽医生物技术国家重点实验室、家畜疫病病原学国家重点实验室、农业微生物学国家重点实验室动物病原分室、传染病学国家重点实验室人兽共患病分室和国家兽药基准实验室等。此外，还有一批与兽医学相关的省部级重点实验室，为兽医学基础研究提供了技术平台和条件保障。经过多年努力，我国现已经形成了一支以中青年人才为主，老、中、青结合，能基本胜任兽医科学基础研究的技术人才队伍，其中，中国工程院院士 4 人、国家杰出青年科学基金获得者 8 人和省部级创新团队若干个，为兽医学基础研究提供了人才保障。但当前的兽医学学科无论是基础研究条件，还是人才队伍现状都不能满足兽医学科的发展和国家战略需求。

二、资助现状

在国家自然基金委员会、“973”项目等基础研究计划的资助下，兽医学科基础研究得到了较大的发展。2003～2008 年，国家自然科学基金委员会共资助了面上项目 318 个，青年科学基金项目 90 个，国家杰出青年科学基金项目 8 个，重点项目 9 个，重大项目 1 个，累计项目总数为 426 项，资助总额达到 12 773 万元。从资助的结构和组成看，面上项目和青年科学基金项目资助数逐年增加，但重大、重点和国家杰出青年科学基金等项目资助数额明显偏少，这与我国兽医学科在国民经济的重要战略地位以及兽医学科的发展需求极不相称，不利于兽医学科基础研究的发展和杰出人才的培养。

三、兽医学基础研究的现状与重要成果

随着国家对基础研究的重视和科研投入的不断增长，我国在重要动物疫病、人兽共患病、药物研究和食品卫生安全等方向基础研究方面取得了显著的成绩。突出体现在以下几个方面。

（一）一批重要动物疫病的病原学与流行病学特征和规律被阐明

快速准确地确定动物疫病的病原、流行特征与生态分布是兽医学的首要任务。随着电子显微镜、原子力显微镜等先进仪器设备的应用，快速诊断和鉴别

诊断技术、基因多态性和分子进化分析、基因组测序、生物芯片、卫星遥感定位等新技术的发展，极大提高了病原学与流行病学研究的准确性与效率。

针对高致病性禽流感、口蹄疫、猪瘟、猪链球菌病、猪繁殖与呼吸综合征、副猪嗜血杆菌病、奶牛结核、鸡新城疫、J亚群白血病、鸡传染性支气管炎、弓形虫、血吸虫和附红细胞体等重大动物疫病和人兽共患病，开展了其病原分离与鉴定、病原生态学、分子流行病学等方面的研究。对我国青海湖野鸟禽流感疫情的发生、发展以及不同时间和地点分离的高致病性禽流感病毒进行了系统分析，初步揭示了高致病性禽流感病毒毒力演化规律和跨种感染机制。及时确诊了在我国部分地区暴发的人-猪链球菌病、亚洲I型和A型口蹄疫、小反刍兽疫，确定了以高致病性蓝耳病病毒变异株为主要病因的“猪高热综合征”。开展了寄生虫的分子鉴别、基因组、免疫和防御、媒介与病原体相互关系等研究，为了解寄生虫侵入和传播机制打下了基础。分离、鉴定、收集、保存了上万株动物病原微生物菌（毒）种和寄生虫，对重大动物疫病病原的致病性和生物学特性以及分子遗传演化关系进行了较为深入的研究，揭示了一些重要动物疫病病原的遗传变异特征，这为我国动物疫病预防、控制提供了重要的数据和理论依据。

（二）病原基因组学与蛋白质组学研究得到快速发展

近年来，我国在一些重大动物疫病病原，包括高致病性禽流感病毒、口蹄疫病毒、猪繁殖与呼吸综合征病毒、法氏囊病毒等病毒性病原，猪链球菌、胸膜肺炎放线杆菌、副猪嗜血杆菌、牛分支杆菌等重大细菌性疫病病原，以及血吸虫、弓形虫等重要人兽共患寄生虫的分子生物学、基因组学、转录组学、蛋白质组学、病原毒力和免疫相关基因和蛋白质的发掘与功能解析等方面，均取得了突破性进展。

完成了高致病性禽流感病毒、口蹄疫病毒、猪繁殖与呼吸综合征病毒等上千株病毒以及猪链球菌2型、胸膜肺炎放线杆菌、副猪嗜血杆菌等病原菌的全基因序列测定和注释。建立了我国特有毒（菌、虫）株的基因组信息数据库，揭示了病原遗传变异规律。对胸膜肺炎放线杆菌15种血清型菌株进行了比较基因组学和转录组学研究，阐明了血清型多样性的分子基础。建立了高致病性禽流感病毒、口蹄疫病毒、猪繁殖与呼吸综合征病毒、传染性法氏囊病毒的感染性克隆和反向遗传操作系统，并对病毒特定基因功能进行研究。构建了胸膜肺炎放线杆菌、布氏杆菌、鸡白痢沙门氏菌等病原菌的STM突变体库，预测、筛选和鉴定了一大批新的毒力相关基因。运用SCOTS、IVIAT等技术鉴定了猪链球菌、副猪嗜血杆菌、胸膜肺炎放线杆菌、结核分支杆菌等病原菌的体内诱导基因和蛋白质，研究了这些病原菌对感染和应激的响应机制。利用双向电泳、质谱等蛋白质组学技术系统分析了猪链球菌 2 型和 9 型、链球菌兽疫亚种、副猪嗜血杆菌、胸膜肺炎放线杆菌等重要病原菌的蛋白质图谱，预测、鉴定了大量重要的蛋白质，克隆了结核分支杆菌全基因组的 4000 多个可读框，绘制了该菌中部分基因的调控网络。

(三) 分子致病与免疫机制研究更加系统和深入

深入、系统地了解动物疫病的发生、发展机制对疾病的控制至关重要。近年来，在动物疫病的发病机制研究方面，已从过去简单的动物实验评价、病理变化分析，上升到借助先进的仪器和利用现代分子生物学与组学技术从基因水平、分子水平和细胞水平上进行系统研究。从直接研究病原感染对宿主影响，发展到从病原本身、病原与宿主互作、病原与环境互作等多层面进行研究，使动物疫病发病机制研究更加全面。

1. 动物疫病的致病机制研究取得了一批重要进展

在病原毒力相关基因的发掘与功能解析、病原与宿主相互作用等方面取得了阶段性成果：证实了禽流感病毒 *NS1* 基因对 H5N1 亚型禽流感病毒对鸡的致病力起重要作用；发现了法氏囊病毒 VP2 的 Q253H 和 A284T 决定 IBDV 细胞嗜性；解析了猪繁殖与呼吸综合征病毒、口蹄疫病毒、猪瘟病毒感染细胞或动物后抑制干扰素等天然免疫相关因子的信号通路，确定了与其有关的信号分子和效应分子，阐明了宿主感染这些病原后免疫低下的分子基础；克隆鉴定了一大批猪源和禽源的免疫相关分子；开展了乙型脑炎病毒、口蹄疫病毒、牛结核杆菌等重要动物病原与树突状细胞的相互作用研究，初步阐明了动物病原体的免疫逃避和免疫抑制机制；利用双向电泳、质谱等蛋白质组学技术系统分析了法氏囊病毒、猪瘟病毒、猪链球菌的蛋白质组学和转录组学，获得了传染性法氏囊病毒感染细胞 102 个差异表达蛋白点的质谱鉴定数据，鉴定出 PK-15 细胞在猪瘟病毒感染后 42 种表达异常蛋白，鉴定了猪链球菌 2 型 70 多个免疫原性蛋白点，其中 10 余种为新发现免疫原性蛋白。

2. 动物群发病的分子致病研究取得突破

现代生物技术快速和深入发展，推动了临床兽医学快速发展。动物基因芯片诊断、蛋白质芯片、生物传感技术、流式细胞技术、单克隆抗体、聚合酶链式反应（PCR）都已广泛应用于兽医临床学科，使临床研究更深入，极大提高了动物临床疾病的基础研究水平。发现了内皮素-1 在肉鸡腹水综合征的发生、发展过程中处于主导地位，介入了此病发生发展的全过程；发现肉鸡胫骨软骨发育不良的发病率与福美双呈剂量依赖关系，在其发生过程中宿主基因表达水平出现明显的变化。在奶牛重要疾病研究方面，建立了糖皮质激素诱导的骨质疏松动物模型，研究了微囊化真核表达载体 pcDNA3.1-VEGF165 对小鼠骨代谢的影响以及催乳素、雌激素、孕激素、骨钙素、成骨生长肽等对奶牛成骨细胞和破骨细胞的增殖分化效应；阐明了围产期奶牛营养代谢性疾病（奶牛酮病、脂肪肝、生产瘫痪）的发病机制。

（四）新型兽药制剂和药物代谢动力学取得重要进展

研制出国家一类新兽药喹烯酮、喹赛多及其相应制剂，系统开展其药理学与毒理学研究，运用转录组学和代谢组学技术研究其分子作用机制。建立了猪、鸡等动物离体和在体肝代谢系统，运用 LC-IT-TOF 等先进手段首次发现并鉴定了喹恶啉类 10 余种新的代谢产物，并已克隆出相关基因，获得了重组酶。先后完成近百种抗菌药、抗寄生虫药在畜禽体内药物代谢动力学研究，发现了急性和亚急性传染病对药物动力学的影响机制。开展多种抗菌药物的药动力学—药效同步模型、缓释制剂药动力学特征等研究。

（五）药物残留的检测方法研制，为保障动物性食品安全提供了技术手段

已阐明了 20 余种兽药和饲料药物添加剂在猪、鸡、鱼等动物体内残留消除规律，制订出相应的休药期标准；建立了中国食品动物避免残留数据库；研究建立了一大批兽药及其残留标志物的定量、确证和筛选方法；制备出多种兽药残留标志物（代谢物）的标准品；建立了 20 种以上重要兽药小分子物质的单克隆抗体库；研制出近 30 种兽药残留快速检测的单克隆抗体试剂盒。

采用 ELISA、高效液相色谱、气质联用色谱等现代检测技术，建立了氯霉素、地西泮、西维因、氨基糖苷类药物、呋喃丹、展青霉素残留检测方法的国家标准，开展了真菌毒素、植物毒素、重金属中毒等的快速免疫学检测方法研究。

（六）细菌耐药性研究现状和动态

国内近年来主要研究动物源细菌耐药流行率调查、耐药性检测方法建立、耐药基因表达量和耐药基因突变与耐药水平关系、耐药基因多态性、耐药机制

分析等。我国在细菌耐药性研究方面起步较晚，技术相对比较落后，现有的研究多是跟踪和模仿，验证性实验多，原创性学术思想少。国外自20世纪四五十年代就开展了细菌耐药性研究和监测，对耐药分子机制、耐药流行规律、耐药风险进行深入的探讨和评价，积累了丰富的实践经验和理论知识。目前的研究重点放在耐药新机制发现、细菌获得性多重耐药机制和调节机制、多重耐药与细菌病原的关系研究、耐药性与适应性关系、不同耐药机制相互作用关系等方面，如利用体外人肠道消化模型模拟金霉素、泰乐菌素等多种药物与肠道致病菌在人胃肠道的作用过程，研究耐药性的产生过程、规律及其耐药机制。

（七）疫苗、药物、诊断试剂分子设计与产品创新

研发新型基因工程疫苗、分子诊断试剂、新型药物和治疗性生物制剂是动物疫病防治的发展趋势和根本措施。在病原基因组学、蛋白质组学、致病与免疫机制研究的基础上，进行疫苗、诊断试剂和药物的分子设计，建立研究技术平台，是动物疫病防治产品开发创新的前提。我国在这方面起步较晚，但近几年也取得了重要进展。

1. 鉴定了一系列重要病原的疫苗候选抗原、药物和诊断靶标

精细分析了猪繁殖与呼吸综合征病毒等重要病原的抗原表位，并进行了分子修饰与改造；建立了多种构建重组病毒和重组细菌的技术体系；成功构建了伪狂犬病毒、禽痘病毒、新城疫病毒、胸膜肺炎放线杆菌、沙门氏菌等基因工程疫苗载体，并得到广泛应用；在核酸疫苗、转基因植物可饲性疫苗、复制子疫苗、全息多表位疫苗、蛋白质载体疫苗等新概念疫苗研究方面进行了卓有成效的探索性研究。此外，鉴定有免疫保护作用的抗原片段作为寄生虫病候选疫苗蛋白，研究了核酸疫苗；通过关键/致病基因缺失和改造，产生减毒疫苗；研制多价多途径免疫的疫苗，根据病原特性研究多期多价多联疫苗。

2. 疫病的诊断技术研究

各种新型诊断技术，如荧光定量PCR、酶联免疫吸附测定、胶体金试纸条、乳胶凝集、基因芯片、蛋白质芯片、生物传感器、量子点、磁纳米、环介导核酸常温扩增得到了广泛开展与应用。同时，建立了区分禽流感、口蹄疫、猪瘟、伪狂犬病、猪传染性胸膜肺炎等疫苗免疫动物与野毒感染动物的鉴别诊断技术，区分多病原混合感染鉴别诊断技术的研究也取得了突破。

利用兽医超声技术研究动物心血管疾病，阐明了动物腹水征心脏功能异常特点。采用超声显像技术，建立了奶牛妊娠早期诊断的方法，获得了奶牛卵巢

和子宫病变的图像。建立了X射线技术，研究动物骨骼发育水平和骨矿物质代谢异常技术。通过研究动物乳房肿瘤的PTEN、VEGF蛋白表达差异，建立了评估乳房肿瘤的风险评估指标。

此外，基础兽医学领域的研究进展与动态还涉及以下方面：动物重大疾病的细胞与分子基础；与生产与繁殖关系紧密的相关生理与病理基础研究；动物模型的建立与相关生物学研究，包括正常与疾病动物模型；利用基因修饰技术获得了α-1,3-半乳糖基转移酶基因敲除猪，并在世界上首次获得了两只应用成年雪貂体细胞为核供体的克隆雪貂；野生珍稀动物形态学研究和器官发育的细胞与分子基础；干细胞特性与定向分化机制；各种生命活动现象的神经生物学基础；创新药物的关键基础问题及细胞与分子作用机制；营养代谢及相关疾病的病理基础；动物衰老的发生和发展机制。

四、存在的主要问题

在国家自然科学基金委员会和“973”项目的资助下，兽医学科的基础研究、人才队伍建设、科研条件、环境氛围的营造等方面取得了长足的进步。但是，与兽医学科在国民经济中的重要地位、学科发展需求以及国际上同类院校相比，该学科仍存在以下问题。这些问题限制了学科的快速发展，阻碍了基础研究的深入，急需加以解决。

1）兽医学科的学术带头人、拔尖人才缺乏，各个层次的人才队伍现状与兽医学科的重要性和发展需要极不相称，尤其是从事基础研究的人才更加缺乏。应以自己培养为主，并与积极引进回国优秀人才相结合，营造鼓励优秀人才拔尖和脱颖而出的环境，建立以学科带头人为核心的创新团队。

2）随着动物疾病的日趋复杂，新的疾病不断出现，老病新状，更加需要不同学科的交叉与融合。建立大科学、大平台、大队伍，用以解决大问题，这是未来控制动物重大疫病和人兽共患病的前提。因此，迫切需要从国家层面给予关注和支持。

3）兽医学基础研究领域仍需不断拓宽，譬如实验医学和比较医学也是兽医学研究的主要内容。人类医学中所需的动物模型也是兽医研究的内容。因此，应该设立基金，建立一定机制，实现兽医和医学的有机结合与合作，共同解决医学中的共性问题，培养该方面的人才。

4）兽医学科中原创性不够，突出表现在新兽药创制（尤其是化学药物）比较困难。而且，研发的周期较长，应建立长期的资助机制，鼓励自由探索。

5）国际交流有待加强，尤其是与国际组织交流不够，与国外的知名大学交流不够，“走出去”和“请进来”不够。国外兽医学科教育中对外开放较少。因此，在继续加强国内兽医本科教育的同时，应鼓励国内外大学教育的互访，培养具有国际竞争力的人才。

第四节　学科发展布局

动物疾病防控基础研究不仅是养殖业可持续发展的需要，而且是食品安全和人类健康的重要保障。随着我国畜牧业规模化养殖发展以及饲养方式改变，动物的各种群发性疾病也愈来愈多。我国动物疾病的基础研究整体上还比较薄弱，对一些重大疫病病原的生态分布与流行规律“家底”不清。多病原混合感染、多重感染严重，病原的变异速度加快，跨种感染增多。动物疾病呈现旧病未除、新病又发的尴尬状况，从而导致疾病复杂化，社会影响或经济损失巨大。在这种形势下，为了确保我国养殖业的健康可持续发展、人民生命财产安全和社会稳定与繁荣，在未来 5～10 年中，兽医学学科的发展要站在学科前沿，立足自主创新，培植新兴领域和学术生长点，优先支持在养殖业健康发展、食品安全和公共卫生三个方向上具有重大意义的动物疾病防控基础理论与应用基础研究。应充分利用分子生物学、基因组学、蛋白质组学与生物信息学所取得的理论和技术成就，推动病原学与病原生态学、病原与宿主相互作用、分子致病与免疫机制、基因调控与网络、疫苗、诊断试剂、药物作用机制及药物靶标分子设计等前沿领域发展。还应针对我国未来兽医科学及产业发展的需求，大力提倡和鼓励学科交叉与融合，解决健康养殖、食品安全、生态安全、防病治病和生物产业发展的深层次科学技术问题，开发新的防控技术与产品。通过这些举措促使未来 5～10 年我国进入世界兽医学基础研究与技术创新的先进国家之列。

第五节　优先发展领域与重大交叉研究领域

一、优先发展领域

（一）动物疫病的病原学与病原生态学

研究动物重大疫病和人兽共患病病原的三间（宿主间、时间、空间）分布和流行病学特征，阐明其在畜禽、宠物、野生动物和人之间的传播规律及环境变化对传播的影响；研究病原的遗传变异，揭示多血清型病原遗传多样性的分子基础，阐明不同亚型或基因型病原的相关性、传播能力和跨种感染潜能；建立病原资源库和血清库；分析国内外动物疫病疫情动态和流行趋势，为动物疫病预警预报系统与防控策略制订和防控产品设计与研制提供理论依据。

主要科学问题：

1）新发疫病的病原学；

2）病原的遗传变异、进化速率与重组潜力；

3）多血清型病原遗传多样性分子基础；

4）病原生态分布与流行规律；

5）多病原混合感染的病原生态学。

（二）病原基因组学与蛋白质组学研究

深入研究动物重大疫病和人兽共患病病原体的基因组结构与功能，重点研究病原功能基因与功能蛋白、信号转导、代谢途径和网络调控，挖掘与毒力和免疫原性相关的新基因，鉴定病原在体内外存活或复制的必需基因，解析病原及其大分子结构与功能、病原基因和蛋白质互作及其调控网络、病原蛋白之间的相互作用及其调控网络，为分子致病与免疫机制的研究以及新药物、疫苗和诊断试剂的分子设计与研制提供新理论、新技术和新材料。

主要科学问题：

1）新病原和重要病原的基因组和蛋白质组结构；

2）病原及其大分子的结构与功能；

3）病原在体内外存活或复制的分子机制；

4）病原基因与蛋白质及蛋白质与蛋白质之间的相互作用及其调控网络。

（三）病原与宿主的相互作用研究

动物疫病发生的本质是病原体与宿主相互作用的结果，其发生与发展过程除与病原自身的感染性与毒力有关外，细胞对病原入侵的反应至关重要。当前关于病原的致病机制，认识最多的是病原体自身方面，如感染性、毒力、复制等，但对病原如何侵入宿主细胞以及宿主细胞对病原的反应还缺乏研究。研究病原感染宿主过程中病原和宿主细胞基因组表达在转录组水平和蛋白质组水平的变化，及病原或病原组分在宿主体内和细胞内运输的分子细节，阐明病原适应宿主、存活、定植、繁殖（或复制）、扩散和致病的分子机制，揭示病原感染引起的宿主反应及其信号转导通路。

主要科学问题：

1）病原侵入宿主的分子机制，病原及其组分在胞内运输的分子细节；
2）病原受体与跨种感染机制；
3）持续感染和多重感染分子机制；
4）病原感染后宿主基因组表达与蛋白质组的变化特征；
5）病原体如何改变细胞信号转导的网络调节；
6）感染特异生物标志的发现与应用；
7）病原体蛋白质与宿主免疫分子的相互作用；
8）免疫与持续性感染的机制。

（四）动物免疫的分子基础与疫苗创新

我国兽医免疫学研究相对滞后，需要加强对主要畜禽免疫应答的分子机制研究，尤其是先天性免疫杀灭清除外来病原的分子机制、免疫调控网络与信号转导的分子机制。挖掘与先天性免疫相关的信号分子和效应分子，研究宿主对病原的免疫识别以及病原引起的免疫抑制、免疫逃避及其调节机制；研究黏膜免疫抗感染作用的分子机制和网络；比较不同动物免疫器官、免疫细胞、免疫分子的特征；解析不同动物免疫应答特点与规律、宿主抗感染免疫因子的作用机制；基于免疫学、基因组学、蛋白质组学以及结构生物学设计、构建新型疫苗分子，并进行效力评价。

主要科学问题：

1）病原免疫原性基因与宿主抗感染基因的发掘；
2）宿主对病原的免疫识别、先天性免疫启动与免疫应答机制；
3）免疫抑制与免疫逃避的分子机制；
4）不同动物免疫系统结构与功能的比较免疫学；
5）新型疫苗分子设计与构建。

（五）病原协同致病机制

病毒、细菌、寄生虫、支原体等多病原混合感染和继发感染是当前动物疫病预防和控制中最棘手的问题。多病原混合感染和继发感染不仅使动物疫病变得更加复杂，而且使疾病的发生更加严重，诊治更加困难。研究畜禽多病原混合感染和继发感染的病原种类，阐明混合感染和继发感染的病原生态学与流行病学规律；研究混合感染和继发感染中多病原之间相互作用及其对疾病过程与转归的影响，揭示病原协同致病的分子机制。

主要科学问题：

1）多病原混合感染和继发感染的病原生态学与流行病学规律；

2）多病原混合感染的动物和细胞模型；

3）混合感染病原之间的相互作用及其信号转导网络；

4）病原协同致病的分子机制。

（六）寄生虫感染与致病的特殊机制

寄生虫是一类显著不同于细菌和病毒的病原体，它包括吸虫、绦虫、线虫和原虫等。寄生虫种类繁多，形态各异，生活史复杂。寄生虫病感染普遍，常以慢性感染为主，同一种寄生虫能够感染多种家畜，具有较为完善的免疫逃避机制和能力，还能协同其他病原体致病，危害严重。随着免疫学、生物化学和分子生物学理论与技术的发展，动物寄生虫病及人兽共患寄生虫病研究已经跨过描述寄生虫学和实验寄生虫学阶段，进入了以免疫寄生虫学与生化—分子寄生虫学为主的现代寄生虫学阶段。但由于对寄生虫和寄生虫病的相关基础研究落后，到目前为止，上市的疫苗非常少。随着传染病防治水平的提高，寄生虫病给畜禽饲养业和人类健康造成的危害愈显突出。目前有关寄生虫病的防控主要靠药物治疗，但药物防治产生了严重的药物残留和食品安全问题。由于寄生虫跨越多个动物分类阶元，开展对相关寄生虫的研究，对于阐明同类动物生物学特性具有重要的模式意义。参与寄生虫代谢、入侵、致病以及宿主免疫应答的诸多功能分子，可作为疫苗和药物的作用靶标。采用寄生虫学、免疫学、功能基因组学、蛋白质组学、生物信息学等理论与技术，对寄生虫侵入宿主及其在宿主体内移行过程中关键发育阶段功能分子及基因调控进行研究，从分子水平上解析寄生虫对宿主侵袭、致病与免疫逃避机制，探索宿主对寄生虫感染与再感染的免疫应答机制，回答寄生虫与宿主间相互作用的主要科学问题，是寄生虫病防控理论研究的前沿课题。

主要科学问题：

1）寄生虫在宿主体内移行过程中不同性别和发育阶段的功能分子及基因调控机制；

2）寄生虫对宿主侵袭、致病与免疫逃避机制的特殊机制；

3）宿主对寄生虫感染与再感染的免疫应答机制；

4）重要动物寄生虫及人兽共患寄生虫的种群遗传学、系统发育学及分子流行病学研究。

（七）动物重要普通群发病发生机制与诊疗的基础研究

动物常发病以其常发性、多发性和顽固性而成为制约畜牧业发展、影响畜牧业经济效益的主要问题。解决这类疾病，将在不提高动物存栏量和不增加饲料消耗的基础上，大大地提升我国畜牧业的生产力，包括畜牧业产品的数量和质量，增强我国畜牧业产品的国际竞争力。动物的重要普通群发病包括动物围产期疾病（奶牛酮病、乳腺炎等）、营养代谢性疾病（肉鸡腹水综合征、钙磷代谢紊乱性疾病等）、中毒性疾病（氟中毒、硒缺乏及中毒等）、免疫失调与内分泌紊乱（动物繁殖障碍性疾病、疼痛性疾病、炎性疾病等）等。机体生命活动和疾病发生发展过程，包括细胞的代谢、分裂、分化、生长、死亡都与信号转导有关，并受到多种因子的调节，且诸因子之间存在着复杂的网络联系。目前，由于环境污染、动物频繁异动、营养失衡、机体免疫功能下降，动物正常的信号转导和调控紊乱，致使普通群病发病率不断上升，研究揭示动物普通群发病的信号转导与网络调节过程，流行规律及特点、致病因素等，有助于阐明上述疾病的分子机制和发生发展过程，是深入揭示上述疾病发生机制和防控的基础。

主要科学问题：

1）动物主要普通群发病发生发展过程中的信号转导通路；

2）信号转导受体的分布定位及其作用；

3）信号转导中的网络调节；

4）疾病发生发展过程中的标示物；

5）受体阻断剂/拮抗剂；

6）基于重要普通群发病的营养调控和药物设计；

7）普通群发病的基因多态性与基因调控。

（八）中兽药和动物针灸的作用机制研究

中兽医学是祖国医学的瑰宝，中兽药的研究与开发在本学科已经形成了产学研的链条。特别是在抗微生物类药物耐药性不断增加、药物残留危害性日益增大的情况下，中兽药源于天然、毒副作用小、无药物残留的特点更加突出，在治疗细菌性和病毒性疾病方面作用越来越大。动物针灸技术是祖国医学中又一璀璨的明珠，在动物麻醉与止痛、运动疲劳康复、宠物运动神经障碍等方面得到广泛应用。因此，全面开展和推动中兽医药的研究与应用，发展、传播和弘扬祖国传统中兽医药和动物针灸技术十分必要。但是中兽药作用机制不明确的现状严重制约了中兽药抗细菌和抗病毒方面的研发，因此，对中兽药抗细菌和病毒的机制进行研究，将有助于此类药物的研发。

主要科学问题：

1）中兽药的免疫增强机制；

2）中兽药抗菌抗病毒的细胞分子机制；

3）中兽药抗菌抗病毒的基因组学研究；

4）针灸对神经—内分泌—免疫的调节机制；

5）动物病证模型与组方机制、基因表达谱药物评价芯片研究；

6）中药活性部分筛选和药效评价基因表达谱芯片研究。

（九）药物作用的分子机制及药物创新

兽药是养殖业生存和发展不可或缺的物质。除能够防治和诊断动物疾病外，还具有改善养殖动物的生产性能、提高产品质量、降低生产成本等多种作用。兽药的不合理使用或滥用，也会对靶动物和动物源食品的消费者产生毒副作用。药物筛选是新药研发的重要环节，旨在寻找治疗干预的特殊分子靶点及其在病理和生理状态下的分子与生化差异。现代分子生物学技术提供了足量的分子靶点，但并不是所有的靶点都与疾病相关，因此对靶点要进行选择和验证。除了蛋白质产物外，基因本身也可作为药物靶点。新药筛选的任务，一是针对重大疾病发病机制，运用分子生物学、细胞生物学、遗传学、生物化学等生命科学的重要理论、思路和研究手段，发现和确认药物作用的新靶点（如酶、受体、细胞因子、离子通道、核酸、糖与糖复合物等）和可能的干预环节（如细胞信号转导、细胞调控、基因表达等）；二是利用与药物学药理学相关的生物信息学、计算机学、化学、材料学等学科的最新成果，发展药物研究的新方法、新技术。抗菌药、抗寄生虫药和生长促进剂是兽用新药筛选与研发的重点。

主要科学问题：

1）药物的原发作用与信号转导；

2）药物与生物大分子的相互作用；

3）药物作用的构-效关系、时-效关系和量-效关系；

4）药物作用的信号转导及第二信使，级联效应及信号最终靶向蛋白；

5）蛋白质构型改变与信号转导，信号转导的多样性与网络通路；

6）药物作用新靶点的发现与确证；

7）药物受体和靶点的多效性；

8）基因多态性对药物效应的影响；

9）新型生物活性物质的发现与结构功能；

10）基于靶标结构的药物设计和结构优化；

11）基于基因组学、蛋白质组学的高通量信号通路分析；

12）基于靶蛋白结构的计算机辅助设计与优化；

13）候选药物的构-效关系；联合用药与药物相互作用。

（十）外来病防控基础研究

疯牛病、尼帕病、小反刍兽疫、非洲猪瘟等外来病严重威胁我国的畜牧业发展。除小反刍兽疫曾在西藏出现一过性流行外，其他传染病尚未登陆我国，但存在着潜在威胁。一旦暴发，必将给我国畜牧业生产和人类健康造成极大的经济损失和社会危害。例如，虽然我国尚未发现疯牛病，但已有多例人克-雅氏症病例的报道。因此，我们必须加强疯牛病等外来病的基础研究工作，为防范其流行提供理论基础。

主要科学问题：

1）疯牛病感染途径、传播机制与发病机制研究；

2）尼帕病、小反刍兽疫、非洲猪瘟等病原生态学与应急防控的基础研究；

3）外来病的流行病学监测与预警研究。

二、重大交叉研究领域

（一）人兽共患病防治基础研究

人兽共患病，尤其是新发人兽共患病和再现人兽共患病，是人类面临的长期挑战。近年来，食源性人兽共患病总体上呈现上升趋势，从农场到餐桌这一过程中，病原微生物对人类健康的影响，将成为食品安全的重要问题。规模化畜禽养殖场环境污染更为严重，90%的畜禽养殖场未通过环境影响评估，80%左右的规模化畜禽场缺乏必要的污染治理投资，直接对环境造成巨大的危害。对人兽共患病的研究、预防和控制是一个巨大的系统工程，及时确定新发人兽共患病的病原，全面了解人兽共患病的传播途径、生态分布、流行特征和跨种感染潜能，解析病原体及主要蛋白的空间结构，阐明其代谢调控、致病与免疫和耐药机制，发现新的药物靶标，开发安全高效的疫苗和治疗性药物，制订切实有效的综合防控措施，需要多个学科的交叉与协作。

主要科学问题：

1）重要人兽共患病病原生态学研究；

2）主要病原污染、生存及散播机制；

3）病原细菌可移动遗传元件与毒力的关系；

4）规模化养殖场污染治理基础研究。

（二）动物源食品安全相关基础研究

动物源食品安全已成为全球重要的公共卫生问题，其中养殖业广泛应用兽药所带来的药物残留和细菌耐药性是影响动物源食品安全的主要因素。近年来人们十分关注食品动物广泛使用抗菌药物造成耐药菌和（或）耐药基因大量产生与扩散对食品安全和人类健康的影响。“耐药细菌”有可能成为下一个食品贸易技术壁垒。虽然发达国家的耐药性风险评估也只处于初步阶段，但鉴于我国耐药性的严峻形势，应积极开展动物源病原菌耐药性相关基础研究，为耐药性风险评估与防控提供科学依据。

主要科学问题：

1）兽药残留免疫分析方法的质量评价模型；

2）复杂基质中兽药残留的分离纯化技术；

3）兽药残留表征；

4）兽药残留预测理论与技术；

5）动物源病原菌耐药性风险评估与防控基础研究；

6）抗菌药物诱导常见病原菌耐药表型的量—效关系、时—效关系及其他影响因素；

7）病原菌耐药性与致病性及其他生物特性之间的交互作用及其分子基础；

8）菌群中耐药菌株及耐药基因的迁移、演化规律；

9）抗菌药物长期胁迫和复合胁迫对耐药菌及其耐药基因的影响。

第六节 国际合作与交流

兽医学是医学、公共卫生与环境生态科学的重要组成部分，是保障动物和人类健康的重要学科，在动物疾病、人畜共患病、食品安全、公共卫生和生态环境健康等方面起到主导性作用。兽医学研究是一个复杂的，涉及多学科、多层次、多角度、多交叉的学科内容。由于受传统弱势学科观点的影响和先前研究经费的投入不足，我国兽医学科的基础研究相对较为薄弱。近年来，随着我国经济社会高速发展，综合国力空前提高，科技创新能力也明显提高。国家多个部门（如国家自然科学基金委员会和“973”计划等）加大对基础研究的投入力度，兽医学研究也取得了较大的进展，但与欧美发达国家和地区相比仍有较大的差距。我国肉、蛋、奶人均占有量与发达国家相差甚远，高水平人才缺乏，缺少具有国际科技竞争力的学术创新团队，具有重大国际影响的标志性成果尚不突出。疾病控制是养殖业发展的保障，人畜共患愈演愈烈，食品安全、公共卫生与生态环境问题日益突出，这些都迫切需要加强兽医学的基础研究与人才培养。因此，未来5～10年必须加强与居世界领先地位的高水平实验室开展国际合作与交流，将有助于提升兽医学研究水平和培养高水平的学科带头人与拔尖人才。

在未来的5～10年，兽医学领域的国际合作与交流方面建议重点优先支持下列领域。

一、动物基础免疫学研究

我国兽医基础免疫学是兽医学中相对薄弱的领域，与国外相比差距较大。而基础免疫学又是兽医学主干学科，开展适当的国际合作与交流对于培养我国的研究队伍和提高研究水平有着重要的意义。

二、病原糖组学研究

糖在正常生理代谢和疾病发生、发展中扮演十分重要的角色。糖组学研究对诊断标识发现、新型疫苗设计与研制、药物靶标筛选等方面具有重要价值，是当前国际上新兴研究领域。在我国兽医学中糖组学的研究尚未起步，因此，开展该领域的国际合作对推动我国动物病原糖组学的研究十分必要。

三、病原与宿主的互作及其信号转导与调控网络

病原与宿主互作及其信号转导与调控网络是当前预防兽医学研究的热点领域。我国在这一方面刚刚起步，并具备了一定的基础，与国外开展该领域的合作有利于提升我国在该领域的研究水平。

四、外来病防控基础研究

外来病始终对我国构成严重威胁，一旦传入我国无论对养殖业还是对人民健康都将造成巨大的危害。对于我国目前还没有的疾病，通过与国外的合作交流，将有助于我国技术储备与人才培养，对确保国家安全意义重大。

五、动物生长代谢调控的分子机制

动物生长调控是动物养殖领域永恒的主题。以前的研究已经揭示了一些重要规律，特别是生长轴的调控。但我们对生长调控分子事件的了解还远远不足。目前，新型调控分子（如 miRNA、细胞因子）间的相互作用网络（interaction network）还不清楚，特别是原来的一些观点是模糊的，甚至是错误的。如生长轴中的 GHRH（ghrelin、PACAP）、SST、GH、IGF 及其相应的受体之间相互关系，还有待进一步阐明。miRNA 作为重要的调控分子，是否参与了生长调控还不清楚。另外，生长调控与代谢密切相关，从而影响动物的生产性能及产品品质，如肉品质与脂肪代谢之间的关系等。非编码 RNA（ncRNA）是近年来发现的重要功能分子，主要调节生物体内在的与体生长、发育、疾病发生过程有关基因表达，而且研究人员推测这种小分子调节着人类 1/3 的基因。其重要性已经得到了人们的认可，但其在重要动物上的表达规律、调控机制与网络还不清楚。所以如果能阐明其与动物生长、代谢、疾病发生、繁殖等重要事件的关系，将有重大的科学意义和指导作用。应积极通过国际合作与交流，创造条件促进我国在这一新方向上的发展。这些问题的阐明，将会在生产性状与产品品质之间建立最佳的平衡点，从而指导畜牧业生产。

六、动物系统生物学研究

系统生物学是在细胞、组织、器官和生物体整体水平研究结构和功能各异的各种分子及其相互作用，并通过计算生物学来定量描述和预测生物功能、表型和行为的学科。在生命科学发展的宏观趋势上，目前已进入系统生物学发展阶段，系统生物学研究思想已逐渐渗入兽医学科领域。以系统生物学研究思想为指导，通过与基因组学、转录组学、蛋白质组学、代谢组学、相互作用组学和表型组学等组学的交叉，动物系统生物学研究正在成为该领域新的研究内容。应创造条件，积极通过与国外高水平实验室国际合作与交流，促进我国在这一新方向上的发展。

七、动物重要群发普通病的信号转导与网络调控机制

动物重要普通群发病，即指动物营养代谢病、中毒病、遗传性疾病、内分泌疾病、生产与繁殖性疾病。通过开展国际合作与交流，有助于研究揭示动物

普通群发病的信号转导与网络调节过程，有助于阐明上述疾病的分子机制和发生发展过程，从而有效防制该类疾病。

八、动物骨代谢疾病的基础研究

骨代谢紊乱（动物佝偻病、骨质疏松症、肢蹄病、关节疾病、产褥热、生产瘫痪、蛋鸡产蛋疲劳综合征、肉鸡胫骨软骨发育不良等），是重要群发病中主要疾病之一。近20年来，骨代谢及代谢紊乱一直是人们关注的重点，其主要研究集中在骨代谢的激素调节、维生素D与骨代谢、骨代谢标示物和骨密度的检测。研究显示，骨代谢除上述传统的调节方式之外，还新发现了一些调节因子（如胰岛素样生长素IGF-1，斯钙素STC-1等），并发现各种因子经特殊信号转导方式而发挥作用，且各种因子之间呈复杂的网络联系。通过国际合作与交流，深入研究骨代谢紊乱中的信号转导与网络调节，有助于进一步阐明动物骨代谢紊乱发生发展过程，丰富、完善骨代谢调节理论。

第七节　保障措施与建议

一、科学认识兽医学科的战略地位

针对我国目前兽医学科发展相对滞后、社会对兽医学科地位认识不足、本学科国内发展水平与发达国家差距甚大的局面，应从国家需求的高度充分认识到兽医学科发展的战略地位，尤其是应科学认识兽医学科发展在保障人类健康中的重要地位。因此，在未来5～10年，国家在重大科学计划、科学发展布局等战略规划中，应加强对兽医学科的支持力度，尤其是加强对制约本学科发展瓶颈领域的支持力度，增加本学科在重大科学项目中的参与度、显示度，逐步提升本学科的战略地位。

二、加强兽医基础研究平台建设

根据未来动物疾病与人兽共患病的防治、食品安全与公共卫生的基础研究发展趋势，合理布局病原学、流行病学、基因组学与蛋白质组学、分子免疫与致病机制、疫苗、诊断与药物分子设计、靶标筛选等研究平台，提升兽医学科的创新发展能力和人才培养水平。

三、发展兽医学科研究的支撑体系

1）充分利用现有国家研究实验基地和大型实验平台，推动项目、人才、科研条件建设的紧密结合，促进基础科学数据的汇集积累和资源共享，支持重要研究领域虚拟研究中心建设，为科学研究提供更好的条件保障。

2）借鉴美国等发达国家的经验，在重点农业大学和科研院所，建立动物疾病和人兽共患病等兽医学相关领域的基础研究中心，发挥这些教学科研机构的人才优势，提高我国兽医学科的研究水平，提升参与国际竞争的能力。

3）建设一批符合条件、管理规范的生物安全Ⅲ级和Ⅱ级实验室，以达到对高致病性病原微生物开展研究的必要条件。

4）建设符合国际标准的实验动物中心，加强与国际实验动物相关组织的合作，规范实验动物的使用、管理和相关福利制度，为兽医学科研究提供各种纯系动物、无菌动物、SPF 动物和基因敲除（免疫缺损）动物，以满足科学研究的需求。

四、培育创新团队

充分发挥国家杰出青年科学基金的示范和带动作用，紧紧抓住培养、吸引和使用人才的三个关键环节，进一步完善工作体制，创新工作机制，营造育才、聚才和用才的良好环境，培养和造就一批优秀的学术带头人和具有国际影响力的知名专家。在本学科基础较好的领域，集中研究力量，重点支持，重点突破，力争在未来 5～10 年里构建具有国际竞争力的兽医学创新团队，产生具有国际领先水平的原创性科研成果。

五、积极开展国际交流与合作

用世界性眼光，统筹国际、国内资源，加强与 OIE（世界动物卫生组织）、WHO、FAO 等国际组织和国际参考实验室的实质性交流与合作，促进我国动物疫病防疫工作与国际接轨。加强国际合作项目管理，积极组织重大国际（地区）合作研究项目和双边、多边协议合作项目，尤其是加强与国际知名实验室、学术团队的交流与科研项目合作。

◇参考文献◇

陈焕春，周锐，肖少波等. 2008. 兽医传染病学学科发展现状与展望. 中国家禽，30（11）：1～5
陈竺. 2005. 系统生物学——21世纪医学和生物学发展的核心驱动力. 世界科学，3：2～6
郭定宗. 2006. 兽医临床检验技术. 北京：化学工业出版社：121～176
李建喜，杨志强，王学智. 2005. 中兽医学的研究现状与未来展望. 动物医学进展，26（2）：51～54
刘德稳，高靖，董宏伟. 2005. 我国畜牧业可持续发展战略之深思. 畜牧兽医杂志，24（6）：33～40
刘琳. 2008. 畜牧学与兽医学学科发展报告. 中国家禽，19：32～38
陆承平，方维焕，陈金顶等. 2008. 兽医微生物学学科发展. 中国家禽，30（9）：31～34
马学恩. 1999. 动物病理学科发展建设一些问题的思考. 动物医学进展，20（3）：1～4
牛家藩. 1991. 中兽医学的起源与发展. 中国农史，1：78～85
芮荣，薛立群. 2008. 在新形势下我国兽医产科学发展的几点思考. 畜牧与兽医，40（2）：96～98
杨汉春，焦新安，周继勇. 2008. 兽医免疫学学科发展. 中国家禽，30（9）：26～31
Jones K E，Patel N G，Levy M A，et al. 2008. Global trends in emerging infectious diseases. Nature，451：990～994
Potter P. 2004. "One Medicine" for animal and human health. Emerging Infectious Diseases，10（14）：2269～2270
Taylor L H，Latham S M，Woolhouse M E. 2001. Risk factors for human disease emergence. Philos Trans R Soc Lond B-Biological Sciesnes，356：983～989
Wolfe N D，Dunavan C P，Diamond J. 2007. Origins of major human infectious diseases. Nature，447：279～283
Woolhouse M E J，Gowtage-Sequeria S. 2005. Host range and emerging and reemerging pathogens. Emerging Infectious Diseases，11（12）：1842～1847

第九章

水　产　学

水产学科是研究可成为“水产品”的水生生物及其生存环境（水圈、岩石圈、大气圈和生物圈）和人类社会相互作用过程与规律的科学。传统水产品是人类以食用为主要目的鱼、虾、贝、藻及其加工产物，非传统水产品则包括了源自水生生物的具有多种用途（如精细化工、观赏、医用、生态修复等），可用作新制品、新材料、新能源的商品。水产学科研究内容主要包括水产生产对象和手段、影响水产业发展的各种自然和人为因素、有利于促进水产品持久增产的生产技术和管理方法等。

第一节　战略地位

水产学科具有重要战略地位，它既是农学和生物学中不可或缺的重要领域，又是维持和提升水产产业和确保人类社会和谐发展的知识基础和技术支撑。FAO 2008 年的统计表明：“水产养殖继续是动物食品生产部门增长最快的产业，其增速超过人口增长，来自水产养殖的人均供应量从 1970 年的 0.7 千克增加到 2006 年的 7.8 千克，年平均增长率为 6.9%。”FAO 预言：“一个里程碑可能就要出现。经过稳定增长，尤其是过去 40 年的稳定增长，水产养殖产量将首次占全世界人类消费的水产品的一半。这不仅反映了水产养殖产业的活力，还反映了全球经济的增长以及水产品加工和贸易的持续发展。”

历史上全球的渔获主要依靠捕捞，由于野生渔业资源的过度开发，从 20 世纪 80 年代中期开始，捕捞的产量就不再增加，甚至负增长的情况也时有发生。FAO 的评估报告指出：世界渔业“2007 年约 28%的种群为过度开发（19%）、衰退（8%）或从衰退中恢复（1%）；另外的 52%种群已被完全开发，其产量处于或接近最大潜在产量。”

与此同时发生的是世界水产养殖产量年年在增加。2007 年 11 月在罗马召开的世界主要渔业国的部长会议讨论中分析认为："迄今，人类消费的45%的水产品，总计4800万吨都来自养殖。到2030年，每年需另外增加3700万吨水产，才能维持不断增长的世界人口现有的水产消费水平。"会议得出结论："水产养殖是能够填补水产供给与需求之差的唯一途径。"

近30年来，我国水产养殖业取得了长足的发展，并成为大农业中发展最快的产业之一。全国水产品总产量已由1978年的412万吨增加到2007年的5250万吨，渔业总产值4568亿元，其中68%来自养殖业。水产养殖总产量3490万吨，占世界水产养殖产量的69%。渔业的发展使我国水产品产量连续10余年居世界首位，占我国动物性食物产量的30%，其中近70%来自养殖，水产品出口也已占农产品出口净收入的50%以上，为我国建设和谐社会对优质食品的需求做出了突出贡献。

水产产业是以水域生态系统和存在其中的生物资源（包括群体、个体、组织、细胞和基因）为基础，由先进可行技术和高新技术支撑和催生的生物经济。开发新农业产品、新型食品以及诸如可降解塑料或者新生物燃料等新材料，需要以不断的专业进展和生命科学、生物技术领域的技术发展为基础。从水生生物资源中不仅可以获取食物，还可以获取药物、材料和能源等。以知识为基础的水产业，既需要其他学科的新知识、新方法、新材料支撑，也必将为其他学科的发展提供有力支撑和推动。作为大农业中的重要组成部分，随着人类社会对水生生物资源需求不断增长，水产产业已经成为拉动农村经济、增加渔民收入、改善食品结构、提高人民生活水平的重要行业，在保障供给、稳定市场、保障国家粮食安全、促进贸易发展等方面都发挥了重大作用。作为以最低用量的谷物以换取动物蛋白质的方法，水产养殖已被国际权威专家认为是世界上获取动物蛋白质最有效率的技术，是中国农业对世界的重大贡献之一。

《纲要》中明确指出，要优先"发展海洋生物资源保护和高效利用技术"，"重点研究开发规模化健康养殖技术及设施，创制高效特异性疫苗，突破近海滩涂、浅海水域养殖和淡水养殖技术，发展远洋渔业和海上贮藏加工技术与设备"。《纲要》为水产学科的中长期发展提出了要求和指明了方向。大力发展水产学科，促进产业快速发展，能有效提升我国水产产业的科技创新能力，有效保障国家食物安全。在未来10年中，全面落实十六届五中全会提出的"积极发展水产业，保护和合理利用渔业资源"任务，确保水产业实现从"产量渔业"到"效益渔业"转变，是建设现代农业生产体系的重要举措，对保障我国水产业未来10年健康持续发展具有重大意义。

第二节　发展规律与发展态势

按照维基百科的解释，水产科学（fisheries science）是管理和理解渔业的学科。它是多学科交叉的科学领域，涉及海洋学、水生生物学、海洋湖沼养护学、生态学、种群动态学、经济学与管理学等学科知识，以此提供世人对渔业的完整图景。

水产学科既是一门设立已久的传统学科，又是一门与时俱进，与各学科交叉融合，不断充实和发展的新兴前沿学科。既有和其他学科发展相似的共同规律，也有自身发展的特点。就研究对象而言，海洋、湖沼、河流以及人工调控下的水体和其中赖以生存的有机体（动物、植物、微生物及它们的细胞、组织和组分）是水产科学研究的主体。

在地球的水系统中，海洋占据了十分重要的地位。海洋是生命的摇篮，地球上有3.6亿平方千米的浩瀚海洋，约占整个地球表面的71%，蕴藏着地球上80%的生物资源，其中海洋动植物20万种以上，海洋微生物的种类和数量难以估计。海洋的高盐、高压、缺氧等特殊环境，造就了海洋生物独特的生命过程和代谢途径，使得海洋生物具有陆地生物不具有的特点和功能。海洋生物资源包括海洋渔业资源、生物代谢产物资源和基因资源等，不仅是人类食物的重要来源，也是取之不尽的资源宝库。

水产学科是水产产业发展的理论先导和技术基础，同时水产产业发展也是水产学不断创新的引擎，两者相辅相成，相得益彰。水产学科进步引领和支撑了水产产业的兴盛，而水产产业发展又促进了水产学科创新进步。水产科学是一门综合性和应用性很强的学科，随着学科发展，多学科交叉和紧密与产业合作已成为学科发展的趋势。多年来，水产学科培养了一大批中青年学科带头人和骨干人才队伍，聚集了一批创新团队，加强了“项目—人才—基地”建设，组建和完善了的技术推广服务体系。上述措施有效提升了水产学科高新技术的转化力度，建立一批高技术推广和示范区、园区和基地，有力地促进了学科和产业的协调发展。

近年来，水产科学的发展呈现如下几个特点。

一、蓝色生物经济发展和人类社会的需求成为水产科技快速发展的重要驱动力

以海洋和陆地上的大水体生态系统和存在其中的生物资源为基础，由先进

可行技术和高新技术支撑和催生的生物经济可视为蓝色生物经济。蓝色生物经济的快速发展和人类社会对水产品不断增长的需求，必须有强大的水产科学作为引领和支撑。在经济和社会发展的强力驱动下，水产科学得到较快发展。事实上，水产科技的发展也担负着支撑和提升现有的水产养殖业的重任。

进入21世纪，可持续发展渔业已成为世界共同关注的时代主题，水产养殖对世界水产品供应的作用已在发达国家学者中达成共识，鱼类等水产品作为较为安全的蛋白质来源已得到社会的广泛认同。水产养殖已开始成为正在快速发展的新型产业。美国政府提出，到2025年将养殖的鱼产量增加5倍。2003年，美国进口了110亿美元的海产品，在其天然资源进口中，水产品仅次于石油，排在第二位。美国政府希望，人工养鱼可消除80亿美元的海产品的贸易赤字。

随着人类对水产生物产品需求的不断增长和农业生物技术的不断进步，水生生物资源的可持续利用成为科技发展和蓝色生物经济发展的重要组成部分，也成为美国、日本及欧盟等国家和地区海洋科学研究领域的研究重点，具有重要的战略意义。由于陆地资源的大量开发，水生生物基因和化学产品的开发成为国际医药、食品、化工领域的研究与开发重点，水产品加工废弃物的绿色加工过程也成为重要的研究方向。

海洋生物为代表的水生生物基因资源将在工业、农业、医药、环保和军事等领域逐步得到应用，海洋生物基因产业将成为海洋生物资源持续利用产业的重要组成部分，成为海洋经济新的生长点。例如，生长在深海环境的微生物、珊瑚动物和红树植物的共附生微生物等，可能成为创新药物的特殊来源库，海洋微生物资源的开发利用成为各国争夺资源和相关知识产权的重要领域。

水生能源生物异军突起，将成为生物气体和生物液体燃料的生物反应器，为解决能源危机做出重要贡献。作为碳汇的海洋藻类生物量的获得，不像陆地作物那样要与粮食生产争夺宝贵的土地资源和淡水资源，因此开发以藻类为主的能源生物成为欧美等国家和地区的能源战略。

二、宏观与微观相结合，各分支学科综合、交叉成为水产科学发展的重要趋势

系统科学和整合生物学观点很大程度影响到水产学科的发展。水生生物离不开生活在其中的水环境以及其他物种。一方面，生物个体是由不同系统、器官、组织、细胞和分子层层构建而成；另一方面，它又时时刻刻生存在千变万化的生态系统中，与水环境、生物群落、种群息息相关。深刻认识和揭示生物与环境的关系，不仅需要动物学、植物学、微生物学、生态学、水环境化学等学科的交叉综合，也需要从大到海洋、湖泊的空间视野和小到细胞、分子的微

观尺度来观察分析。而水产与人类社会的密切相关，也促进了自然科学与社会科学的交叉和融合。

近些年来，全球气候变暖成为世界科学界关注的热点，海洋湖泊生态系统对于全球气候变化趋势起到十分重要的调节作用，同时也有着非常灵敏的反响。人类剧烈活动带来的温室效应，通过大气和水圈的作用造成的气候变化，反过来对水体中形形色色的生物及生物过程带来了或多或少的影响。正确和精准地把握和了解这些反响的机制和规律，必须采用宏观与微观相结合、多学科相交叉的科学方法。

三、水产基础学科和前沿技术的发展合力并进，相互促进、相得益彰

科学指导技术发展，技术进步促进科学升华。水产科学与技术从来没有像现在这样紧密结合，相互融合。近年来国内外水生生物学知识的创新和技术的飞快发展，在促进海洋和湖泊科学产生重要新发现、突破水生生物资源可持续利用和维护水生生态系统健康关键共性技术、支撑和提升现有重要水产养殖业、催生建立在知识基础上的新型生物产业群问世等四个方面，已经并正在发挥越来越重要的作用。

对于我国这样的大国来说，21 世纪的水产养殖业面临着良好的发展机遇，同时也面临着严峻的挑战。我国淡水资源面临水源性和水质性缺水的双重压力。由于全球变化和人类活动的影响，我国的水资源人均总量不断下降。传统养殖模式和品种将面临严峻挑战，但这并不意味着渔业的发展将受到限制，相反它会朝着健康的可持续发展道路前进，这就要求广大水产工作者加强基础和应用基础研究，培育高附加值的名特优新品种，探索生态、健康、科学的养殖模式。此外，我国的江河湖泊环境普遍受到污染或富营养化的威胁，野生鱼类资源衰退严重。在保护水生态环境的大前提下，大水面渔业的发展将受到限制，集约化养殖已成为水产业发展的根本出路。

第三节　学科领域的发展现状

一、水产学科在国际上的发展

美国基础科学委员会与美国科学技术委员会在 1995 年联合编写的《21 世纪

的生物技术：新地平线》中，列举了农业、环境生物技术、制造与生物加工、海洋生物技术与水产养殖四个优先发展的重点领域。跨越21世纪的水产科学分子学前沿主要包括分子遗传学、生物有机化学和药物学、免疫学和病害学、内分泌和发育与生殖生物学、生态环境和进化生物学五个方面。

进入21世纪，各种组学技术包括基因组、转录组学、蛋白质组学和代谢组学在水生生物和生态系统中得到越来越广泛和深入的应用。海鞘（*Ciona intestinalis*）、紫海胆（*Strongylocentrotus purpuratus*）、星状海葵（*Nematostella vectensis*）和Florida文昌鱼（amphioxus）等模式生物全基因组测序相继完成。近年来，各国政府加大了对水生重要经济生物基因资源研究，相继取得了诸多重要进展和研究成果。美国率先启动了水生生物基因组计划，已累计投资数千万美元开展对虾、牡蛎、大马哈鱼、虹鳟鱼、鲶鱼等水产养殖动物基因组作图和功能基因组的研究，目的是筛选重要经济性状（抗病、高产、优质）相关功能基因或分子标记，阐明这些性状的分子遗传基础。他们相继在罗非鱼、虹鳟鱼和鲶鱼上测定了数以10万计的EST序列，筛选到大批与发育、生殖及免疫相关的功能基因。日本也开展了紫菜等经济海藻类的基因组学研究，并针对鱼类疾病和免疫相关功能基因进行了重点研究。加拿大、澳大利亚、挪威等国家也纷纷斥巨资，加入到海洋生物基因资源争夺战的行列。由于生命科学和生物技术的进步和发展，人类不但已从功能基因的克隆、鉴定和分析中获得了大量鉴别重要动植物品种资源的知识，而且还从基因工程和细胞工程等生物技术的创新和应用中培育出了推动农业进步的新型品种。可以预见，发达国家水产养殖动物的基因组资源将会以更快的速度增加。

随着人们对动物免疫系统认识的不断深入，科学家不仅重视鱼类获得性免疫和疫苗的研制，而且越来越关注水生动物先天性免疫系统，研究重点开始从脊椎动物转向具有免疫起源和进化更重要的无脊椎动物。生态免疫学（ecological immunology）快速发展为实现病害的免疫防治提供了新思路，其主要研究内容包括生态因子引起和保持有机体免疫系统的变异、协调宿主和病原体的内在作用机制的整个微进化过程。由于无脊椎动物缺乏获得性免疫而只具备先天免疫系统，其免疫系统对生态环境改变和生理扰动具有高度的敏感性。目前，相关研究主要集中在无脊椎动物免疫系统对环境胁迫因子的响应、免疫系统与病原生物之间的相互关系。

在发育生物学及与繁殖发育相关技术的发展上，日本科学家成功地实现了将雄性虹鳟鱼的精原干细胞移植到雌性幼虹鳟鱼体内，并最终使其发育成为卵子的重要突破。目前日本已经掌握了这种“借腹生子”技术，将可发育成为精子和卵子的原始生殖细胞从虹鳟鱼体内取出，移植到另外一种近缘三倍体的大马哈鱼的体内，再借这种大马哈鱼之腹产出虹鳟鱼的精子和卵子。将来即使有些鱼类的雌性灭绝了，仅剩下雄性，利用这种新成果，再结合“借腹生子”技术，也许能够使这些濒临灭绝的鱼类继续繁衍下去。

二、我国水产学科发展现状

我国有几千年的淡水养殖历史，淡水养殖取得了世界瞩目的成就。自20世纪50年代以来，海洋水生生物资源开发利用也受到重视，特别是近20年的发展，使海洋生物资源开发利用及其产业的发展成为中国海洋经济发展新的增长点，中国海洋渔业产量和规模连续多年居世界第一，并在农产品出口中占居首位。上述成就的取得，离不开国家强力支持和广大水产科技工作者的卓越贡献。进入21世纪，国家在水产科技投入在逐年加大，水产科技队伍也在不断成长壮大。

近些年来，重要养殖动物的育种技术研究方面取得了重要进展，利用多倍体育种、杂交育种和传统选育等技术培育出若干水产养殖新品种；构建了中国对虾、栉孔扇贝等10余种水产经济动物的遗传连锁图谱，并在某些物种中实现了生长等重要QTL的初步定位；在动物性别决定机制和控制技术、幼体发育和培育技术等方面取得一系列进展，解决了一批名特优水产动物的苗种繁育技术难题并实现了产业化。

在水产动物病原致病力和疾病流行的分子基础、宿主免疫体系及其对病原侵染的应答机制和免疫防治的技术原理和有效途径等方面研究取得了许多可喜的进展，如深化和发展了对白斑杆状病毒（WSSV）分子结构和致病机制的认识；比较系统揭示了对虾防御病害的免疫体系的网络结构与基本功能，探索了多种免疫防治对虾病害的新途径；在鱼类病害分子生物学及免疫防治上，阐明了鱼类细菌、病毒病原致病力和疾病的分子生物学基础，发现了鱼类防御体系中新免疫途径与新因子，揭示了多价疫苗原理，创新了应用途径。

水生重要养殖生物基因组学研究取得重要进展，中国最早在国际上完成了对虾WSSV的全基因组序列测定，测定和分析了多种鱼类虹彩病毒基因组全序列；开展了螺旋藻、牡蛎等全基因组测序；完成了鱼腥藻基因组草图的绘制。利用生物信息学技术，建立了具有中国资源特色的基因数据库，为抢占海洋生物功能基因资源、推动产业化奠定了产权和技术基础。

在水产养殖设施和养殖模式研究方面取得可喜进展，基于生态学理论的新型养殖模式和养殖工程设施带动了养殖技术的提升。大型深水抗风浪网箱技术发展迅速，大黄鱼、军曹鱼等的深水网箱养殖取得很好的进展。陆基工程化养殖技术进展较快，研制的一些大型设备已经进入中试，显示出良好应用前景。贝类、刺参等筏式综合养殖技术、底播养殖技术和设施研究已处于世界先进水平。

在水产动物营养饲料研究方面，掌握了主要水产养殖动物营养需求参数，为实用饲料配制提供了理论依据。近些年来，中国水产品加工产业加快发展，加工能力由1996年的431万吨增加到2006年的1630万吨。但是，在海洋水产品精深加工、海洋食品的安全控制等方面与世界水平相比差距还十分明显。

总之，我国水产科技成绩显著，但科技制约问题仍较突出。我国当前正处在传统养殖业向现代养殖业转变的关键时期，可持续发展与提高产出质量是我国水产业面临的关键基础问题，该方面研究显然滞后。另外，我国水产业基础研究仍相对薄弱，许多制约水产生产发展的科技问题长期未得到解决，如种苗和病害问题已成为制约我国水产养殖发展的两大“瓶颈”问题。由于水产遗传及育种理论及方法上无新的突破，养殖对象绝大多数仍是直接驯化利用野生种。由于对水生生物繁殖和发育机制方面缺乏系统研究，致使许多重要的优良养殖对象还不得不依靠捕捞天然苗种或从国外进口。由于对水产养殖病害的发生机制、传播途径、病原生物学等缺乏系统、深入的探索，对许多大规模暴发的病害缺乏及时有效的预报和控制措施。此外，我国对养殖水域的养殖容量、水域生态优化和修复技术等方面，以及在药理学、渔药安全使用等方面的研究都极为不足。只有围绕国家重大战略需求，发挥我国水产科研的特色和优势，通过学科交叉和综合，针对我国水产业展中面临的重大科学前沿问题开展相关基础研究，才能够保证未来我国水产业的健康和可持续发展。

三、总体经费投入情况

在基础研究上，我国“973”计划实施10余年来，农业领域分别于1999年、2004年、2006年和2008年，启动了“海水重要养殖生物病害发生和抗病力的基础研究”、“重要鱼类品种改良的遗传和发育基础研究”、“重要海水养殖动物病害发生和免疫防治的基础研究”和“淡水池塘集约化养殖的基础科学问题研究”四个项目。2009年又新资助了贝类和鱼类的两个“973”项目。在资源环境领域也资助了“东、黄海生态系统动力学与生物资源可持续利用”、“中国近海有害赤潮发生的生态学、海洋学机制及预测防治”和“中国近海生态系统食物产出的关键过程及可持续发展机制”等项目。国家自然科学基金委员会在水生生物学科的发展上，也将水产学科内容列入生命科学中的优先发展领域。无论在国家杰出青年科学基金资助项目的遴选和重点项目的资助上始终都有所部署，而且呈不断增加的态势。国家自然科学基金委员会生命科学部畜牧、兽医、水产和动物学科，自1997年以来共受理各类项目申请11 266项，占生命科学部各类项目申请总量的8.04％；共资助2298项，资助率20.40％，总经费60 885.11万元。其中受理面上项目的申请10 053项，资助1934项，经费36 768.2万元；

受理重点项目申请262项，资助59项，经费6593万元；受理国家杰出青年科学基金和海外合作研究基金申请305项，资助59项，经费5160万元。国家自然科学基金委员会对畜牧、兽医、水产和动物学科的投入对学科的发展起到了巨大的推动作用。

围绕水生生物技术和水产产业发展，科技部在“863”计划和支撑计划中重点就有关高技术研发和产业关键、共性和综合集成的支撑技术体系发展有必要的安排。其中，海水养殖的种子工程在“十五”和“十一五”计划中都作为重大项目进行了部署，资助强度超过亿元。新近启动的农业现代化产业体系项目中也将对虾、贝类、鲆鲽鱼类和淡水鱼类的研究纳入其中。

四、人才队伍情况

通过实施国家“九五”至“十一五”的各项科技项目，锻炼、培育了一大批从事水产科学研究的人才，形成了一支以中国科学院和中国工程院院士、国家突出贡献专家、跨世纪学科带头人领衔，中青年学术骨干为主体的力量雄厚的研究队伍。这一队伍在水产育种、养殖、加工、病害防控、水产资源保护利用等各自优势学科领域拥有长期的科学积累，同时通过多年的合作研究，相互之间配合默契，具备多学科交叉和综合运用能力，具有较强的科研创新能力和科技攻关能力。

第四节　水产学科发展布局

一、水产学科发展布局和重点发展方向

21世纪，我国的水产养殖业面临着良好发展机遇，同时也面临着严峻挑战。我国淡水资源面临水源性和水质性缺水的双重压力。由于全球变化和人类活动的影响，我国水资源人均总量不断下降。传统养殖模式和品种将面临严峻挑战，要使其朝着健康的可持续发展道路前进，就必须加强基础和应用基础研究，培育高附加值的名特优新品种，探索生态、健康、科学的养殖模式。此外，我国江河湖泊环境普遍受到污染或富营养化的威胁，野生鱼类资源衰退严重。在保护水生态环境的大前提下，大水面渔业发展将受到限制，集约化养殖已成为水产业发展的根本出路。

知识提升经济，技术催生产业。发展新的水产新技术、新设备和新品种，需要以不断的专业进展和在生命科学、生物技术领域的技术发展为基础。以知识为基础的水生生物新经济较传统水产农业具更深邃的内涵和更广阔的外延。"从池塘到餐桌"、"从温饱到健康"、"从外源能源系统到自源能源系统"，水生生物资源开发将逐步实现"生态养殖"和"产品精制"。

新的形势对水产科技发展提出了新的要求，需要在下述几个方面规划水产学科的重点发展方向。

（一）水产生产增养殖生态学原理与新生产技术体系的构建

渔业是国家经济的基础和战略产业。进入21世纪，可持续发展渔业已成为世界共同关注的时代主题，水产养殖对世界水产品供应作用已在发达国家学者中达成共识，鱼类等水产品作为较为安全的蛋白质来源已得到社会的广泛认同。水产养殖方式上，目前正面临一场新的革命，传统养殖生产模式少慢差费，产量提高主要以牺牲资源和环境为代价，能耗高、排放多，一些水产养殖模式的发展，常以盲目引进外来物种、过度抽取地下水、大量消耗野生资源、滥用化学品等为代价，导致资源消耗和环境污染。目前国际上普遍提倡植根于生态系统的新养殖方法，将生物技术与工程结合起来，广泛采用新设施，科学配方新饵料，用节能减排、环境友好、安全健康的新生产模式来替代传统养殖方式。面对人工增养殖良种匮乏、病害流行、环境污染、食品安全问题突出的现实，急需挖掘和创制新的养殖种质资源，培育良种，提高病害控制能力和食品安全保障能力。急需发展基于生态系统管理的海洋增养殖现代科技，恢复和增殖天然渔业资源，增加人工增养殖的产量和提升人工增养殖的质量，实现资源恢复和水产增养殖业与生态环境的和谐发展。

（二）水产生产的生物安保原理与途径

随着人们生活水平日益提高、经济全球化及世界范围内国际贸易的急剧增长，越来越多的国家和国际组织认识到涉及食品安全、动植物生命和健康以及有关环境方面风险生物安保的重要性。FAO因此将其作为该组织16个学科间行动重点领域之一列入中期计划，处理旨在"促进、发展和加强粮食、农业、渔业和林业政策及管理框架"的共同战略。可以将生物安保理解为在养殖生产过程中采取的一整套卫生防御和病原检测、隔离、脱毒等技术和管理措施，严格执行这些措施，就可避免养殖地受到外部病原感染，并可有效防止病原在养殖区内的暴发、传播、泛滥。中国有关部门正密切关注水产养殖业的生物安保，研究和开发生物安保的有关高新技术，及时制定中国水产养殖产业发展的生物安保标准和规范，并力求在生产过程中切实贯彻执行，确保中国水产养殖业的持续健康发展。

（三）水产品精制的学科基础与方法学

传统上，渔业捕获物和水产养殖产物是为了人类食用或作为其他畜禽类的食物组分。随着知识积累和技术进步，水生生物资源越来越多地被用于生产具有高附加值和重要用途的产物，诸如药剂、饲料添加剂、特定元素强化剂、多聚体、具有燃料潜力的脂类和功能食品等。利用现代生物技术，对水生生物资源进行生物炼制，培育和发展高附加值产业群，发展水生生物能源等新兴产业，是国家培育新经济增长点的重点方向。

在水生生物代谢产物和制品开发方面，应大力发展生物炼制技术，将其和基因利用技术高度融合；突破生物代谢产物和制品在工业、农业、医药、环保和军事等领域应用的技术瓶颈，实现高值化利用；推动水产生物制品和水产食品的质量安全标准与国际完全接轨；使海洋生物产业成为海洋支柱产业。

在传统水产食品加工模式中，许多动物内脏等常作为加工废弃物被丢弃或用于低值饲料的生产，造成了资源的巨大浪费，还引发了相当严重的环境污染。因此，如何利用集成绿色技术，利用水产品及其加工下脚料，提高资源利用率和利用价值，也已成为非常迫切的任务。

（四）海洋生物功能基因的挖掘与利用

在生物种间、种内甚至微生物物种中存在着丰富的可以提高水生生物遗传潜力的有益基因资源。利用先进技术手段合理地转移、组合和利用有益基因资源不仅可提高水生生物的产量，而且还能增加其对不良环境的抵抗力。品种分子设计核心是基于对关键基因或 QTL 功能的认识，包括研究和解析水产生物的基因组结构特征、基因组 DNA 序列元件的鉴定及其生物学功能、基因表达的网络调控、重要经济性状（包括生长、发育、免疫、抗性等性状）的分子基础及调控机制、构建高密度遗传图谱和定位 QTL。利用分子标记辅助选择技术、TILLING 技术和转基因技术创制优异种质资源（设计元件），根据预先设定的育种目标，选择合适的设计元件，实现多基因组装育种。

海洋生物基因在工业、农业、医药、环保和军事等领域具有广泛的应用前景，海洋生物基因工程制品和药物成为海洋生物资源持续利用产业的重要支撑，海洋生物基因产业将成为海洋经济新的生长点。中国在海洋经济生物功能基因组研究、功能基因分离、克隆与应用以及有关物种的遗传连锁图谱构建等方面取得了重要进展，部分研究在国际上属于较早涉足的领域，但研究力量分散，多为各个实验室单兵作战，效率低，没有统一质量评价体系，而且成本较高，需要建立有关研究中心，加速基因产品的研制和转移转化工作。此外，必须加强研究发掘海洋微生物、我国特有和关键的渔业经济生物和深海生物的特殊功能基因，并尽早高效应用于渔业、医药、工业和环保等产业。

（五）水产资源养护和增殖的理论和技术

由于全球变化和人类活动影响，我国近海生态环境恶化，主要渔业资源栖息地退化，渔业生产力下降，生态荒漠化日趋严重，种质资源严重衰退，养护和修复近海生物资源与环境刻不容缓。发展基于生态系统生物资源修复和养殖环境恢复的理论和技术研究，成为实现近海渔业资源的可持续开发与利用的关键措施。

水产资源养护和增殖技术的发展趋势，要求我们进一步开展恢复生态学理论和技术研究。掌握重要经济种类生活史、关键栖息地和生态功能，研究水生生物濒危、资源衰退、生物多样性水平下降的成因和过程，探讨重要经济与珍稀物种保护和资源增殖的技术途径。开展水生生物重要栖息地的构建和修复研究，发展人工渔礁和“海洋牧场”构建和生态功能评价、关键修复种繁育和驯化、增殖效果评估等技术研究，实现近海生物资源的有效保护和可持续开发利用。

二、交叉学科发展布局与发展方向

水产学科是多学科交叉的科学领域，涉及海洋学、水生生物学、水产养殖学、生态学、种群动态学、经济学与管理学等学科知识。就研究对象而言，海洋、湖沼、河流以及人工调控下的水体和其中或赖以生存的有机体（动物、植物、微生物及其细胞、组织和组分）是水产科学研究的主体。

水生生物存在于千变万化的生态系统中，与水环境、生物群落、种群息息相关。深刻认识和揭示生物与环境的关系，不仅需要动物学、植物学、微生物学、生态学、水环境化学等学科交叉综合，也需要从大到海洋、湖泊的空间视野和小到细胞、分子的微观尺度来观察分析。而水产与人类社会的密切相关，也促进了自然科学与社会科学的交叉和融合。

针对我国水产科技发展的现状和水产学科特点，瞄准国际发展前沿，重点整合水生生物各种组学、现代育种方法学、生态免疫学和水产养殖工程学的相关基础理论和技术方法；瞄准科技发展和国家需求，培植和推动若干交叉学科的发展，建立起植根于生态系统的健康持续发展的水产生产知识体系，引领我国水产新品种培育、生物安保和新生产方式的前沿发展；尽快在水生生物资源的精制和生物质能源利用的原理和方法学上取得突破，培育和催生蓝色生物产业的健康发展。

具体的发展方向包括水产品安全与质量控制的关键过程与原理、水生生物质能源开发利用、海洋新生物资源的代谢特征与利用途径等领域的理论和技术研究。

三、国家重点实验室等平台建设计划需求分析

我国水产业快速发展，得益于拥有众多从事水产学研究、教学和产业化的高水平科研人员。全国拥有众多从事水产研究机构，其中国家级科研院所中有中国科学院所属的水生生物研究所、海洋研究所、南海海洋研究所，中国水产科学院所属的黄海水产研究所、东海水产研究所、南海水产研究所、无锡淡水渔业中心。此外，国家海洋局第一、第二和第三海洋研究所都设有专门从事水产研究的相关单元。高等院校中的中国海洋大学、厦门大学、广东海洋大学、上海水产大学、集美大学、大连水产学院等高等院校都有从事水产学研究和教学的高水平研究人员。另外，各省级水产研究所在水产学研究和产业发展中也起到了重要的作用。

目前，与水产学科相关的国家重点实验室，仅有淡水生态与生物技术实验室（中国科学院水生生物研究所）和近海海洋环境科学国家重点实验室（厦门大学），但上述重点实验室的主要研究方向中水产相关学科所占比重不大，这与我国水产业的重要地位和学科发展要求不相适应。而在众多从事水产科研和教学的研究机构和高校中，已建立了多个省部级重点实验室，经过多年运行，建立了精干的人员队伍，取得了重要的学术成果，其中部分实验室已基本具备了国家重点实验室的要求。

根据学科发展需求和现有研究单元的研究基础，应将在水产学科研究领域居国际水平前列、研究方向切合学科发展方向和国家需求的实验室晋升为国家重点实验室，推动我国水产学科的创新发展和持续提高，这已成为迫切需求。

第五节　优先发展领域与重大交叉研究领域

一、遴选优先发展领域的基本原则

根据《纲要》的总体部署，把握基础研究的发展趋势，结合科学基金资助工作的特点，充分考虑水产学科的特点和国家需求，按照以下原则遴选优先发展领域：充分利用我国水产学科现有良好基础和发展优势，以科学问题为导向，国家需求为目标，瞄准科学前沿，鼓励学科交叉，推动我国水产学科优势研究领域快速发展；针对若干制约我国水产产业可持续发展重大难题中的主要科学问题，以及可能成为我国未来技术发展瓶颈的重要基础科学问题，提升我国自主创新能力，力争对社会和经济发展产生长远影响，引领科技未来发展。

水产学科的优先发展领域分为两个部分：一是根据学科特点和产业需求确定优先发展领域；二是为了促进学科交叉，遴选了两个交叉的优先发展领域，加快综合性研究领域的发展，促进这些领域整体能力的提升和关键问题的突破。

二、水产学科优先发展领域

（一）水生生物经济性状的遗传机制

良种是保证海水养殖业走“可持续发展”道路的基本要素之一。尽管我国已经拥有规模庞大的水产养殖业，养殖动植物种类已达上百种，但迄今为止养殖的大多数种类是未经遗传改良的野生种。

随着组学技术的快速发展，以结构基因组技术为基础，功能基因组技术为核心，全面解析重要养殖生物经济性状的遗传机制成为种质创新的重要科学基础。通过结构基因组和功能基因组研究，获取重要养殖生物的基因组学信息，全面分析水产生物基因的功能和重要信号转导通路，可以从分子水平上阐明经济性状、分子基础和遗传机制。

构建重要海水养殖动物高密度连锁图谱，定位与生长发育、免疫相关的功能基因，结合微卫星和SNP等标记技术，综合改良主要水产养殖生物重要性状，是获得系列优质、高产、抗逆新品种的科学基础。

主要科学问题：

1）关键水生生物组学；

2）重要性状功能基因的鉴定、调控机制及人工定向干预；

3）经济性状表型在不同环境因子下形成的机制。

（二）水生生物种质创新的方法学

现代生物技术与传统遗传育种技术相结合将成为优良品种育种和制种领域的发展趋势。种质问题一直是水产良种化的关键，我国主要水产养殖品种缺少优良品种，其中一个重要原因是长期以来遗传育种的基础投入太少，基础资料积累不足，新技术发展和应用缓慢。种质创新以现代遗传学原理为基础，也依赖于遗传操作的创新技术手段。

选择育种和杂交育种是经济生物育种经典而有效的手段。随着细胞工程育种技术、分子标记辅助育种技术和分子设计育种技术的发展，将传统育种技术与现代育种技术有机结合，是实现水产生物良种化的重要途径。

主要科学问题：

1）倍性育种、转基因、细胞克隆等细胞工程育种理论和方法；

2）育种分子标记的高通量筛选技术；

3）标记辅助育种和多性状复合育种的理论和方法；

4）优质、抗逆、高产品种的分子设计及人工选育理论与方法；

5）选育环境因子对经济性状的影响和数量遗传学研究。

（三）水产动物繁殖发育的调控机制

水产动物繁殖发育机制研究是解决经济水产动物种苗繁育技术的关键，是实现水产动物资源可持续利用和良种化进程的主要科学问题。它涉及遗传学、生殖生理学与发育生物学的基础知识，也涉及不同物种的生殖操作的创新手段和特定的养繁工艺与技术发明。水产动物繁殖发育调控是利用物理、化学或生化工程等手段对动物生殖过程实施干预和控制，使其朝着人们需要的方向与方式进行。

通过对水产动物繁殖发育机制的研究，阐明鱼、虾、贝等生殖内分泌和幼体发育的生物学规律，阐明生物生殖行为和幼体发育过程中的信号系统、分子基础和调控机制，为建立鱼、虾、贝等生殖周期调控技术和苗种繁育技术提供科学基础。

主要科学问题：

1）水产动物生殖的主要激素、细胞因子和神经递质生成和分泌机制；

2）幼体关键发育过程的关键基因、调控通路和作用机制；

3）外部因子对水产动物繁殖发育的影响机制和人工调控途径。

（四）水产生物的免疫学研究

水产养殖病害暴发、流行和传播已成为制约我国养殖业进一步发展的瓶颈。细菌和病毒是诱发各种水产养殖病害的主要因子，由于其生物结构、侵染机制等不同，宿主的免疫应答也不同。水产生物免疫学研究与陆生高等生物相比，相对滞后，尤其是水产无脊椎动物先天性免疫机制的研究亟待加强。

随着分子生物学和分子免疫学等学科的发展，尤其是近年来全基因组测序、转录组学、蛋白质组学等技术的兴起，水产生物免疫学研究进入了新的阶段。查明重要水产养殖生物免疫系统的关键功能基因，阐明病原侵染下免疫相关基因反应过程和作用机制，成为水产生物免疫学的研究重点。

主要科学问题：

1）养殖生物免疫因子的确定、表达特征和作用机制；

2）先天性免疫关键通路和调控网络解析；

3）宿主对不同病原免疫识别和应答的分子机制；

4）养殖动物病原感染和免疫应答的细胞模型建立。

（五）水产养殖安全保障的生物学基础

水产养殖生物安保是管理所有和水产养殖生产过程中相联系的生物本身健康和环境风险问题。包括一切外来物种、引进病害生物和养殖生物的病原，破坏生物多样性和跨地域流行的造成养殖生物大面积减产的重大流行性感染疾病以及由于生物技术发展而造成的生物和环境污染问题等。

水产养殖病害防治主要是使用抗生素或疫苗免疫。长期滥用抗生素的危害人尽皆知，其使用已在国际上受到限制。相对而言，以疫苗为基础的免疫防治是一种公认的安全有效措施。通过分子生物学及免疫学技术优化单价核酸疫苗的免疫效应并且利用经典核酸疫苗的原理构建多价保护性疫苗成为主要的发展趋势。

同时，随着人们对动物免疫系统认识的不断深入，在重视研究免疫机制以及疫苗和免疫制剂的研制的同时，生态调控已经成为病害防治的重要手段。生态免疫学的快速发展为实现病害的免疫防治提供了新的思路，深入了解水生动物生态免疫过程中环境胁迫因子、应激激素、免疫响应之间的内在作用机制，明确环境胁迫对病原流行和机体抗病力的影响效应，发展生态免疫调控技术，是实现对水产病害有效控制的重要途径。

主要科学问题：

1）主要病害致病机制、流行病学及其防治基础研究；

2）养殖水生生物的健康诊断与环境风险评估；

3）水生生物生态免疫学研究；

4）水生生物免疫防治的科学基础和方法学。

（六）健康养殖的生态及工程学原理

“健康养殖”（healthy cultivation）是近几年海水养殖业界推出来的一个新概念，健康养殖基本含义应该包括：使用经过遗传改良的优良品种，采用先进的养殖技术和设施，投喂营养平衡的全价饲料，免疫或防治技术可最大限度地避免疾病的侵袭，养殖废水可循环使用或无公害排放，生产的产品可满足人类对食品安全的要求等。

研究植根于不同生态系统的高效、节能减排、环境友好的新生产模式；结合生态学和工程学研究，追求养殖对象与环境的和谐与优化；揭示投入品转归及其对环境和产品质量的影响；探讨维持生产体系物质、营养和能量最佳投入/产出比率的方法和途径，查明饲料要素与营养需求匹配的代谢基础；分析主要营养素代谢和高效利用途径及其调控机制十分重要。

利用现代生物学技术，发现不同环境和不同层次的生物标识（biomarker），揭示养殖的生态效应；利用数值模型，科学评估典型海区生物承载力；通过对现有养殖模式的优化升级和改造，重点实现浅海养殖系统的生态调控；利用生物修复作用，有效地处理养殖环境的自身污染。

主要科学问题：

1）可持续发展的新养殖模式的生态学基础；

2）重要水生生物养殖模式的工程学原理和技术基础；

3）挖掘和发现特色各异的生物标识，监测养殖环境的变化；

4）养殖的生态效应和生物修复原理研究。

（七）水产生物营养学的关键基础问题

水产生物营养学是一门以生理学和生物化学为基础，揭示营养物质在水产生物体内的代谢机制、规律及功能的科学。研究发挥最大遗传潜力对各种营养素的适宜需要量，以及评定营养物对水产生物的营养价值等应用基础科学，最终目标是为水产生物种植养殖过程中，科学配制全价平衡高效水产肥料和饲料，改善水产生物健康和促进水产生物高效生产。用最少的营养物投入为人类提供量多、质优且安全的水产生物，同时减少水产生物生产过程对环境的污染，为保护生态平衡奠定理论基础。

水产生物营养学是近四五十年新建立的营养科学中的热点分支学科，它是现代水产种养殖业、水产肥料和饲料工业的重要理论基础。现实生产中存在肥料和饲料影响水产生物食品安全，水产动物饲料面临鱼粉短缺，饲料原料面临结构性失衡等诸多问题，要求人们从更深层次探讨水产生物营养的科学基础。

主要科学问题：

1）重要水产生物营养学基础研究；

2）替代鱼粉等动物蛋白的饲料生化和生理基础及配方研究；

3）水产肥料、饲料对水产生物食品安全的影响；

4）水产品品质与营养素的依存关系。

（八）渔业生物学基础

鱼类（包括甲壳动物、软体动物和海兽等）是水生生物食物中的主要类群，也是水生资源开发利用的主体。鱼类等经济水生生物种群数量变动的基本生物学机制及其和生存的水环境相互作用的研究可为渔业资源评估、渔情预报、资源管理与增殖等提供理论依据。

主要科学问题：

1）全球气候变化下的鱼类种群结构与动态学研究；

2）鱼类繁殖与发育过程，如繁殖方式、繁殖力、繁殖习性、种群的性成熟特性等；

3）鱼类摄食习性、食物的生态效率和食物营养与生长；

4）鱼类世代补充机制和渔业资源评估；

5）种间关系。

（九）水产资源养护与利用的基础研究

经济快速增长，给资源与环境带来巨大压力。人类渔业及养殖活动的加剧、大型水利工程、污染物的长期大量灌流等使得脆弱水体生态系统日趋退化。加上由于全球气候急剧变化，湖泊等大水域的生产过程异化，渔业优势种群资源崩溃而大量藻类得不到利用和控制，导致大水域生态环境面临“荒湖”、“荒水”、“死海”的严重威胁。

渐行退化的水体生态系统必然给生存其中的水生种质资源带来慢性的难以逆转的危害。研究水生生物濒危、资源衰退、生物多样性水平下降的成因和过程，探讨重要经济和珍稀物种在全球变暖和人为活动加剧情势下的生态学响应机制，寻求有效保护衰退和濒危物种的对策，查清引进或外来入侵物种的生态和生物学效应，为兴利除害提供理论依据和技术途径势在必行。

主要科学问题：

1）水生生物种质资源配子或干细胞的培养、保存和基础研究；

2）濒危珍稀水生生物护存与保育研究；

3）内陆大水域渔业资源修复的理论基础和方法学；

4）重要海洋渔业种质资源养护的科学基础和途径。

三、重大交叉研究领域

（一）水产品安全与质量控制的关键过程与原理

水产品安全与质量是一个新兴学科，属于水产学科、食品科学学科的一个重要分支，涉及食品卫生学、分析化学、生物学、微生物学、生物化学、食品化学、毒理学、免疫学、流行病学、风险分析、营养学等领域。

民以食为天，食以净为先，质优味当鲜。保障水产养殖安全与质量是又好又快发展水产产业的重大需求。水生生物基因与生存环境是决定水产品质与量的关键因素，基因背景决定了水产生物生理状态和代谢模式。而营养状况和供给模式是外部环境中影响生理和代谢的最重要因素。水产品生产的产前、产中和产后诸多过程，环环相扣，每一步都会影响到水产品的质量与安全。水质环境恶化、饲料配方不当、养殖方式粗放、病害侵染严重以及生产过程中农药、兽药残留及加工过程中滥用添加剂等，都可能使水产品贬值、变质或带毒、成害。

长期以来，由于养殖业关注的主要是产量和利润，而忽视了水产养殖的质量，产品安全问题时有发生，水产品社会信任危机削弱了养殖业对和谐社会的贡献，而某些国际性食品安全事件损害国家声誉，甚至有上升到政治层面的趋势。2006 年“福寿螺事件”、“多宝鱼（大菱鲆）事件”，引起全社会对水产品安全担忧。2002 年欧盟指控对虾氯霉素残留超标，2005 年日本、中国香港相继在活鳗体内检出孔雀石绿，2006 年日本对我国实施《农业化学品肯定列表制度》等给水产品出口造成严重损失。2006 年产值 30 多亿元的大菱鲆产业链遭受近乎毁灭性打击，对虾出口金额减少 35.7%，当年 6 月鳗鱼出口金额暴跌 65%，相关企业严重亏损或濒临倒闭。据统计，我国水产品总量占世界水产品总量的

35%，但国际交易量只占 6%～8%，其中卫生问题是瓶颈。

水产品比肉类更适合微生物的生长繁殖，海产品中副溶血弧菌、致泻大肠埃希氏菌等是引发人体疾病的主要病原菌。因食用带有致病菌的水产品而发生疾病事件时有发生，据统计，世界上发生大多数的食物中毒事件都是由微生物引起，在美国这个比例高达 90%以上。在国内，由于食用致病微生物超标的水产品而引起食物中毒的事件时有发生。

化学有害品如持久性有机污染物（POPs），农药残留、动物生长添加剂、动物药物、环境激素、生物毒素等对水环境及水产品污染是全球性问题。我国环境污染所造成的问题渐趋严重，污染对水产品安全和公众健康造成潜在危害，并影响我国重要经济价值水产品的国际竞争力。

污染物对水环境的影响，对水生生物作用的生物学效应、分子机制、致畸变、致癌和致其他病变分子过程的认识尚缺少深入的认识，这将严重阻碍开发快速敏感生物检测技术和建立健康风险评价标准。因此迫切需要开展重要水环境污染物对生物作用的毒性效应，在生物体中的迁移路径、代谢规律及其分子毒理学机制等方面的基础性和战略性前瞻研究，为建立污染物健康危害、生态毒理学评价体系，以及为水生态安全、水产品的质量控制提供理论支撑。推动环境化学与生命科学领域的交叉与合作等前沿领域的研究。

主要科学问题：

1）水产品中主要化学源性污染物的代谢规律研究；

2）水产品中重要生物源性致病菌、生物毒素和致敏原的特征与规律；

3）水产品中有害病菌或有毒物质的检测和风险评估；

4）水产品质量安全对人体健康的影响。

（二）海洋新生物资源的代谢特征与利用途径

海洋蕴藏着巨大的生物多样性和丰富的生物资源。光合生物长达 30 多亿年进化过程有六分之五的时间是在海洋中进行。海洋至今仍生存着种类众多、进化程度各不相同的生物类群。海洋生物重要特点是原始性、多样性和复杂性。生物进化趋势就是从海洋到陆地，从简单到复杂，从单细胞到多细胞，所以海洋是生命的摇篮，是生物早期进化的舞台。原始海洋中蓝藻等原核生物起源与繁衍导致了氧气的产生和积累，由此而产生的有氧代谢又为光合真核生物起源创造了条件。真核细胞均为有氧代谢和有丝分裂本身就是需氧过程。光合生物产生对整个生物界演化与发展意义重大，光合真核细胞形成是一个重大事件，但除极少的化石记录外，真核生物起源的过程尚缺乏系统的科学论证。

近年来，大量文献阐述了海洋微生物，特别是海洋共生微生物作为新药资源的巨大潜力。就海洋无脊椎动物来说，其组织细胞内外栖息了大量微生物，包括细菌、真菌、蓝细菌等。这些共生或内生微生物为其宿主提供了碳源和氮源，更重要的是可能参与了天然产物生物合成。对海绵、海鞘、软体动物、苔藓虫等重要药源生物进行研究发现，通过食物链摄入或共生的细菌、微藻等微生物，可能是某些海洋天然产物或其类似物的真正生产者。

自从20世纪90年代以来，国际上拉开了争夺特殊重要海洋生物基因资源的帷幕。海洋微生物作为海洋生物多样性和生物资源的一个重要组成部分而备受瞩目。生境独特多样的深海沉积和洋壳环境孕育了海底深部生物圈微生物物种、基因组成、生理生化和生态功能的高度多样性，海底深部生物圈正成为世界上生物技术开发的重要前沿。

海底深部生物圈是一个极端环境，蕴藏着巨大的新颖天然活性产物资源，是极端嗜冷、嗜热、嗜酸碱、嗜压和嗜盐等嗜极端环境细菌和古菌的理想来源。了解微生物在各种极端条件下的适应机制和基因调控行为有助于构造基因工程化动植物，提高它们在自然环境中的抗逆能力，具有巨大的发展前景和经济效益。适冷、适热、适压和适盐等适极端条件酶超越了传统酶催化功能的临界范围。优越的催化效果使得极端酶在现代工业、医药、环保、材料、生物工程和国防等领域具有广阔的开发应用前景。极端酶的应用开发将为需酶工业带来一场革命。

主要科学问题：

1）海洋微生物对极端环境（如深海极端温度、盐度、压力等）的生理、遗传和分子适应机制；

2）深海极端环境下海洋微生物的分子和资源多样性；

3）极端环境海洋微生物功能基因、功能酶和生物活性物质的筛选及生物技术开发利用；

4）水生能源植物的开发和利用。

第六节 国际合作与交流

中国正在积极促进水产科学的交叉、融合与创新，将水产科学推向一个新的发展阶段。同时渔业可持续发展技术体系越来越受到重视，渔业科技的国际交流与合作得到进一步加强。在今后10年，应加强国际合作的顶层设计，在基金委或学部层面从水产学科长远发展的需要出发，制定国际合作的申请指南，鼓励建立中长期的合作关系。

国际合作交流应择优择重，优是指国际同行中具有明显优势的方向、技术领域、国别、研究单位或团队；重是指重大需求或重要前沿，即在重大需求或重要前沿方向上（如水产品的质控和安保的基础研究，水生生物优良品种分子设计和选育方法学研究和海洋新生物资源的代谢特征与利用途径的研究等方面），遴选国内外均有优势和特色的团队开展交流。

EU-China Aqua Fish Net 是欧盟国家与我国水产相关研究所和高校共建的交流平台，该网络已纳入欧盟第七框架协议。利用类似的平台，可以在机制上保证有较为畅通的人员和项目国际交流渠道。

“走出去”和“请进来”是提高我国水产科学水平的主要手段。要开拓走出去的渠道。建议除了由单位和国家组织的国际合作交流情况外，应准许科研骨干在国内每工作 6～7 年，可自费或由国家少量补助，联系到国外实验室进行半年左右的学术访问。

第七节　保障措施与建议

科学基金的发展要坚持以邓小平理论、“三个代表”重要思想为指导，全面落实科学发展观，准确把握“支持基础研究、坚持自由探索、发挥导向作用”的战略定位。

通过实施源头创新战略、科技人才战略、创新环境战略、卓越管理战略四项战略，完善和发展中国特色科学基金制，着力营造有利于源头创新的良好环境，推动学科均衡、协调和可持续发展。培养和造就一批具有国际影响力的杰出科学家和冲击国际科学前沿的创新团队，提升基础研究整体水平和国际竞争力，力争在若干重要领域取得突破，为繁荣科学事业、增强自主创新能力、建设创新型国家做出贡献。

发展重点与主要任务是：围绕实施源头创新战略、科技人才战略和创新环境战略，培育创新思想，提升原始创新能力；坚持以人为本，完善科学基金人才培养资助体系；加强条件支撑，优化基础研究发展环境；制定和实施学科发展战略，促进学科均衡协调发展；瞄准重大科学前沿和国家重要战略需求，应对未来挑战，部署一批具有基础性、战略性、前瞻性的优先发展领域。

一、着力源头创新，提升自主创新能力

从尊重和保护科学家的敏锐和创造精神出发，不断完善资助与管理模式，

大力营造有利于自由探索的宽松环境。把握科学前沿，紧密结合经济社会发展的战略需求，推动学科交叉，加强研究集成。围绕推动源头创新，加强前瞻性部署，把科学基金建设成为培育原始创新的沃土、支撑科技自主创新的平台。

（一）尊重首创精神，鼓励自由探索

营造鼓励创新、支持创新、保护创新的宽松环境，充分发挥科学家的想象力和创造力。继续强化支持自由申请项目，根据我国基础研究队伍发展状况，适度扩大规模，稳步提高强度。注重保护非共识项目，支持探索性较强、风险性较大的创新研究。

（二）发挥导向作用，促进重点领域跨越发展

充分发挥重点项目、重大项目和重大研究计划的导向和带动作用，把握科学发展总体趋势和学科发展前沿，以主要科学问题带动不同学科和领域的实质性交叉，组织实施跨学科、跨领域协作研究。加强研究队伍、研究资源、研究成果的集成，力争在若干重点领域和重要方向实现突破。

重点项目主要针对我国已有较好基础和积累的重要研究领域或新学科生长点开展深入、系统的创新性研究工作。重大项目要服务于国家战略需求目标，根据国家经济、社会、科技发展的需要，重点选择具有战略意义的重大科学问题，组织学科交叉研究和多学科综合研究。重大研究计划按照“有限目标、稳定支持、集成升华、跨越发展”的思路，加强顶层设计，凝练科学目标，促进学科交叉，引导科学家在事关国家经济社会和科技长远发展的战略领域开展创新研究。

二、坚持以人为本，奠定未来竞争力基础

贯彻落实人才强国战略，深入研究新时期我国基础研究队伍的来源、规模和结构变化特点，科学预测我国经济社会科技发展对基础研究人才的需求，加强与国家其他科技人才培养资助计划的衔接，促进科研与教育结合，个体与群体结合，国内资源与海外资源结合，以创新事业造就人才，以创新环境凝聚人才，稳定支持优秀人才，不断形成和完善育才、识才、聚才和用才的良好环境。

三、加强条件支撑，优化发展环境

开展多层次、多渠道的国际合作与交流，大力支持科学家广泛参与区域和国际合作研究，为中国科学家营造良好的国际（地区）合作交流环境。促进科学基金资助项目与国家科技基础条件平台结合，提高科技条件平台的利用效率。充分发挥科学基金的黏合与辐射作用，推动高等学校、研究机构和企业在基础研究领域的合作，引导社会资源加大对基础研究的投入，促进科研资源合理有效配置。拓展科学基金的功能，促进科学知识传播和公众理解。

（一）加强国际（地区）合作与交流

积极拓宽国际合作渠道，发挥科学基金对外合作交流的优势和导向作用，支持科学家积极参与实质性、高水平的国际合作；明确优先领域和资助重点；完善资助格局，加强国际合作项目管理，积极组织重大国际（地区）合作研究项目和双边、多边协议合作项目，有选择地支持科学家共同发起或参与国际大科学研究计划；充分用好国外科技人才资源为我服务，营造良好的国际合作与交流环境。

（二）推动科技资源共享，促进科技条件建设与利用

充分利用国家研究实验基地和大型实验平台，推动项目、人才、科研条件建设的紧密结合。促进基础科学数据的汇集积累和资源共享，支持重要研究领域虚拟研究中心建设，为科学研究提供更好的条件保障。

（三）加强地区科学基金资助工作

逐步提高地区科学基金的资助强度，适当扩大规模，促进区域创新体系建设与科技协调发展。

（四）完善联合资助工作

整合资源，开展联合资助工作，促进科技资源的整合利用。

四、完善学科布局，促进学科协调发展

未来10年，促进学科协调发展的指导思想是：支持优势学科与扶持薄弱学科并重，推进学科自身纵深发展与以学科交叉促进新兴学科发展并重，瞄准学科发展前沿与满足社会经济发展需求并重，努力实现我国基础研究学科体系的全面协调发展。

◇ 参 考 文 献 ◇

陈越，陈领，徐淑芳等. 2007. 国家自然科学基金资助动物科学研究综述及思考. 中国科学基金，1：42～48

联合国粮食及农业组织. 2007. 世界粮食与农业动物遗传资源状况摘要

联合国粮食及农业组织. 2008. 世界渔业和水产养殖状况

中国科学技术协会，中国水产学会. 2009. 2008～2009水产学学科发展报告. 北京：中国科学技术出版社

中国科学院"海洋科技发展路线图战略研究组". 2010. 中国至2050年海洋科技领域发展路线图研究报告. 北京：科学出版社

Biotechnology Research Subcommittee, Committee on Fundamental Science and National Science and Technology Council of USA. 1995. Biotechnology for the 21st Century: New Horizons. Biotechnology Information Center, National Agricultural Library, USDA/ARS

David S, Lee C S, O'Bryen P. 2005. Aquaculture Biosecurity: Prevention, Control and Eradication of Aquatic Animal Disease. Ames: Blackwell Publishing Professional

Goldburg R J, Elliott M S, Naylor R L. 2001. Marine Aquaculture in the United States: Environmental Impacts and Policy Options. Arlington: Pew Oceans Commission

Joseph A. 2007. Biosecurity for Aquaculture Facilities. United-Tech, Inc. / Bio-Form LLC Technical Bulletin. MISC-Biosecurity Aquaculture

Liu Z J, Cordesb J F. 2004. DNA marker technologies and their applications in aquaculture genetics. Review in Aquaculture, 238: 137

NOAA. 2007. 10-year plan for marine aquaculture. NOAA Aquaculture Program Office

Peleman J D, Van der Voort J R. 2003. Breeding by design. Trends in Plant Science, 8: 330～334

第十章

食品科学

食品科学是应用生物学、化学等基础科学及工程知识来研究食品的物理、化学及生化性质，以及食品败坏的原因、食品加工原理的一门科学。该学科理论研究和生产应用结合紧密，涉及的学科领域包括食品化学、食品生物化学、食品品质学、营养学、食品微生物学、食品安全、食品工程、卫生学和物流学等，是一个多学科交叉、自身特点突出的系统学科门类。当前食品科学研究热点主要包括：食品营养与健康、食品贮藏与保鲜、食品加工基础理论以及食品安全与质量控制四个方面。

第一节 战略地位

国以民为本，民以食为天。食品科学发展对推动食品工业和农业发展、保障食品安全、维护人民身体健康起着重要作用。食品工业现代化水平也已经成为反映人民生活质量及国家发展程度的重要标志。食品工业快速发展对促进我国国民经济的持续发展具有重要的战略意义。近年，随着人民生活水平的提高，对食品的要求也越来越高，人们在强调“健康食品—健康人类”新理念的同时，也更加关注食品安全，使得食品科学的作用不断的扩大和延伸，在国民经济和社会稳定中发挥着越来越重要的作用。

一、食品科学的进步推进食品工业快速、高效发展，满足人类营养新要求

改革开放以来，我国加大对食品科学的研究，我国食品工业也取得快速发展，总产值位于我国制造业之首。食品工业发展不仅较好地解决了近 13 亿民众

的食物问题，而且也在我国由“温饱”向“小康”过渡过程中发挥了非常重要的作用。1996年，在全国工业部门总产值中，食品工业总产值首次上升到第一位，2003年首次突破1万亿元大关。2008年我国食品工业销售收入已经达到4万亿人民币，连续9年位居国民经济制造业之首，并以16%以上的增长率高速发展。2006年，我国食品工业各主要产品的产量为：小麦粉5193万吨，食用植物油1985.5万吨，鲜冻肉1112.5万吨，乳制品1459.6万吨，啤酒3515.2万千升，软饮料4219.8万吨，同比分别增长28.2%、17.5%、24.0%、23.5%、14.7%和21.5%。其中，粮油加工、肉类加工、乳制品加工等行业的工业增加值和利润增长率均超过20%。

目前，全国共有食品生产加工企业44.8万家，其中规模以上企业2.6万家，产品市场占有率为72%，产量和销售收入占主导地位。规模以下至10人以上企业6.9万家，产品市场占有率为18.7%。10人以下小企业小作坊35.3万家，产品市场占有率为9.3%。到目前为止，中国食品工业已经成为集农业、制造业、现代流通业和服务业于一体，国民经济中增长最快、最具活力的支柱产业之一。食品加工业发展不仅对于提高人们生活和健康水平、保持社会稳定、促进经济发展具有重要作用，而且对于增加财政收入、扩大劳动就业、解决“三农”问题具有重要意义。

另外，随着全国性农副（水）产品丰年有余以及全国民众生活水平的日益提高，人们对食物消费已由数量型消费向健康安全和营养优质的方向发展。这就对食品工业和食品学科提出更多新要求，必须生产更多高品质食品，以满足人们对健康、高品质生活与工作的需求。

二、食品科学的进步是农业发展的需要

食品工业总产值与农业总产值之比是衡量一国农产品加工整体发展水平的重要指标。发达国家的比例为（1.5∶1）～（2∶1），其中美国为3.7∶1，日本为2.2∶1。2003年中国食品工业总产值与农业总产值之比为0.43∶1。中国粮食、蔬菜、果品、肉类产量均居世界首位，但加工程度浅，半成品多，制成品少。深加工用粮不到总产量的8%，而发达国家的这一比例在70%以上。欧美、日本等发达国家和地区90%以上的蔬菜都经过商品化加工处理后进入流通领域，而中国的这一比例仅为30%左右。德国苹果加工量占总产量的75%以上，而中国仅为10%。美国、巴西柑橘加工量占总产量的70%以上，而中国不到10%。中国虽为肉类大国，产量占世界总产量的1/4，但加工量只有5%左右。

中国农畜产品加工水平滞后制约了食品产业的进一步发展。迫切需要食品科学新理论和新方法研究，包括食品营养与健康、食品贮藏与保鲜、食品加工基础理论、食品安全与质量控制等方面的新技术和基础理论。

三、食品科学的进步是加强对食品安全监管、保障人民身体健康和生命安全的需要

尽管中国对食品安全与质量的重视程度逐年提高，但一些与人们日常生活密切相关的食品安全状况不容乐观。近年，国家质检总局多次在全国范围内针对多种食品，包括米、面、油、酱油、醋等60余万家生产企业产品质量进行专项调查和监督抽查，结果不容乐观。食品质量安全问题形势异常严峻。另外，随着人们对食品安全的日益关注，各种问题不断暴露出来。农业种植、养殖业源头污染没有得到有效遏制。为了保证13亿人的食品供应，需要一定的产量规模，中国现行的农业生产方式还无法全面普及无公害和绿色农产品的生产。在农产品产量和质量之间，还存在深层次的矛盾冲突，源头性污染短期内尚无法彻底根除。主要的源头性污染包括：化肥、农药残留；抗生素、激素与有害物残留；病疫性生物污染；动植物中毒素过敏污染；转基因食品原料的负面反应以及违禁物品（瘦肉精、三聚氰胺、苏丹红）的使用。每年由食品安全问题引起的贸易纠纷造成的损失高达100亿美元左右。这些食品安全与质量事件，不仅引起了消费者对食品安全的恐慌心理，也造成进口国对我国食品安全的不信任，产生了很坏的国际影响。

食品安全与质量控制给食品学科进步提出新需求，全面开展食品安全与质量控制相关领域的基础研究势在必行。根据食品工业发展形势的要求，借鉴发达国家经验，食品科学必须加强食品安全预测和危害因子防控，为食品工业健康发展保驾护航，保障营养安全的粮食、果蔬、肉蛋奶营养品等的供给，促进人民身体健康。

四、食品科学的进步为食品产业技术提升提供保障

近年来，食品学科围绕国家战略发展需求，加强了学科建设、科学研究以及人才培养，特别是在新理论、新方法、新成果和新技术方面取得了许多重大突破。建立了一批产业化示范基地，发表了大量的高水平研究论文，获得国家科学技术进步或发明奖10余项，仅2007年申请国内外专利就达到8300项。这些科技进步和基础理论创新为我国食品工业的发展提供了技术保障。食品科学研究已经成为推动食品产业发展最核心的内在动力，成为关系到国民经济、社会发展和国民健康的重要科学研究领域之一。这些成果主要表现在：

在食品贮藏和保鲜方面，研究农产品采后成熟、衰老的生理学机制；并在农产品耐贮运性和抗冷性的基础上，成功开发了真空冷却设备、微型冷藏库、

便携式微型冷藏库和气调保鲜贮藏库实时测控系统等果蔬贮藏库的现代设备；实现冷却肉和调理肉制品的综合保鲜技术和气调保鲜技术，以及水产无水保活和保鲜。在食品生物变化与生物合成方面，食品科学工作者对微生物代谢机制及功能性进行基础研究和调控，成功开发多种新型发酵制品以及功能产品；研究食品加工过程中食品组分及功能相关性，提高粮食利用度、强化粮食制品营养和品质，包括强化面粉生产、小麦淀粉制备、小麦谷朊粉产品开发、超细淀粉回收利用等；研究食品组分分离技术原理，改进植物油脂浸出技术，实现大豆磷脂、异黄酮、蛋白肽、低聚糖等功能因子的高效提取。

人民健康是国家最大需求。社会发展和进步赋予了食品科学重要的责任与义务。与此同时，食品学科发展也面临着新的更大挑战。食品学科必须发挥学科特点和优势，积极促进学科建设、科学研究、学术交流，重点要在新理论、新方法、新成果、新技术等方面提高科技创新能力，实现跨越式发展。只有这样，食品学科才能成为国际上有重要影响的学科，才能在推动和促进我国食品工业的技术进步和持续发展方面发挥更大的作用。

第二节　发展规律与发展态势

一、我国食品科学的研究特点

随着经济快速增长、人口不断增加、能源日益枯竭、环境持续恶化以及新技术和新学科的兴起，食品科学研究呈现如下特点：食品科学研究不仅满足于对食品加工过程规律的认识，而且更加注重服务于经济发展和国力竞争的需求；食品科学研究变得更加趋于系统化、规模化和数字化，形成了以食品化学、食品微生物以及工程学为基本方向，以多学科交叉为基础、分析与综合并重、微观与宏观相结合的研究体系。

二、我国食品科学的发展规律

（一）以食品产业发展的关键和共性科技问题为导向，开展多学科交叉研究

以知识创新为特征的现代社会对科学发展提出了强烈需求，综合国力的竞

争已前移到基础研究，而且愈加激烈。我国作为快速发展中的国家，更要强调基础研究服务于国家目标，而食品科学研究的性质又决定了只有通过多学科交叉，以解决未来产业发展中的关键瓶颈问题为导向，才能促进食品产业升级，增强产业国际竞争力。

（二）与基础学科和新兴技术的重大科学发现与方法创新密切相关

食品科学研究是一门涵盖面宽、涉及领域广的交叉科学。进入 21 世纪以来，我国基础学科研究更加深入，新兴学科发展更加迅速。传统学科不断涌现新的生长点，面向国家、社会重大需求和面向实际应用的成果数量与质量明显提高，特别是在生物学、化学、物理、数学与计算机技术、信息技术等领域，重大科学发现与方法创新都对食品科学研究产生了深远影响，有力地促进了食品科学研究的深入展开。例如，生物技术、信息技术的创新促进了食品加工过程中生物合成与转化机制的研究。

三、国际食品科学的发展状况

随着科技发展及各学科交叉融合，食品学科体系逐步完善，食品学科结构划分越来越细致，涉及的范围越来越广泛，而食品科学学科的重要程度也越来越明显。以威斯康星大学、康奈尔大学等 23 所国际知名大学食品科学系本科专业和研究生专业分布为例，二级学科划分包括：食品科学基础（以物理和基础化学为基础）、食品营养与人类健康（以分子营养学、分子生物学为基础）、食品安全（以生物化学、分析化学为基础）、食品加工技术（以农业学科、技术工程学为基础）。食品科学相关专业已成为普度大学、威斯康星大学、阿肯色州立大学和加利福尼亚大学戴维斯分校等高校的优势子学科或特色方向。

从科学研究现状来看，食品化学、食品物性学、食品生物学以及食品工程学是国际食品科学领域非常重要的基础学科。许多知名高校，如威斯康星大学、康奈尔大学、普度大学、利兹大学、诺丁汉大学等在食品科学各个分支学科上具有很大的影响力。例如，诺丁汉大学食品科学系在“食品科学和营养”、“碳水化合物和应用食品微生物”方面的研究比较深入。食品科学涉及多学科的相互交融，新技术、新手段的发明和运用以及随之而来的新问题产生，这一切都促使食品科学研究越来越深入。在食品加工新技术理论方面，各种加工保藏技术原理、加工新技术对食品品质影响、加工过程中食品组分相互作用等基础领域研究逐渐取得突破。一些新的技术逐渐被开发并应用到食品行业中，对现代食品工业的促进作用越来越明显。最近 20 多年来国内外对能源利用以及相关科学问题的研究正呈现着加速发展的趋势，节能技术的研究工作更加受到重视，出现了一批高效、节能、低污染的食品加工新技术。如将膜分离、膜萃取与化学反应和其他物理手段相结合的耦合技术就是一项集成创新技术，已成为目前国际上食品、医药、生物、化工等领域的热点研究课题。

四、国际食品科学的发展趋势

（一）食品原料特性及其保藏理论正在日益升起，成为食品科学的重要分支

在以农业为国民经济重要领域的国家，如美国、法国农产品的物料特性和品质改进、保鲜技术研究等都是食品科学的重要研究领域。在众多农产品中，植物源食品和动物源食品具有本质不同。植物源产品的特性和保鲜均基于其采后的生理学基础。因此，降低生理活动各种方法和实践成为重要的内容，包括从分子生物学水平研究成熟、衰老机制及其生化调控途经，外界非生物因子对成熟、衰老的影响等。动物源产品的生产和消费日益提高，其产品质量和安全性变得越来越重要。因此，研究从产品的表观品质变化转为研究产品品质的形成机制，从提高动物产品的产量转为提高产品的质量。

（二）食品营养学已成为食品科学领域内的最热门研究领域

食品营养是研究食品体系中组分结构、性质、营养和毒理以及食品营养组分与人体生长发育、健康、疾病等关系以及提高食品营养价值措施。营养学发展是随国民经济和环境的发展而变化。在没有彻底解决温饱的现实情况下，营养学研究是以宏量营养素摄入不足引起的营养不良为主。对于基本解决温饱的发展中国家和发达国家来说，营养学研究已从过去的营养不良为主转入今天的以营养过剩（主要是蛋白质和脂肪过剩）或营养不平衡引起的相关非传染性流行病。进入21世纪，由于生活水平普遍提高，加工食品占消费食品的比例提升，一种期望通过加工食品来平衡和改进营养状况的要求前所未有地产生，产生了新的食品科学分支，如强化食品、功能食品、保健食品等。

（三）加强食品质量与安全研究是全球的共识

食品安全与质量控制是以研究食品安全风险评估、食品质量安全检测和食品生产加工过程安全控制为基本内涵的学科。其涉及食品安全风险评估理论

与方法以及食品中危害因子的毒性、作用机制与风险评估；食品质量安全检测理论与方法；影响食品质量安全的化学性、生物性因子产生、迁移、变化机制及控制方法；食品安全溯源、预警的各种理论与方法。随着全球贸易一体进程的加速，研究和开发控制食品生产流通和消费过程中的安全措施已成为全球共识。

（四）食品生物技术作为生物技术的重要分支学科，已成为食品科学研究领域的重要手段和发展方向

生物技术是21世纪高新技术的核心之一，生物技术在其自身发展过程中，始终与食品的加工和制造如影随形。现代生物技术的发展为解决人类的食物与营养、健康与环境、资源与能源等重大问题开辟了一条崭新途径。目前，国际市场上以生物工程为基础的食品工业产值已达到2500亿美元。食品生物技术在全球快速发展的同时也产生一系列主要科学问题，包括生物食品的安全性问题、生物制造过程控制与机制、食品加工过程的生物变化机制等，已经引起了国际组织、全球食品研究机构和工业界的重视。食品生物技术对食品加工过程的渗透越来越广、越来越深，已成为食品科学研究领域的重点发展方向。

（五）食品生产和消费过程中组分的结构功能与理化特性的深入研究是食品科学的重要内容

食品本身是一个复杂的体系，由于加工过程中蛋白质变性、淀粉糊化、小分子物质变化、油脂氧化等引起组分结构与物性变化，同时由于加工手段的多样性，如冷冻、高温、剪切等也导致食品组分结构与物性的变化。而食品组分结构与物性的变化不仅影响食品品质、口感，而且对其营养和健康效应也产生显著的影响。因此，食品科学领域研究成为国内外食品科学家关注的重点，研究内容既涉及在分子水平研究食品组分的精确三维结构、结构与物性之间的内在联系，还包括食品组分在加工过程的化学、生物变化机制以及控制理论。

（六）食品科学研究更加趋向于多种基础学科和新兴技术的交叉融合

食品科学产生渊源与农业学科、医学学科和化学学科等相关学科密不可分。食品科学发展一直与其他学科领域包括化学、微生物学、工程学、数学等领域密切相关。20世纪40年代以后，有更多领域的科学家，包括包装技术、信息技

术、生物技术等领域的学者参与到食品科学的研究中。当前人类面临着资源短缺、环境危机、能源与海洋开发、减灾防灾等重大科学问题。食品科学研究与多种基础学科和新兴技术的交叉融合也是解决上述问题的途径之一。一些新技术、新工艺和新方法，如数学与计算机技术、纳米技术、生物技术、材料技术等对于食品加工原料改善、食品加工品质提高、如何环境友好地大规模工业化等问题还在继续研究中。食品科学与其他学科的交叉程度越来越高，联系越来越紧密。

第三节　研究现状和研究动态

食品科学在我国仍然是一个年轻的学科，虽然近年来得到了相应发展，但是相对于社会经济的发展速度，食品科学的发展仍然有些缓慢，基础还很薄弱。资料显示，在我国高等院校已开设的88个一级学科之中，与食品相关的只有9个；381个二级学科之中，与食品相关的只有30个。食品学科拥有的国家级、省部级重点学科数量很少，学科发展水平相对滞后，优秀学术带头人、学术骨干力量薄弱。尽管目前国家在政策、资金等方面加大了扶持力度，很多院校也加强了食品及相关学科建设，特别是近年来食品安全学科的蓬勃发展，给食品学科发展注入了新的生命力。但同时我们也需要清醒地认识到，目前我国食品学科的发展和布局还存在许多亟待解决的问题。

一、人才队伍建设

目前全国设有食品科学与工程专业本科教学的高校共有156所，分布在31个省级行政区，其中，具有“博士一级”授予权的有13所，具有“博士二级”授予权的有13所，具有“硕士一级”授予权的有18所，具有“硕士二级”授予权的有92所。食品学科拥有1个国家重点实验室“食品科学与技术国家重点实验室”，还有一批省部级重点实验室“教育部食品营养与安全重点实验室”、“教育部食品安全分析与检测技术重点实验室”、“教育部功能乳品重点实验室”、“教育部乳品科学重点实验室”、“教育部乳品生物技术与工程重点实验室”、“教育部肉品加工与质量控制重点实验室”等。近年来，在国家自然科学基金和科技部支撑项目等资金的支持下，我国科研院所和高校已经有一大批从事食品学科研究并颇具实力的研究团队，并已经形成了一支以中青年人才为主，老中青结合，能基本胜任食品科学基础研究的技术人才队伍。其中，有中国工程院院士 1 人，国家杰出青年科学基金获得者 3 人，以及一大批省部级优秀人才，为食品学科的基础研究提供了人才保障。

二、资助现状

近年来，国家加大了对食品学科的资助，在国家科技支撑计划中，于 2003～2009 年分批设置了多个食品领域的重大项目，包括：食品质量安全控制关键技术研究与示范，食品加工关键技术研究与产业化，特色果品贮藏保鲜新技术及产业化示范，农产品贮藏保鲜关键技术研究与示范，保健食品基础及关键技术研究，食品贮藏、包装与运输过程中安全控制技术重大专项，肉制品加工关键技术研究与新产品开发，中国传统肉制品现代加工技术设备与产业化示范，乳品加工关键技术及设备的研究与产业化开发，奶业发展重大关键技术研究与示范，低温肉制品与传统肉制品开发及产业化示范，畜禽屠宰加工设备与骨血产品开发及产业化示范，液态蛋与专用蛋粉开发与产业化示范，新型乳制品研制及其产业化开发等。

“863”计划也加大了对于食品学科资助，重点开展了食品酶工程、发酵工程和食品基因工程领域内的前沿技术研究以及功能性蛋白质、多糖、寡糖、寡肽等具有重要生理活性物质的生物加工技术研究。在大宗低值蛋白资源酶法改性及食品配料制备、功能性低聚糖转化用酶的研制及低聚糖纯化技术、发酵剂菌株筛选及遗传改造等方面取得了阶段性的进展和成效，取得了一批具有自主知识产权的成果和技术，显著增强了食品工业的原始创新能力。总体来讲，近年的科研项目主要集中在加工工艺以及产业化研究方面，对基础研究、基础性工作的支持仍然较少。

近两年，国家自然科学基金在食品学科研究中发挥着越来越重要的作用。“十一五”以来，国家自然科学基金在食品科学领域的立项越来越多。2007 年，食品科学领域获得了 90 多项资助，均由化学科学部和生命科学部立项，其中，化学科学部立项 47 项，生命科学部立项 51 项，比例接近 1：1，总资助经费达到 2440 万元。2008 年，有 120 多个项目获得资助，其中，化学科学部立项 24 项，生命科学部立项 100 项。另外，管理科学部 2008 年首次批准食品学科领域的课题两项，信息科学部首次立项 1 项。2007 年和 2008 年，国家自然科学基金分别立项支持了 1 项重点项目。从资助的结构和组成看，主要集中在自由探索的面上项目，缺乏针对重点问题进行集中公关的重大项目，对重点项目的支持还十分有限。曾资助的重点项目的数量与食品学科研究的规模现状和发展态势不相协调，许多研究还比较肤浅，不够系统，缺乏深度，这种状况不利于食品学科基础研究的发展和杰出人才的培养。

三、食品学科研究的现状与重要成果

（一）食品营养与健康研究逐渐得到重视

随着人们生活水平提高，居民面临营养性疾病威胁已大大超过食品缺乏时期营养不良的危害程度。由于营养失衡，全国有1.6亿成人血脂异常，2000多万人患有糖尿病，发病人数已位居世界首位。面对这种严峻的形势，1997年4月中国正式公布《中国居民膳食指南》，而后相继公布了《特定人群膳食指南》、《中国居民平衡膳食宝塔》、《中国营养改善行动计划》、《中国食物与营养发展纲要（2001—2010年）》和《国民营养条例》。这些政府出台的营养指南和发展纲要对中国更好地以营养科学指导开拓食品工业新领域，引领食品营养与健康学科及其相关产业科学和谐、稳步健康发展起到巨大的推动作用。

食品营养与健康是食品科学的一部分，食品学科发展与其他许多学科发展密切相关，是一门综合性强、具有理论和实际指导意义的学科。在我国，食品营养与健康学科虽然近年来得到了相应发展，但是相对于社会经济的发展速度，基础还相当薄弱。资料显示，在我国高等院校已开设的88个一级学科之中，与食品相关的只有9个；381个二级学科之中，与食品相关的只有30个。目前，中国农业大学、南昌大学、江南大学等学校已经开设了食品营养学相关学科。国家在政策、资金等方面加大了扶持力度，很多院校也加强了食品营养与健康学科及相关学科建设。特别是近年来社会对食品安全问题的高度重视和科技投入的增加，给食品营养与健康学科发展带来了新的契机。随着国际上食品科学与食品营养的不断发展和进步，我国在食品营养学等领域取得了显著成绩，在某些研究领域已达到或接近国际先进水平。但同时我们也需清醒地认识到，我国食品营养与健康学科发展和布局还存在许多亟待解决的问题，总体水平与发达国家相比还有较大差距。

（二）食品贮藏与保鲜理论研究更加系统和深入

产后农产品贮藏和保鲜技术正向综合控制的方向发展，其中包括物理控制、化学控制、农业控制和生物技术控制。

国内外在食品保鲜理论、设施、材料和工程技术方面以及在技术集成、成果转化等方面研究与创新已经取得了显著成效。发达国家非常重视农产品保鲜加工业，70%农业总投资用于农产品采后保鲜，以保证农产品附加值的实现和资源的充分利用。发达国家因有雄厚资金和工业化手段做支撑，农产品采后已普遍进入气调和冷链保鲜阶段，而且正在向真空预冷和超低氧贮藏等技术方向发展。此外，从分子水平抑制作物衰老和成熟、培育耐贮藏新品种等工作，已取得突破性进展。

我国在农产品采后贮藏和保鲜方面，特别是在农产品采后成熟和衰老的生理学机制研究、农产品耐贮运性、农产品抗病和抗冷性、农产品成熟和衰老控制、果蔬产品品质劣变机制及调控、利用分子生物学技术进行保鲜、对病害进行控制等方面都取得了一些世界公认的研究成果。在果实功能基因大规模筛选体系的建立、果蔬采后病理相关蛋白质组学研究等方面处在国际研究的最前沿。近 10 年来，国内相关研究领域发表 SCI 收录的科研文章 300 多篇，参与出版英文专著 6 本，多项果蔬采后方面的研究成果已获得国家级奖励和省部级一等奖奖励。这些研究成果都极大地推动了我国果蔬采后贮藏理论和应用技术的长足发展。动物源性食品方面，我国在冷却肉和调理肉制品的综合保鲜技术、气调保鲜技术以及水产的无水保活和保鲜技术方面均取得了很多突破性的进展，相关的成果推广应用已经获得了巨大的经济和社会效益。

在理论研究基础上，我国已经成功开发了真空冷却设备、微型冷藏库、便携式微型冷藏库和气调保鲜贮藏库实时测控系统等果蔬贮藏库的现代设备，并利用天然果蔬保鲜剂（如天然植物精油、中草药植物浸提液等）、微生物拮抗保鲜菌、调压技术、静电场处理、低剂量辐射技术、转基因技术等来实现果蔬贮藏保鲜的目的。目前，我国的果蔬贮藏保鲜产业已经实质性地参与到国际竞争中。

（三）食品精深加工理论技术研究取得重要成果

肉品加工方面，我国也已经取得多项重要研究成果。在冷却肉品质形成机制、肉品风味形成机制及调控、肉品的微生物预测预报模型、肉品贮藏保鲜、贮藏过程亚硝胺及生物胺的形成机制方面进行了大量研究，取得了很多突破性成果；在对屠宰过程中电刺激对产品品质及贮藏特性影响、钙激活酶及其抑制蛋白在动物产品贮藏过程中的变化及对产品贮藏性的影响方面做了很多基础性研究工作。

乳品加工方面，我国也在干酪加工技术和功能乳制品开发方面取得了突破。对干酪加工与成熟过程中发酵菌株、蛋白质与脂肪的变化机制及其对产品品质的影响进行了研究，获得了多项研究成果；在益生菌筛选及保存、益生菌功能性研究方面也进行了一些基础研究。这些基础性研究为目前开发新型乳制品以及功能产品、降血脂奶粉、牛初乳功能性成分乳制品、低乳糖奶等新产品提供了有力的理论支持。

果蔬加工方面，采用非热加工技术对物料生理生化、营养品质、感官品质以及风味物质形成的影响进行研究。研究苹果防褐变、柑橘脱酸脱苦、蔬菜汁酶法液化技术、超高压杀菌等技术，相关理论阐明促进了技术进步，有些已在生产中得到应用。

粮食加工业方面，在营养强化面粉生产、小麦淀粉制备、小麦谷朊粉的产品开发、超细淀粉回收利用、面机设计与制造、调味料产品研发、包装与保鲜设施等方面均取得很大发展，为工业化生产提供了配套工艺和装备。稻米深加工方面，采用生物酶抗老化解决了米粉的老化回生难题；高纯度米蛋白、米乳饮料的开发以及利用双酶法从碎米中制取多孔淀粉、米糠等副产物综合利用技术和成果已进入生产领域。玉米深加工实现了综合利用和大幅增值，以玉米为原料生产符合环保要求的生物材料和薄膜已经工业化。植物油脂浸出技术、特殊油料加工、副产物综合利用方面不断发展，油料中具有高附加值的生物活性物质的研究开发初见成效。很多大豆加工企业设计了闭路或瞬时高温、短流程工艺技术，保护了环境，杜绝了二次污染。传统大豆制品专用设备与加工生产线已开始出口到国外。大豆磷脂、异黄酮、蛋白肽、低聚糖等功能因子的高效提取已成为现实。

酿造调味品业，通过合资引进了国外先进的酱油生产工艺技术和设备、食醋的液态深层发酵技术和设备。另外，生物工程、超临界二氧化碳萃取、分子蒸馏、微胶囊包埋、微波加工、真空技术、辐射杀菌等高新技术也在酿造调味品的生产中得到了推广应用，推动了传统调味品的工业化和现代化。

（四）食品安全与质量控制相关基础研究取得重要阶段性进展

近年来，在国家自然科学基金的支持下，我国农作物产品安全方面的科学研究水平提高较快。在全国高等学校和科研院所中已经形成了一批从事食物中农药、兽药、重金属、致病菌等危害因子的检测、迁移转化途径及控制等科学问题研究团队。在农药、兽药、毒素等酶联免疫、胶体金标记、量子点标记、免疫化学发光、生物传感器、分子印迹仿生免疫分析技术方法等方面取得了重大进展，部分技术方法已转化成为产品。农药、重金属等污染物在环境和农作物中的迁移转化途径、毒性效应、风险评估等方面也取得了显著进展。“十五”期间，在食品安全快速检测技术和装备、国家标准和规范等方面取得了重大阶段性成果，成功研制了29种食品安全检测试剂盒。

近年来，农药残留的检测技术也取得了一系列成果，已从单一农药残留物的检测发展到可以同时检测上百种农药残留的多残留分析系统。在手性农药环境行为研究方面取得了一些突破性进展，特别是对手性农药在动物、植物、土壤及水体中分布、降解、代谢、归趋等行为的系统研究，阐明了一些农药对映异构体的生物活性、毒性毒理、吸收、转移及代谢的机制，对新型、安全农药研究开发提供了良好的理论基础。在食品加工安全控制研究方面，建立了多种食品中危害因子的风险评估和检测方法，如丙烯酰胺分析方法及风险评估技术。在新资源食品安全性研究方面，建立了较为完善的转基因食品安全评价体系，一些安全评价的关键技术取得了突破性进展，在研究模型动物的过敏性分析方法的基础上，建立了系统的转基因食品过敏性评价方法，开展了在动物水平、细胞水平、基因水平、蛋白质组水平和代谢组水平的毒理学研究。

目前国家自然科学基金委员会对农作物产品安全学科领域科研经费的支持比较零散，主要集中在自由探索的面上项目，而对重点项目的支持缺乏。“973”计划仅资助了一个相关的研究项目。在污染物迁移和风险评估研究方面，资助多停留在单一污染物在某一特定环境里面的迁移转化和毒性效应，缺乏对污染物在整个农作物生长周期和食品加工过程中的转化以及对人类健康风险方面的系统研究。在危害因子检测方面，资助多针对单一检测对象或技术方法，缺少对食品安全检测的共性理论方法研究的资助，尤其缺少对小分子污染物免疫识别机制方面的资助。在危害因子产生与控制研究方面，缺少对食品加工过程中新生危害因子的产生过程、机制及控制方法方面的资助。

四、存在的主要问题

（一）学科体系建设需要进一步加强

对食品科学性质、对象等问题，至今仍然存在许多争论。这也使得食品学科发展相对滞后于生物科学、材料科学、化学、医学以及其他相关学科。对于食品科学研究对象的不同认识，使得食品科学的研究范畴和研究体系各不相同。有的以食品原料为对象，如以乳品、肉品、果蔬、茶叶、油脂、粮食等为食品研究的范畴；有的以学科特征为对象，如以食品营养、食品微生物、食品化学、食品生物化学、食品加工、食品安全、食品工程等为研究范畴；有的以食品产品为研究对象，如糖果、饮料、功能食品、罐头等。这种对食品科学体系认识的差异，使得食品科学常给人们以“琐碎”、“无科学问题”、“无重大科学问题”的感觉，也直接导致我国食品学科建设和发展相对落后的局面，需要加强对主要科学问题的抽提。

（二）优秀顶尖科技人才匮乏

食品学科学术带头人和拔尖人才缺乏，各个层次的人才队伍现状与食品学科的重要性和发展需要极不相称，尤其是从事基础研究的人才更加缺乏。应切实加强以培养为主，与积极引进国外优秀人才回国相结合，营造鼓励优秀人才拔尖和脱颖而出的环境，建立以学科带头人为核心的创新团队。

（三）科技创新机制有待进一步完善

创新分为原始性创新、集成创新和引进消化吸收再创新。食品学科中原创性不够，突出表现在食品领域的研究偏重集成创新和引进吸收消化再创新，原始创新不够。食品学科诸多原创性理论还比较缺乏，需要加强基础研究。应建立长期的资助机制，鼓励自由探索。

（四）国际交流有待加强

我国食品科学领域的学者与国际组织和国外知名大学的交流不够，“走出去”与“请进来”不够。因此，应在继续加强国内食品科学本科教育的同时，鼓励国内外大学教育的互访，培养具有国际竞争力的人才。

第四节　食品科学学科发展布局

一、总体发展战略布局和重点发展方向

食品科学基础研究需要特别注意培植新兴领域和学科新的生长点，优先支持具有重大科学意义和价值的基础研究。充分利用分子生物学、食品化学、食品微生物学和食品生物化学所取得的理论和技术成就，带动农产品品质与保鲜、食品营养、食品生物技术、食品精细加工、食品先进制造等前沿领域相关的生物学问题研究进展。注重在数学与计算机技术、生物技术、纳米技术和生物信息学和工程学等交叉领域的融合与发展。形成一套为保证食品保鲜、食品营养设计、食品品质、食品制造与流通等提供科学基础的食品科学体系，积极参与国际竞争。

食品科学需要针对与食品领域相关的关键性问题和创新性问题进行系统研究，通过理论创新和技术突破促进食品工业发展。食品科学需要重点开展以下基础理论研究：从细胞水平及分子水平研究食品和人类营养、健康的关系，评价食品营养对人体健康的影响，深度挖掘食品中具有独特生理学功能的活性物

质，探寻食源活性物质在细胞内的作用机制与信号途径；深入研究动植物源食品宰后/采后品质形成和成熟、衰老的分子生物学基础和调控机制，分析探索食品腐败变质的生物及非生物因子，并找到其解决的办法，提高食品的质量和货架期；研究食品加工新技术如纳米技术等应用对食品理化性质、品质及食品安全的影响，为加工出更加安全、优质的食品和开发出更加节能、环保的新型食品加工与制造技术打下基础；食品安全和质量控制研究，包括食品中有害物质的产生过程、代谢机制及控制方法以及食源蛋白质致敏机制与控制途径。通过这些研究，不断满足经济发展和社会进步的需要。

二、国家重点实验室等平台建设计划需求分析

高水平的学科平台建设是原创性成果的保障。尽管近年来我国已经在基础研究上投入了大量的经费，但是对食品学科的基础研究投入非常低，高水平研究平台建设偏少，一些研究机构仪器设备比较陈旧且不配套。这种状况不利于食品学科发展，更不利于开展自主创新研究。食品科学基础理论研究是高度集约、需要采用先进设备和实验手段进行的工作。因此，在现有财务状况下，建议采取局部优化和重点装备的政策，在国家食品科研机构、高等院校等相关场合，分期分批建设食品基础研究或者应用基础研究国家重点实验室，配备必要的基础设施，努力改善和提高食品基础学科研究条件。

目前，在食品科学研究领域，我国仅有1个国家重点实验室，即依托于江南大学和南昌大学的食品科学与技术重点实验室。该实验室以两校各自的“食品科学”国家重点学科为依托，以食品加工与组分变化、食品安全检测与控制、食品配料和添加剂的生物制造以及食品加工新技术及应用为主要研究方向。

食品安全问题层出不穷，食品安全已经成为影响国计民生的重大问题。另外，食品营养与健康问题也是当今食品科学研究领域的前沿。国民良好的健康状况在很大程度上已成为国际社会衡量一个国家社会进步的标志，也是反映社会经济状况的重要指标。食品安全和食物营养与健康研究已经成为全世界食品学科发展的方向和相互竞争的舞台。我国近年许多科研单位虽然已经开展了食品安全和营养、健康关系的研究，但是整体研究水平明显落后于其他发达国家，特别是相关基础研究非常薄弱，许多研究仅停留在检测技术研发上，缺乏系统性和深度。

因此，针对国家和行业需求，围绕食品科学领域的国际前沿研究，充分认识我国人民对食品安全的迫切需要以及食品健康和营养对国民生活的重要性，推进技术创新，缩短我国在食品科学研究领域与国际先进水平间的差距。在我

国尽快依托相关食品科学研究机构和大学成立食品安全与控制国家重点实验室和食品营养与健康国家重点实验室，提高我国食品科学的研究水平，维护消费者的利益，促进中国食品安全和营养健康事业的发展。

第五节 优先领域以及与重大交叉研究领域

一、遴选优先发展领域的基本原则

食品科学研究是理论研究和生产应用结合非常紧密的学科领域，涉及化学、生物化学、营养学、食品微生物学、食品安全、食品工程、卫生学等内容，加上农产品采后领域自身特有的成熟生理、保藏生理、工程技术、物流学等，形成了一个多学科交叉、自身特点突出的系统学科。根据食品科学自身特点以及我国科技发展面临的新形势，“十二五”食品科学研究应当遵循以下原则：服务国家战略目标与鼓励自由探索相结合，关注食品加工国际前沿和热点科学问题；源头创新与特色优势相结合，鼓励具有我国优势和特色的研究领域，支持以解决食品产业发展重要科学问题为目标的基础研究；基础创新与创新能力相结合，遵循食品科学领域科学发展的规律，注重对新兴研究领域、交叉领域、新的生长点以及方法创新的支持；项目研究与人才培养相结合，关注对在国际上有重要影响的高端人才和创新团队的支持；学科发展与部门协调相结合，既重视科学自身的积累和发展，又要与国家其他部门和其他研究项目做好分工和衔接。

二、食品学科优先发展领域

目前国际和国内食品学科发展的特点和规律，在充分调研的基础上，建议食品科学学科优先进行以下方面的研究。

（一）食品中生物活性物质与健康相关基础研究

食品原料特别是药食同源物质中包括大量的生物活性物质，它们有些是天然存在于食品原料中，如多糖类、类黄酮、异黄酮、褪黑素、大蒜素、番茄红素、皂苷、免疫球蛋白、乳铁蛋白等，有些需要经过体内或体外的消化处理才能释放出来，如乳肽、大豆肽、玉米肽、豌豆肽、畜产肽、水产肽、丝蛋白肽和复合肽等。这些生物活性物质具有抗氧化作用，保护细胞膜不受损伤，延缓衰老，预防动脉粥样硬化，调节血脂，预防骨质疏松，还具有改善睡眠、调节机体免疫力、增强抗癌药物的效果并减轻药物的副作用、抑制癌瘤生长、抗疲劳、抗衰老等作用。食品中存在有许多生物活性物质，具有广泛的研究价值，已经成为食品科技界研究的热点。虽然有部分活性物质在分离纯化方面技术比较成熟，也有产品上市销售，但大多数生物活性物质由于在分离纯化过程中，存在生产成本高、分离技术繁琐、产品对环境因素的耐受性差等问题，很难实现规模化生产。此外，生物活性物质被摄入后是如何发挥其生物学功能的，其通路和机制探讨也是国内外研究的热点。

主要科学问题：

1）食物及其组分对人体健康的影响机制和生物学途径；

2）食品或者天然产物中功能因子的生理功能、结构变化或形成复合物后功能性质的变化；

3）生理活性物质的代谢途径、吸收方式及在生理代谢过程中结构、功能及构效关系；

4）探讨食物以及功能因子与健康相关性的作用机制；

5）探讨生物活性物质在细胞内的积累变化规律、作用机制与信号途径；

6）研究生物活性物质的稳态化控制及控释机制。

（二）食品组分结构与功能的相关性及机制研究

食品中蛋白质、脂肪、碳水化合物等营养成分都是由众多的不同结构的类似物组成的，如脂肪是由三酰甘油连接不同脂肪酸组成，而不同脂肪酸的连接方式导致脂肪的营养特性有着很大的区别；蛋白质的基本组成单位氨基酸常见的即有 18 种，它们经过酰胺键连接之后可以形成无数种不同的蛋白质；而碳水化合物中常见的单糖就有 10 多种，能形成多种糖苷键的不同连接方式。从而构成众多的不同的碳水化合物，就是单纯一个单糖本身也存在不同构型，单纯的一种脂肪酸也存在顺式脂肪酸、反式脂肪酸之分，而这些都对人体健康有着不同的影响。针对这些问题，不可能同时解决，只能从共性问题入手，由点及面，层层深入。因此，要尽快研究主要食品组分中的常见结构变化与功能之间的相关性及其机制，探讨其对人体健康的影响，从而有针对性地对正确的食品饮食及膳食结构调整提出合理的建议。

主要科学问题：

1）食品影响人体健康的分子营养学机制；

2）食品组分的结构与功能之间的相关性及作用机制；

3）食品组分在细胞内的积累变化规律、作用机制与信号途径；

4）不同结构的食品组分在人体内的代谢途径、吸收方式、作用机制。

（三）食品（农畜产品）贮运中的品质生物学及对外源因子的应答机制

生鲜食品（如果蔬、肉蛋奶等）仍然进行着一系列的生命活动，包括生理生化过程、基因和蛋白质表达调控、外源刺激信号应答反应等，而这些过程直接关系到食品的最终品质。果蔬产品采后虽然脱离了母体植株，但仍然是一个独立鲜活的生命体，其对外界环境具有强烈的应答反应。由于呼吸消耗，造成了产品成熟和衰老加快、抗病力降低、品质快速下降，并最终影响其食用和加工品质。生鲜肉制品、乳和鲜蛋由于失去了母体在物质、能量以及信号的支援，对外界环境的反应非常敏感。在贮藏过程中生鲜食品的品质极易受到环境条件（如温度、湿度、病原物）的影响，如不采取措施，将导致食品品质快速下降，严重影响最终食品的色、香、味、质构、营养、卫生品质等。在这个过程中，包装、贮运条件、货架行为等都将对食品最终的品质产生影响，而这些影响归根到底都是因为在外源环境因子刺激下，食品中的品质要素所发生的各种变化。因此，食品在贮运过程中对各种外源因子的生理应答机制一直是贮藏保鲜学科研究中的热点和重点问题。目前，随着生理学、分子生物学和各种微观研究技术的不断深入，需要对食品适应贮运环境条件的应答机制进行更明确的阐述，从而在真正意义上为食品贮藏保鲜技术的研发与革新提供理论指导。

主要科学问题：

1）贮运过程中的食品在对各种外源伤害防御反应中，生物和非生物因子的信号感受及其应答机制；

2）各种外源因子刺激下，食品中生化变化及其对食品品质的影响；

3）食品微观物理结构变化机制研究及其对食品品质的影响；

4）食品品质成分代谢的调控网络解析。

（四）果蔬采后代谢途径的功能基因组学研究

代谢途径中功能基因分离和鉴定是研究代谢调控规律的基础。如何大量分离、鉴定这些功能基因，成为果蔬采后生理研究快速发展的瓶颈问题。近年来以 EST 和基因芯片为代表的功能基因组学在阐明模式植物的生物学原理研究中取得了显著进展。柑橘、苹果、猕猴桃、番茄、马铃薯、大白菜等果蔬的 EST 测序正在大规模开展，并有了番茄、柑橘和葡萄等果蔬的商业化基因芯片。果蔬品质涉及质地、色泽、香气、糖和有机酸等初生代谢以及酚类、萜类等诸多次生代谢，不同代谢途径的众多基因参与了果蔬的品质变化。加强了果蔬品质相关功能基因及其功能基因组学研究，系统分离和鉴别功能基因，对于深入理解果蔬采后生物学原理和调控技术，具有重要意义。

主要科学问题：

1）果蔬品质重要功能基因的鉴定、调控机制及人工定向干预；

2）果蔬品质相关功能基因的转录前后调控机制和方法；

3）重要特色果蔬的 EST 构建和信息分析；

4）基于整个代谢途径的功能基因研究；

5）果蔬品质代谢相关功能基因的协同作用研究；

6）多基因家族成员的功能差异研究；

7）控制和改善果实成熟和品质的新基因；

8）利用转基因技术获得品质改良的果蔬新品种。

（五）动物源性食品的保鲜（保活）生理生化基础

动物源性食品品质主要包括质地、风味、滋味、色泽等。产品品质是消费者选择购买与否的主要衡量指标。国内外许多学者开展了大量基础研究，确定了品种、性别、年龄、营养状况、加工条件等诸多影响因素。但由于影响因素繁多，且许多因素影响机制尚不完全清楚，优质动物产品形成的调控机制还不十分清楚。动物产品的风味、颜色是最重要的感官指标之一，其构成极其复杂，涉及的风味物质很多，而且每种风味物质的阈值及其对产品风味的贡献率都不相同，然而目前我国对于动物产品风味的研究较为匮乏。对于动物产品品质形成与调控的生理生化基础研究仍然是国际动物产品加工领域最前沿的基础研究领域之一。

主要科学问题：

1）动物食品品质形成关键调控因子的基因筛选及定位；

2）动物食品品质形成关键调控因子在贮运过程中的代谢与转化路径；

3）动物食品加工与贮运中蛋白质、脂肪等的结构变化及其对动物食品品质影响规律；

4）动物食品加工与贮运中各组分间的结合方式及分子间交链键的变化对食品品质的作用机制；

5）动物食品水分控制与汁液流失的生化机制与细胞学机制；

6）动物食品加工与贮运过程中 Ca^{2+} 等离子的调控机制及对产品品质的影响；

7）动物食品颜色、质地变化机制及调控网络；

8）动物产品营养活性成分及风味物质的生物合成代谢途径、累积特性；

9）蛋白质和脂肪在动物食品风味形成中的作用及调控；

10）发酵动物食品中各类菌群对食品质地、风味的贡献与调控机制；

11）动物食品促成熟技术的生理生化基础；

12）水产品捕捞后存活关键因子定位与调控网络解析。

（六）加工与贮运中食品营养的变化机制

食品受到“从农田到餐桌”整个食品供应链的影响。从广义角度来讲，食品营养品质涉及食品生产的每一个环节，包括原料收获、贮藏与保鲜、食品组分相互作用、营养素保留以及食品贮藏、加工和流通过程中营养品质稳定性，甚至营养品质的变化等问题。另外，食品高新技术发展为食品加工行业改善食品营养、提高生产率和降低成本提供了机遇，同时也使食品组分及营养素在一定程度上发生了变化。这些变化同样也引起了人们对食品营养与健康等问题的密切关注。目前，国内外对食品加工与贮运过程中营养物质变化机制研究还比较肤浅，主要是针对其化学本质、分析方法等进行研究。而对其生物学变化，包括变化途径，贮藏、运输和加工过程对其影响及其机制等知之甚少，需要进一步系统研究。

主要科学问题：

1）食品组分结构与变化对食品营养的影响；

2）水分、淀粉、蛋白质、油脂等主要成分在加工过程中的结构变化及对食品营养的影响及机制；

3）油脂氧化理论及其在不同体系中的氧化规律；

4）食品原料贮存和加工对食品风味形成、营养素保留以及功能的影响；

5）蛋白质水合过程中的分子簇效应和蛋白质变性、交联和水解、空间构象变化与降解等对食品营养的影响及其机制；

6）食品贮藏过程中质构变化、组分相互作用等对食品营养的影响及内在机制；

7）食品生产过程中功能组分的变化规律及其对产品营养的影响和内在规律；

8）食品加工、贮藏过程中有害因子的产生和污染物残留形成机制、迁移转化规律、调控途径以及与引发慢性疾病发生的规律；

9）食品加工新技术（食品生物技术、纳米化、超高压处理以及微波辐射等）对食品营养特性的影响及其机制；

10）食品微生物对于食品的正反作用的机制以及控制机制。

（七）食品加工过程组分相互作用机制、结构变化与功能相关性

食品是一个复杂的多组分体系，在其加工过程中涉及的一系列变化均会影响食品的品质和安全性。因此，明确食品组分在加工过程的物理、化学、生物学变化以及这些变化对食品品质的影响，实现对整个食品加工包括食品原料到产物每个途径分子转化的确切控制，对发展新型食品加工技术、提升食品工程以及发展食品产业具有重要意义。国内外研究人员以食品复杂体系中的原料组分，如蛋白质、脂肪、碳水化合物以及食品添加剂如色素、香精、乳化剂、稳定剂、发色剂等为研究对象开展基础研究，致力于研究其在加工如高温、冷冻、油炸、光照、物理场等过程的变化及其对加工性能的影响。研究食品物理属性包括力学、热学、电学及色光性质等，在各种加工环境下的变化规律，探讨食品加工过程中加工性能、品质与食品原料的物理属性间的相互关系。研究食品加工过程中组分之间的相互作用，探讨食品组分结构、性质及其功能之间的相互关系。研究食品加工过程中控制组分或品质变化的方法。

食品加工技术是食品工业现代化水平的决定性因素，也是国家食品工业竞争力的最重要来源。近 10 年来，国家组织实施了一系列食品加工技术项目攻关，取得了非常好的技术效应和经济效应。然而，食品加工技术的相关基础理论研究仍较为薄弱，这在一定程度上制约和限制了加工技术的实际应用。因此，我国迫切需要加强食品加工的技术基础研究，为新技术的广泛应用提供理论支撑。

主要科学问题：

1）食品原料组分在热与非热处理、冷处理、超高压、超声波等处理和不同条件下结构的变化、相互作用及其对加工性能的影响；

2）食品组分的功能、性质与安全性以及组分之间的相互作用；

3）食品加工过程中组分变化的合理控制以及食品加工控制理论；

4）食品加工过程中各种组分的生物学反应动力学，影响食品加工过程和产品品质的机制；

5）食品加工过程的模拟、操作、设计、控制的最优化理论以及优化理论对食品加工高产率、高品质和低能耗的影响机制。

（八）食品加工过程的生物转化、生物合成及其调控机制

食品加工过程生物转化与合成对食品营养、品质以及风味形成有重要影响。

近年，随着分子生物学、细胞生物学等领域的新研究成果与技术成功引入到食品加工范畴中，对食品生物转化、生物合成的研究已经成为食品科学最活跃的研究领域之一。目前，该领域主要研究内容有：采用微生物自身的细胞或酶的生物催化功能，进行大规模的物质合成与转化，生产人类生活所需的生物食品（啤酒、味精、酒精等）、传统发酵食品（白酒、黄酒、酱油、食醋、豆豉、发酵乳、发酵蔬菜等）、生物功能性食品配料（香精香料、食品防腐剂、食品色素）和食品酶制剂；以微生物、生物大分子、功能性有机小分子等为研究对象开展基础研究，研究食品加工和贮藏中微生物的生长、繁殖、代谢、遗传和传播等机制及其对外界环境的应答机制；研究食品加工过程中蛋白质、维生素、酶等有机分子的生化变化及其对食品品质、营养与安全的影响；食品加工过程中有益微生物的代谢网络图谱、应用生理调控手段对有益微生物的生理状态进行调控以提高其在食品加工过程中的存活率与功效；食品加工技术尤其是食品物理加工新技术如微波、射频、超高压、高压脉冲电场等对病原微生物的生长、繁殖、阻断、灭活的生理机制以及应用。这些研究的开展与突破将有助于食品产业技术革新与国际竞争力的提升。

主要科学问题：

1）模式微生物、病原微生物以及有益微生物在食品加工过程中变化的机制、生物合成机制以及对外界环境的应答机制；

2）运用高通量代谢组学、转录组学和蛋白质组学技术筛选性能优良的微生物或酶，以提高生物合成与生物转化过程的效率；

3）研究微生物细胞响应环境胁迫的生理学机制，发展代谢工程策略提升细胞抵御环境胁迫的能力；

4）营养、环境条件、微生物代谢特性、辅因子以及胁迫条件下微生物生理应答等因素对生物合成与转化过程的影响机制及控制策略；

5）食品微生物在发酵食品加工过程中的作用机制及风味形成机制；

6）有益微生物在食品加工与贮藏中的活力与功效调控机制；

7）酶和微生物催化与转化动力学以及加工过程中品质变化动力学基础。

（九）食品组分分离相关基础研究及与食品功能

食品组分具有多种功能特性，直接决定食品的营养和功能。通过食品组分分离和重组可以应用于食品生产改善食品的营养和品质。近年来越来越多的研究涉及利用现代分离技术，从粮油、果蔬及其副产品和野生植物中提取多糖、多酚和黄酮类物质、天然色素等成分。利用高新技术进行结构改性，达到预期的功能特性，提高生物利用率和稳定性。超微粉碎技术、酶技术破壁，绿色无污染的分离技术（如超临界二氧化碳、超声波、微波等技术）萃取功能成分、膜技术等分离功能成分将近为产业化应用。然而，食品分离和重组技术的相关基础理论研究仍然较为薄弱，对多种分离介质的构建、工作原理和分离机制相关基础研究还很缺乏，在一定程度上制约和限制了食品组分分离和重组在食品工业中的实际应用。

主要科学问题：

1）高效分离与重组等食品组分关键分离技术原理；

2）组分分离技术的集成创新理论；

3）食品分离与重组对食品发挥的影响机制及提升机制；

4）食品分离重组过程的模拟、操作、设计、控制的最优化理论，以及对食品组分分离高产率、高品质和低能耗的影响机制；

5）绿色、循环、多组分提取的相关基础理论与技术，以及组分在食品中的存在形态、分布及溶出动力学；

6）组分的结构与溶解性，各种组分在新分离技术体系内的稳定性与结构功能变化；

7）组分的结构、改性和功能特性以及功能成分构效、量效关系及活性有效评价方法学的建立等。

（十）食品中污染物检测技术相关基础研究

我国食品安全检测技术原创性技术研发不足，快速检测技术基本上是在国外现有基础上进行开发，自主知识产权的技术和产品很少。比较突出的问题是：与检测技术发展密切相关的分析基础研究突破性成果少，高水平的检测技术开发受到限制，特别是一些禁用或潜在的有害物质，缺乏相应的方法学研究；快速分析方法没有质的突破，检测技术局限于现有技术，对于一些利用现有技术不能解决的检测对象没有新的检测技术，也无法突破一些现有技术的瓶颈而没有得到广泛推广。以物理、化学和生物学科研究成果在食品中食源性致病微生物、农兽药残留、重金属、生物毒素、持久性化学污染物、非法添加物及原料变质检测应用机制为目标，利用现代物理、化学、生物学理论和方法，研究食品和原材料中食源性致病微生物、农兽药、重金属、持久性有机化合物、生物毒素等的分析新理论，为建立仪器检测和快速检测的方法学研究体系提供理论基础是主要发展趋势。

主要科学问题：

1）不同微生态环境下特定代谢产物产生机制；

2）不同形态重金属微生物及光谱分析技术研究；

3）农兽药及其他化学污染在食品及原料中的光谱、波谱特性；仿生抗体特异性形成机制、识别分子机制、仿生分析信号机制；

4）小分子 VHH、scFv 等重组抗体、多克隆重组抗体等新型高特异性抗体的生化和免疫学机制；

5）免疫标记物与灵敏度的关系以及免疫分析中基质与离体免疫反应的互作机制。

（十一）食品安全性评价及毒害机制研究

环境污染和人为因素造成食品中潜在污染成分的安全性问题、新资源食品带来的安全风险、兽药和农药在动植物和人体中代谢物质的安全风险、随着食品加工工艺的更新带来的食品安全风险等，已经成为困扰我国和世界食品安全的重大问题。当前，国际上，已经开始针对上述问题展开研究。尽管我国食品质量与安全研究已经取得了明显进步，但是在食品中污染物质及潜在污染物质的深入研究方面与国外存在明显差距。因此，为科学地评价食品安全性，进一步加强我国食品安全，保证人民生命健康，需要采用蛋白质组学、基因组学和代谢组学理论和方法，结合大型仪器分析技术手段，对食品中有害物质安全性评价展开深入的研究。

主要科学问题：

1）有害病菌或有毒物质的预测技术；

2）有毒物质在人体的分布、运转及代谢过程；

3）有毒、有害污染物的毒理学性质、危害特征和机制以及污染物降解措施；转基因食品的安全性评价；

4）食品中不同形态重金属对人体健康的危害性评价；

5）食品加工原料中生物毒素产生的分子机制、对人体健康危害的分子机制及降解因子；

6）食品中过敏原结构与致敏功能关系、加工生产过程中产生过敏原的风险评估及对已知过敏原致敏性的影响；

7）转基因食品检测和风险评估。

（十二）食品加工过程中有害物质与形成机制

食品成分复杂，不但非常容易受微生物污染，而且在高温、高压等物理化学因素作用下，食品的组分往往会发生许多的变化。这些变化在赋予食品特殊风味的同时，也带来许多安全隐患，但目前这方面的研究还很少。解析食品在加工过程中可能产生的新的化合物，并对可能有害的物质进行评价。特别是对于我国不同地区和人群都具有其独特的食品加工和烹调习惯，有针对性地对传统食品烹调过程中的一些有害物质的产生机制、分析方法进行研究，力争能在大宗传统食品烹调的安全性研究方面取得突破性进展。

主要科学问题：

1）评价食品加工过程可能产生安全隐患的环节，并进行快速识别和风险评估；

2）食品加工过程中蛋白质类成分的变化、产物结构解析与有害物评价；

3）食品加工过程中脂肪及酯类物质的变化、产物结构解析与有害物评价；

4）食品加工过程中糖类物质的变化、产物结构解析与有害物评价；

5）传统食品烹调过程中物质变化与安全性研究；

6）传统发酵食品中有害发酵副产物产生机制研究及产物结构解析与安全评价；

7）现代食品生物制造技术安全性研究。

三、重大交叉研究领域

（一）膳食结构、营养平衡与健康干预的关系

我国地域广阔、居民生活习惯差异大，饮食结构复杂，不同地域居民膳食结构差异非常大。此外，随着我国经济市场的逐步繁荣，我国居民生活水平越来越高，很多居民存在着偏食、饮食不合理现象，而许多慢性病的发生也与饮食的不规律、饮食结构不科学、营养搭配不合理有关。目前我国在居民膳食结构、营养平衡以及对慢性疾病或人体亚健康状态的食品营养干预等方面的研究严重不足，研究报道稀少。为此，结合中国膳食特点，通过现代分子营养学、分子生物学、分析化学、统计学等手段，研究居民膳食结构、营养平衡与健康干预的关系将成为未来食品营养与健康研究领域的热点。

主要科学问题：

1）营养平衡在人体健康中的重要作用；

2）食品营养与慢性疾病、人体亚健康状态及其他人体健康问题的关系；

3）健康干预基础研究体系。

（二）食品中有害物质生物分析的分子识别与作用机制

食品中有害物质生物分析专一性强，快速便捷灵敏，以酶免疫分析为代表

的生物分析技术近年来得到了迅猛发展。随着抗体的制备技术和固定化酶技术日益成熟和基因工程的发展，生物分析技术的应用会越来越广。新近发展起来的阵列技术更为高通量生物分析技术提供了光辉前景。但是，目前我国生物分析原创性技术研发不足，主要原因在于生物分析基础研究突破性成果少，对于新型抗体、抗体以外替代分析介质等研究一直没有受到重视，快速分析方法没有质的突破，检测技术局限于现有技术。因此全面开展抗体创新和新型替代分析介质的研究，提高我国生物分析技术发展水平的是一个非常重要的课题。

主要科学问题：

1）基因工程抗体与小分子免疫分析机制；

2）小分子化学危害物人工抗体特异性机制与仿生免疫分析。

（三）食品包装的安全性研究

随着科学技术不断发展和人们对食品包装安全性认识的提高，食品包装安全问题已成为各国食品安全战略的重要组成部分。食品包装学是食品科学与材料、工程等学科的交叉学科。新材料的不断出现和在食品包装中的应用，在为食品包装带来方便、美观等的同时，也带来未知的潜在食品安全隐患。因此，对食品包装及其材料安全性评价以及对食品包装安全的基础理论研究已变得十分迫切和必要。

主要科学问题：

1）食品包装材料中重要有毒有害物质的甄别、检测以及相关限量标准的制定；

2）包装材料中有毒有害物质单相、多相界面等不同环境条件下的迁移机制、迁移模型和迁移检验体系的理论及毒理学评价；

3）食品包装材料中有毒有害物质单相、多相界面等不同环境条件下的迁移机制；

4）食品接触材料中化合物的代谢动力学过程及毒理性作用机制。

第六节　国际合作与交流

近年，食品学科不断加强与国外高等学校、科研院所以及行业之间的学术交流，特别是在交流规模和层次方面均取得了跨越式发展。与美国、加拿大、英国、法国、日本、韩国等国家和中国的香港、澳门、台湾地区的十多所院校和科研机构建立了联合研究中心或友好合作关系。我国食品学科的国际影响力和学术地位得到了进一步提升。

一、食品学科开展国际合作与交流的趋势和现状

（一）成功主办系列高水平国际科学会议

随着食品学科在国际食品界的影响不断扩大，我国食品学科对外学术交流日益频繁，领域不断扩大，规模日益扩大，对象和方式逐渐增多。仅2007～2008年，先后成功主办和协办国际性学术会议10余次，国际性展会24次。其中，第14届世界食品科技大会堪称全球食品科技界最重要的综合性盛会，有来自74个国家和地区的2120名代表参加大会、宣读和张贴论文。2008年10月，堪称生物技术领域“奥林匹克盛会”的第13届国际生物技术大会也首次在中国举办。这些学术会议在中国的成功举办已经为食品学科发展打造了交流的平台，也深层次展现出中国食品学科在国际上的重要地位。

（二）不断加深与国际重要研究机构的交流

近年来，食品学科加强了与国际研究中心、学术组织、学术期刊以及相关学术机构的联系及交流。尤其在一些国际性课题、全人类共同关注的问题上加强了政府和学术界的顶层国际交流与合作。在食品研究领域，特别是食品安全和产品质量方面，学科进一步深化与欧洲国家合作，稳步推进与美国、加拿大的合作，加强与日本和韩国的合作，也拓展与发展中国家的合作。如由我国食品学科参与的“欧盟科研第六框架计划”之欧洲食品质量安全重大国际合作项目正式启动，成为当今世界最大的官方科技计划之一；与新加坡南洋理工学院签订了长期合作交流协议，定期举办有关食品科学与技术的双边研讨会；与美国国家食品安全与毒物学研究中心共同组建中美食品安全联合研究中心，2008年该中心正式成立；与加拿大农业与农业食品部建立了中加食品科学技术创新中心和中加合作食品研究发展中心。

（三）学科出访和来访

积极参加国际学术会议，国际访问学者逐年增加，对了解食品研究前沿领域、促进学科走向世界等发挥了巨大作用。2007～2008年，学科出访达350多

人次，其中教师出席国际学术会议100多人次，研究生出席国际会议40多人次。国际专家和学者也频繁来访，达200多人次，其中国际知名科学家10余人。通过这种频繁的学科出访和来访使我国食品科学家不断汲取国际先进的食品科学知识和最新研究进展，也让世界更加了解中国食品，从而推进我国食品业的国际化进程，促进了学科的更大发展。

二、食品学科开展国际合作交流的战略需求分析与总体布局

（一）战略需求

食品学科在世界发达国家整个学科门类中占据较高的学术地位，作为一支重要的学术分支交叉于农学、工学、力学、医学和人文社会科学多个领域，在学科发展过程中需要与这些学科进行融合。比较目前食品学科发展状况，美国、英国和日本的食品学科已成为农学、医学和理学领域中重要的学术分支。例如，美国威斯康星大学、康奈尔大学、普度大学的优势学科主要包括食品科学基础和食品安全以及微生物检测技术，堪萨斯州立大学则在公共健康与营养、农学，特别是食品加工技术方面具有明显优势；而英国的利兹大学在食品营养、食品化学，特别是食品胶体化学方面具有较强优势；在德国，食品与农业合并成为农学、食品等学科群；在俄罗斯，食品学科是作为技术学科中的重要分支而存在；在韩国，食品学科交叉于工学、农学和人文科学等多个领域。今后我国食品学科发展较快的科研院所应优先开展与这些国家相关科研院所的交流与合作，以“强强合作”和“我弱他强合作”并重的原则进行广泛的合作研究，举办双边会议，进行人员交流和学生联合培养。并且充分利用国外在食品学科发展方面的优势和先进的研究设施，进行联合考察和合作建设大型装置，为促进我国食品科学的发展做出贡献。

（二）总体布局

1. 食品品质与营养

国外科学技术发展迅速，我们需要在食物营养、人类营养科学研究领域加强与美国、日本、英国、加拿大、法国等有重要影响的实验室进行国际合作与交流。优先的领域包括：食物营养与功能活性物质的相互作用、构效；营养素与植物化学物的生理功能与分子作用机制；分子营养学；食物营养与功能分子的蛋白质组学、基因组学、代谢组学；基因表达环境对健康的影

响等。

2. 食品安全

英国、德国、美国、日本、澳大利亚及欧盟、FAO、WHO等发达国家和国际组织在食品安全学科领域研究方面或领先于我国，或具有互补性，建议今后与这些国家或组织开展国际合作与交流。优先的领域包括：危害因子的风险评估；食品安全检测理论与方法；主要污染物在食物和环境中的迁移转化机制；食品安全控制理论与方法；转基因食品安全性评价。

3. 果蔬采后生理与病理变化的系统机制

果蔬生理与病理相关功能基因大规模筛选技术体系的建立；果蔬采后品质调控与关键生理相关功能基因的全基因组筛选与功能鉴定；果蔬关键病害发生与抗病性相关的全基因组、蛋白质组的构成与分子基础；果蔬采后关键生理过程、病理过程变及其调控机制的系统整合。

4. 天然产物中生理活性物质的作用机制及调控

目前，美国、加拿大、日本、澳大利亚、德国等国家在天然产物及功能因子的基础理论与研究方法方面已经取得了令人瞩目的成果，我国相关基础研究较为薄弱，今后应加强与这些国家相关研究部门的国际交流与合作。优先研究的领域包括：天然产物中活性物质产生的分子基础、代谢途径及作用机制；功能因子在细胞内的作用机制与信号途径；功能因子的积累变化规律与调控、量效与构效关系；功效组分功能性评价体系以及活性稳态化控制的理论和方法；食品组分、质构和修饰对功能因子在动物体内控释机制等。

5. 食品加工新技术对食品物料影响的科学问题

食品加工新技术对食品组分微观结构以及物料特性的影响机制；食品生物技术产品品质形成机制及基础理论；非热加工技术的杀菌机制及对食品品质的影响；结构化设计对食品营养素理化特性、分布吸收和代谢规律的影响；新型食品的安全性问题及潜在危害因子的产生过程、机制及控制方法。

第七节　保障措施和建议

国家自然科学基金委员会可以根据食品学科领域的不同科学问题，开展前期充分调研和论证，在国内重点建立 3～5 个从事食品贮藏与保鲜、食品品质与营养、食品安全研究的实验室，并给予固定的经费支持。同时，可以根据人才发展情况，支持组建 2～3 个食品学科的国际合作研究团队，给予稳定的支持，在 5～10 年内对揭示该研究领域的主要科学问题奠定基础。利用现有的科研团队，加强与重点企业的合作，并通过国际交流与合作，更多地培养后续人才梯队。未来 5～10 年，具体可以采取以下措施促进食品科学领域发展。

一、加大对食品学科的投入，增强发展动力

根据食品学科工作周期长、增效缓慢和注重社会效益的特点，应建立以国家财政为主、地方财政辅助和企业共同投资的三级投资方式，稳定增加食品学科的研究投入，增加发展动力。同时，鼓励有条件的社会力量参与对学科研究的投入。只有增加对研究的资金投入，才能提高技术成果的产出，提高竞争力。

二、向基础研究，尤其是利用最新生物学研究成果和技术的前沿研究倾斜

通过充分和全面的前期调研，加强学科布局的科学性。以基础理论指导实际应用，向具有创新性理论研究予以更多的经费支持，以促进原创性工作的健康快速发展。建议国家各项科技计划向食品基础学科的研究倾斜，特别是国家自然科学基金委员会应设立食品基础学科专项基金，加大资助力度，增加总项目数，争取设置重点项目，为促进基础食品学科研究较快的发展提供经费保障。

三、加强学科交叉，对利用多学科手段的创新性研究给予优先资助

联合相关学科的先进实验室，促进学科间的交流和合作，利用各学科已有的科研成果和技术，发挥各学科的优势，全面促进学科交叉，取长补短，使得各学科更快速地发展。对于学科交叉并有创新性的研究项目，要予以重点扶持。

四、促进国际交流和合作，对拥有良好国际合作背景的前沿研究项目倾斜资助

在经济全球化、科学技术日新月异的今天，加强国际交流与合作成为各个

学科至关重要的问题，食品科学也不例外。必须紧跟世界科技发展最新动向，利用世界科学技术的最新成就，推动我国食品科学研究的发展。建议加强国际合作，充分利用国际科技资源，发挥我们的优势和特色，支持高水平的国际合作研究；鼓励并用资金支持相关实验室与国外先进研究团队开展长期稳定的合作；支持学术交流和人才交流，并以多种方式吸引海外优秀人才为我国服务。

五、保证研究经费合理落实、充分使用

在加强对以上各方面的科研经费投入的同时，要加强研究经费的预算和使用的科学管理，切实提高经费使用效率，增加科研成果的效益。

六、培养优秀的人才梯队

积极培育国内优秀人才，同时吸引海外人才，通过学术交流、专家互访等形式打造优势学科队伍，加强人才梯队的建设。

◇参考文献◇

国家发展和改革委员会，农业部，科技部等. 2006-10-30. 全国“十一五”食品工业发展规划纲要. http：//www. china. com. cn/policy/txt/2006-10/30/content _ 729320 2 _ 2. htm

教育部高等学校食品科学与工程专业指导分委会. 2007-03-20. 食品科学与工程专业发展战略研究. http：//www. oils. net. cn/newscontent. asp? act=content&cid=107&id=1373

中国科学技术协会. 2009. “2008～2009”食品科学技术学科发展报告. 北京：中国科学技术出版社

中国食品工业协会. 2006-05-17. 2006～2016 年全国食品行业科技发展纲要. http://www. csh. gov. cn/article _ 10607. html

中国食品科技发展报告编委会. 2009. 中国食品科技发展报告. 北京：化学工业出版社

中华人民共和国国家统计局. 2009-02-26. 2008 年国民经济和社会发展统计公报. http://www. stats. gov. cn/tjgb/ndtjgb/qgndtjgb/t20090226 _ 402540710. htm

中华人民共和国国务院新闻办公室. 2007-08-17. 中国的食品质量安全状况白皮书. http://www. china. com. cn/news/2007-08/17/content _ 8702181. htm

第十一章

农业生物组学

农业生物组学是以一系列新技术、新方法为基础，系统研究农业生物生命活动规律的新兴交叉学科。该学科继承了经典遗传学、数量遗传学、分子生物学和发育生物学等的科学思想和研究方法，系统研究农业生物生命活动，解决农业生产应用中的生物学问题，通过发展一系列新型高通量分析手段，建立相关研究平台，深入揭示控制各种重要农艺性状的生物学机制，为农业动植物的遗传改良提供基因资源和技术途径。农业生物组学主要包括基因组学、功能基因组学、代谢组学和蛋白质组学等研究领域。

第一节 战略地位

农业是国民经济的重要组成部分，也是解决我国13亿人口生存问题的基础。种植业和养殖业是农业的主导产业，大力发展以现代种植业和养殖业为主体的现代农业，是在实施“三步走”的经济社会发展战略背景下解决人民“温饱”与“小康”问题、建设和谐社会的基本保障。水稻、小麦、玉米、棉花、油菜、大豆、黄瓜、番茄等重要农作物生产对于保障我国粮食安全，促进国民经济产业结构和社会稳定起着举足轻重的作用，是关系到我国国计民生的头等大事。农业动物（含家畜、家禽、水产生物、特种经济动物和驯养昆虫等）是大自然馈赠给人类的无价之宝。农业动物不仅为生命科学提供了重要研究模型，而且在提供动物性蛋白食物和轻工原料，改善居民膳食结构和提高平均营养水平，构建比较医学模型和生命科学基础研究平台，甚至在维持生态系统稳定和控制公共卫生安全等方面均发挥了至关重要的作用。农业微生物基因资源丰富，微生物的新基因、新的酶和蛋白质、新的代谢产物的发现为农业生物技术及农产品的研发提供了可能。生命科学基础研究已成为农业科技创新的源头动力。作为生命科学前沿的基础学科之一，农业生物组学的发展对我国由传统农业向现代农业升级以及社会经济发展起着重要的促进作用，它不但为我国现代高科技农业的可持续发展提供了强大的技术支撑，也为生命科学基础研究的深入发展提供了广阔的平台。

我国是一个农业生产大国，农业可持续发展和食品安全是我国经济发展和社会稳定的基础。在过去半个世纪，在国家相关农业政策指引和农业科技投入推动下，不断提升传统遗传育种技术和栽培养殖技术，使我国的粮、棉、油、肉、禽、蛋、奶的生产水平不断提高，基本上实现我国农业生产与消费的平衡。但是，我国农业生产仍然面临着严峻的挑战。预计到 2030 年我国人口将增加到 16 亿，经济发展和城市化建设带来大量农业用地的流失，土地干旱、沙化和盐碱化等自然条件恶化严重，意味着我国未来的农业必须以更少的土地养活更多的人口。然而，在过去近 10 年中，尽管作物施肥量和养殖成本不断提高，我国粮食产量和家禽、畜牧业产出并未大幅度提升，反而导致农产品品质下降、水体富营养化和严重的环境污染。传统遗传育种技术面临着遗传资源匮乏，难以实现我国农产品大幅度增产。

随着人类基因组和其他模式生物基因组测序完成，后基因组时代到来，系统研究生命活动及其调控规律的生物组学已经成为国际生物科学界争相发展的新热点领域，加强该领域研究已经成为普遍共识。结合我国人多地少、自然灾害频发的国情和生命科学特别是农业生物领域的研究现状，以农业生物组学研究为突破口，迅速抢占国际上农业生物技术领域研究的下一个制高点，不仅对于保持和加强我国在农业生物组研究领域的国际优势地位具有现实意义，而且对于保证国家粮食安全以及畜牧业、家禽和水产养殖业的稳步提升，满足我国农业可持续发展的战略需求，为经济和社会的又好又快协调发展提供强大的科技支撑等会起到巨大的推动作用。加强农业动物组学技术这一前沿领域研究不但可以满足产业发展的高技术需求，而且符合我国经济社会转型的时代特征。

农业生物组学发展直接关系到人类所面临的粮食、医药、人口、能源和环境等重大科学问题的解决。基因工程、蛋白质工程、细胞工程等高新生物技术已成为推动世界新技术革命的重要力量，以基因信息为基础的巨大的知识经济产业正在形成。优先发展生命科学前沿领域有助于占领关键战略制高点，这也是发达国家制订和实施大科学计划的首选。生物组学研究成果具有超前性，其发展对于对提高人们认识世界和改造世界的能力，对高新生物技术产业的形成、经济发展与社会进步，乃至人们的生活方式，都将产生深刻的影响和引领作用。以农业生物组为研究对象，瞄准当前生命科学研究的前沿领域，推出农业生物组学研究发展计划将有助于促进我国生命科学的整体发展，抢占生物相关产业的制高点，提高国家创新能力和国家核心竞争力。

第二节 发展规律与发展态势

农业生物组学作为一门新兴的生命科学领域尖端学科，经历了传统遗传学、分子生物学的“个体”研究向基因组学的高通量“组学”转变。作为生命科学重要研究内容，农业生物组学秉承了“组学”的研究思想和研究手段。在以高通量技术为代表的新兴生物技术推动下，该领域研究对象和研究内容不断拓展和深入。面对生命科学数据日益高维化、动态化、网络化、数字化的发展趋势，整合思想已全面影响到农业动物相关的基础研究，高通量化、系统化、规模化的综合方法正在逐渐成为该领域的重要研究手段和工具。目前，农业生物组学发展表现出微观与宏观、还原与综合相结合，由定性走向定量，由单一学科走向多学科相互交叉的特征，正在快速向系统生物学（systems biology）或整合生物学（integrated biology）迈进。从生态水平、群体水平、个体水平、细胞水平到分子水平，在继续沿用传统研究手段和方法的同时，用新的综合策略研究各种农业生物的性状和生命过程已成为该领域的重要发展趋势。从宏观到微观，从外因到内因，从单一组分到复杂网络，整体论和还原论相互融合，宇观、宏观、介观和微观研究共同发展，该领域正逐渐形成多学科、多层次、多角度、多时空（发育和进化）的整体研究格局。目前，分子生物学、生物化学、细胞生物学、发育生物学、遗传学等理论和方法将继续用于解析农业动物的生命现象和生物学规律。同时，随着高通量生物技术和高维数据分析方法的发展和完善，农业生物组研究变得更加趋于系统化和规模化，今后将逐渐建立以生物组学（基因组学、蛋白质组学、转录组学、功能组学、代谢组学等）为主要发展方向、以多学科交叉为基础的综合研究体系。

农业生物组学的研究具有如下特点。

一、研究的高通量、高产出

生物组学是随着高通量、高精度研究手段的发展而诞生，是一门建立在一系列高通量研究平台基础上的综合性学科，就其研究手段本身而言具有高通量、高度集成的特点。同时，由高通量研究平台产生的是海量的研究数据和批量的研究成果。

二、整体化及多学科交叉

生物组学的诞生和发展过程都伴随着生命科学的思想和方法从局部向整体的拓展。生物组学的发展在依托生命科学基础研究理论与方法不断创新的同时，越来越依赖其他学科如数理科学、化学、信息和材料科学等提供的新理论、新技术和新突破。如生物组学新的分析手段的发展需要材料、分析等学科发展的有力支撑，同时海量组学数据的分析处理及系统模型的整合也要依靠生物信息学研究的不断发展。反过来，生物组学研究不断发展过程中所提出的新的问题、新的需求也会成为其他相关学科发展的直接推动力。生命科学、生物技术与其他科学的整合和交叉，将是21世纪生物技术发展的重要动力。

三、新技术不断涌现

农业生物组学诞生是基于一系列的新的技术产生为基础，而其研究深入也不断为新技术的发展和突破提出了新的课题。如基因组学发展得益于高通量的基因测序技术的产生，功能基因组研究的深入又进一步催生了新一代深度测序技术的诞生。

四、基础研究的先进性和应用研究的普及性相结合

生物组学各个分支学科均居于当今生命科学研究的前沿地位，农业生物组学研究的不断深化和发展不但能从本质上揭示生命活动的规律及其调控网络，而且能够在此基础上为解决粮食生产、国民健康、环境资源等一系列经济与社会发展的重大问题提供新的思路和方法。

五、经费高投入、研究集约化

农业生物组学所依托的各种高通量研究平台建设依赖国家启动相关的重大专项。同时，高通量系统研究也要求有大量科研经费作为支撑。适应于生物组学高通量的研究特点，也急需研究模式由传统的分散化、小规模研究模式向集约型、规模化发展，筹建相应的研究中心。

生物组学引领了生命科学前沿，生物组学研究领域的新理论、新技术、新成果层出不穷。目前，生物组学研究正表现出根据研究目标和研究内容不断细

化的发展趋势。随着各种高通量生物技术和高维数据处理技术的快速发展，对生命活动的分子调控机制进行整体的、动态的描述已成为生命科学研究的重要途径。此外，生命系统各种分子之间不是独立作用，在各个"组"之间存在着广泛的相互作用和相互调控，联合不同层次分子信息综合解析生命复杂网络和动态活动规律已成为农业生物组学新的发展趋势。

第三节 研究现状和研究动态

一、国际农业生物组学研究现状

农作物组学的研究以水稻为代表，现阶段正处在功能基因组研究阶段。农作物组学开始于模式植物拟南芥全基因组精确测序，现已经完成模式作物水稻的全基因组测序，正在大规模开展水稻功能基因组研究，并带动了其他作物功能基因组的发展。因此，农作物组学的发展以全基因组测序为基础，功能基因组为开端。拟南芥基因组较小（约 120Mb），于 2000 年完成了其全基因组测序（Arabidopsis Genome Initiative，2000），是国际上第一个完成全基因组测序的植物，预测基因数目为 28 523 个。为了完全弄清楚每一个基因的功能，国际上于 21 世纪初提出了拟南芥功能基因组研究的 2010 计划（Arabidopsis，2010），即在拟南芥测序完成后用 10 年左右的时间，在细胞、物种和进化各层面上揭示拟南芥全部基因的功能，揭示生长发育、环境应答互作的分子网络，全面阐明拟南芥的生物学基础。拟南芥全基因组精确测序及其功能基因组的实施也极大地推动了重要农作物基因组测序和功能基因组研究启动。它不仅为操作农作物基因组提供了研究方法和研究策略，而且直接发掘拟南芥的重要功能基因，可以用来培育耐旱玉米、油菜和耐盐番茄、水稻等。

最早启动基因组测序计划的作物是水稻。经多国科学家的共同努力，水稻基因组的精确序列已于 2004 年完成（International Rice Genome Sequencing Project，2005）。基于粳稻品种日本晴精确测序的结果，水稻基因组大小为 389Mb，预测编码约 32 000 个基因（Rice Annotation Project，2007、2008）。中国、韩国、美国、日本、澳大利亚、法国、荷兰等国家的研究机构以及位于菲律宾的国际水稻研究所等都实施开展了水稻功能基因组研究的计划，包括构建功能基因组研究的技术平台和大规模的功能基因组研究，近年来取得了一系列重大进展。水稻是第一个完成全基因组测序和建立较为完备的功能基因组平台的农作物。水稻由于其基因组较小，遗传转化技术成熟，与其他禾本科植物具有共线性，已成为单子叶植物研究的模式生物。近年来，其他主要农作物的基因组研究也取得了一系列的研究成果。自 20 世纪 90 年代开始，玉米构建了高精度遗传图谱、基因组物理图谱。玉米遗传图谱在所有作物中最为详尽，含有大量标记和序列信息。玉米基因组物理图谱以美国优良玉米自交系 B73 为材料构建，共有 19 000 个 BAC 克隆，覆盖 95％以上的基因组序列。在此基础上，美国于 2005 年正式启动玉米全基因组测序计划，B73 的全基因组序列分析已于 2009 年 11 月发表，其基因组大小为 2.3Gb，为迄今测序完成的最大的植物基因组。利用自身的转座子，创建了大量的突变体资源并分离、克隆了一批控制形态发育、品质、逆境和杂种优势相关的重要功能基因。2009 年，美国科学家还发表了高粱全基因组测序结果。美国、法国、澳大利亚等国发起并成立了国际小麦测序协作组（International Wheat Genome Sequencing Consortium, IWGSC)，该协作组计划用我国小麦地方品种“中国春”为材料，首先分染色体构建物理图谱，然后再进行测序。此外，小麦上还启动了 EST 与全长 cDNA 计划。新一代测序技术正运用于小麦基因组的深度测序，相关的功能基因组平台技术如 EMS 突变体库、RNA 干涉技术等已初步在小麦上建立。

近年来，国际园艺林木作物基因组研究取得了很大的进展。以美国科学家为首的国际团队先后完成了杨树和木瓜的全基因组测序，法国和意大利科学家合作完成了葡萄的全基因组测序。由美国发起的番茄基因组测序计划在 2003 年启动，当时目标是完成约占基因组 25％的常染色质区域的完全测序，我国负责第 3、11 号染色体的测序。白菜与拟南芥同属十字花科，韩国在 2006 年发起了国际白菜基因组测序计划，参与成员国还包括中国、英国等，已完成了大约 10 万个 BAC 末端和 1000 个 BAC 的测序工作。从 2008 年开始，我国科学家采用新一代 DNA 测序技术与全基因组霰弹法测序相结合的方法，构建了黄瓜全基因组的精细图，研究结果于 2009 年发表在《自然-遗传学》杂志上。

作为农业生物组学的另一核心研究内容，动物组学主要从整体上系统地认识动物的生命过程，并在此基础上研发出提高人类健康水平和生活质量、推动社会可持续发展的生物技术和产品。目前，动物组学研究已取得了一系列重大突破，其内容广泛涉及动物基因组学、转录组学、表观基因组学、蛋白质组学、代谢组学、生物信息学、小分子 RNA 组学等多个方面。美国、欧盟及日本等发达国家和地区为抢占生命科学领域的制高点，相继制订出重要动植物的基因组测序计划及各种衍生计划，猪、牛、鸡、马、家蚕、绵羊、狗、猫、牡蛎、对虾、大马哈鱼、鲶鱼等农业动物的基因组测序计划已位列其中。目前，家鸡、家蚕等部分农业动物基因组序列测定已经完成。动物基因组信息注释是后测序时代动物组学研究的重要内容，包括揭示基因组信息结构复杂性、比较基因组学和进化基因组学分析、序列（特别是非编码区信息分析）、新基因和新调控元件预测与挖掘，以及重要编码基因和调控元件的结构与功能预测等。这些研究对生物信息新理论、新方法、新技术和新软件提出了新的需求，生物信息学也在新需求的驱动下成为农业生物组学领域研究焦点。动物组学研究重点还包括动物重要器官、组织和细胞生长发育的基因表达谱分析，特定生命过程的信号转导通路与基因表达调控网络研究，以及重要生命过程或疾病的蛋白质表达谱和重要蛋白分子的功能分析等。畜禽经济性状和生物学性状的基因组扫描与主基因克隆是农业动物组学研究的重要内容之一，其中一大批调控家畜重要经济性状的功能基因被分离和克隆，如猪高温应激综合征（MSH）基因、猪的高繁殖率基因 *ESR*、绵羊高繁殖率基因 *Boorloola*、羊美臀基因 *Calipagy*、肉牛双肌基因、奶牛产奶量基因、猪酸肉基因 *RN*、猪高瘦肉率基因，这些里程碑式的成果大多刊登在国际顶级科学期刊《自然》和《科学》杂志上。在统计基因组学研究中，已建立起定位 eQTL 的遗传基因组学（genetical genomics）、全基因组关联分析等新的研究内容。此外，干细胞研究也快速发展，围绕干细胞重编程，体内外可塑性分化与定向诱导分化机制等研究内容，目前已取得了将体细胞重建并逆转为类胚胎干细胞（iPS 细胞，诱导性多能性干细胞）的重大突破，使干细胞研究向临床实践运用迈进了一大步。进化与发育一直是生命科学研究的重要主题，从全基因组水平利用高通量技术研究动物进化与发育问题也是该领域的研究重点之一。近来，在表观遗传学和表观基因组学（epigenomics）研究热潮的带动下，动物组学领域兴起了小 RNA 组学研究热，这些研究包括动物基因组中小 RNA 基因前体序列模式识别与特征提取、小 RNA 基因家族结构与染色体组织形式、跨物种保守性与系统进化、小 RNA 基因的起源及功能进化、小 RNA 分子的靶基因鉴定、小 RNA 基因自身的表达调控机制等。小分子 RNA 的分子类型和功能多样性十分丰富，对具有调节功能的非编码 RNA 分子基因进行分离和功能研究，阐明其对发育、分化和疾病发生等重要生命过程的调控机制已成为当前国际动物基因组学的前沿研究领域之一。其中，在基因组水平解析特定性状发育或生命调节过程中的小 RNA 表达谱，发现新小分子 RNA 参与的新生命过程（如在精子形成过程中的新非编码小 RNA——piwi-RNAs），以及在转录和转录后水平构建小 RNA 介导的调控通路和调控网络等已成为当前小 RNA 组学研究的重点。现在，RNA 干扰（RNAi）技术已经被广泛运用，作为第二代基因敲除技术，RNAi 得到了越来越广泛的应用，与第一代基因敲除技术呈并行发展的趋势。近年来，生命科学在动物组学领域屡屡取得重大突破，在国际顶级学术期刊及权威性专业期刊上的发文量明显增多。动物组学发展迅速，研究范围不断扩大，研究程度不断深入，这些研究进展标志着动物组学研究已成为国际生命科学研究的重点和热点。

近年来，国际上农业微生物基因组测序和相关组学研究取得了重大进展并全面推进。迄今为止，全球有979种原核微生物，其中包括300多种农业微生物基因组完成测序，还有2024种原核微生物基因组目前正在进行测序。此外，在目前完成或正在进行基因组测序的682种真核生物中，24种真核生物（包括10种真菌）完成了全基因组测序。以微生物功能基因开发为基础的农业转基因产业发展迅猛，国际竞争趋于白热化。目前全球大面积商业化种植的抗除草剂、抗虫转基因大豆、玉米、棉花、油菜等作物的目的基因均自于微生物。此外，目前全球即将产业化的转基因作物，如先锋公司即将产业化的抗地老虎或抗玉米根叶甲转基因玉米、国际水稻研究所的金稻（转β-胡萝卜素合成基因的水稻）、孟山都的转基因抗旱玉米，以及我国科学家研制的抗虫水稻和转植酸酶玉米，均是利用微生物基因构建成功的。由此可见，微生物基因资源是转基因产业发展的重要基因来源之一。因此，在农业微生物全基因组测序基础之上，进行功能基因组、代谢组和蛋白质组研究，是提升我国在农业生物产业核心创新能力，应对国内外市场挑战并参与国际竞争的重大战略抉择。

二、我国农业生物组学研究现状

（一）重要农作物组学研究进展

我国是世界上较早启动农作物组研究的国家之一。1998年，我国作为主要发起和参与国参与了国际水稻基因组测序计划（IRGSP）。2002年我国完成了超级杂交稻亲本籼稻品种9311的全基因组草图和粳稻品种广陆矮第四号染色体的精确测定。2005年，IRGSP公布了水稻粳稻品种日本晴的全基因组精确序列。继完成水稻基因组精确测序后，我国适时启动了水稻功能基因组研究项目，“九五”末开始水稻突变体库的构建工作，2002年启动水稻功能基因组研究重大专项，“十一五”水稻功能基因组研究获得了继续支持。项目实施以来，构建了水稻功能基因组研究的技术平台，包括：获得水稻T-DNA插入突变体约27万株系，分离得到T-DNA和Tos17的有效侧翼序列总数已达到45 000余条，建成了相应的数据库，实现了突变体库材料和数据全球共享，已向国内外74个科研机构提供了38 523份突变体种子，对国内外水稻功能基因组研究起到了很大的推动作用；利用Affymetrix水稻全基因组芯片，完成了水稻多种基因型全生育期、干旱胁迫、氮/磷胁迫等条件下的基因表达谱研究；芯片数据为解析逆境、氮/磷高效利用等重要性状和重要生物学现象的生理生化过程的基因和基因网络提供了重要的信息；构建了水稻不同发育时期和不同组织器官，逆境胁迫以及不同激素处理的全长cDNA文库约15个，共获得籼稻全长cDNA 24 445条，包括13 845条明恢63（我国大面积推广的杂交稻恢复系）全长cDNA，

10 600条广陆矮4号全长cDNA。水稻功能基因组研究平台的建立为我国功能基因组研究深入开展奠定了良好基础。

随着水稻大型突变体库、基因全长cDNA文库、基因表达谱芯片等一系列水稻功能基因组研究平台的建立，通过插入标签、基因表达信息及图位克隆等方法分离、克隆基因的技术体系日益完善，快速分离、克隆控制水稻重要性状的功能基因已成为现实。近年来，一大批控制水稻高产、优质、抗逆和营养高效等重要农艺性状的基因被分离，其中许多在农业生产中表现良好的应用前景。在水稻产量性状相关基因克隆方面，我国科研人员利用优良的种质资源，创制了一批优良基因作图定位群体；相继克隆了位于第3染色体上控制粒长和千粒重的主效QTL *GS3*；定位并成功克隆了一个位于第2号染色体上对粒径性状的贡献率高达65.5%的主效QTL *GW2*，一个同时控制水稻的株高、抽穗期和穗粒数的主效基因*Ghd7*，控制穗形态基因*DEP1*和籽粒灌浆充实度基因*GIF1*等一批控制水稻产量的重要功能基因，运用这些基因改良水稻的产量性状将表现出重要的应用前景。在控制水稻株型基因的分离方面，继2003年分离、克隆控制水稻分蘖形成的基因*MOC1*之后，我国科学家又成功分离、克隆了控制水稻分蘖角度的基因*LAZY1*、*TAC1*和*PROG1*等一批株型性状的重要功能基因。近年来，我国在水稻抗逆研究中屡获突破，自主分离、克隆了抗水稻白叶枯病*Xa3*/*Xa26*、*xa13*等重要的抗病基因，并深入揭示了其抗病机制；分离、克隆了高效应的抗盐的主效QTL基因*SKC1*、抗旱的关键基因*SNAC1*和*OsSKIPa*等一批关键的抗逆相关基因。在水稻籼粳杂种优势利用方面，我国科学家经过多年的努力，成功分离、克隆了广亲和基因*S5*和*Sa*，并深入研究了其控制杂种育性的机制，得到了世界水稻功能基因组研究同行的高度评价。在水稻氮、磷营养高效基因分离方面，我国科学家分离、克隆的磷营养高效基因*OsPFT1*、*OsPHR2*等具有重要的应用前景。此外，利用水稻突变体库，分离、克隆了抽穗期基因*RID1*、茎秆强度基因*FC1*等一批重要农艺性状的功能基因。

以水稻基因组学的发展为引领，正积极带动小麦等其他农作物基因组学的研究。我国正在联合其他国家启动棉花等农作物全基因组测序。我国科学家在缺乏全基因组序列信息情况下，开展了小麦、玉米、棉花、大豆、油菜等作物基因组组文库的构建和EST测序工作，鉴定和分离了控制棉花纤维品质的重要调控因子；构建了小麦抗病基因组学研究的优良遗传作图群体材料，开发了一批与抗白粉病、赤霉病、锈病基因紧密连锁分子标记，并获得大量重要农艺性状候选基因；构建了玉米Mu突变体库、cDNA文库、BAC文库等功能基因组学研究平台，已克隆和定位玉米产量、形态相关基因*ZmDWF4*、籽粒品质基因*o16Mu*、抗病毒病主效基因*Scmv1*、雄性不育候选基因*orf77*等一些重要功能基因；以油菜含油量、抗菌核病等重要农艺性状为突破口，采用分子标记辅助选择技术，创建了极高含油量的油菜和高抗菌核病的种质，已鉴定出多种不育和相应恢复基因材料，培育了一批新型的优良不育和恢复材料，控制这些重要农艺性状的许多基因已初步定位，部分已获得候选基因。此外，全基因组表达谱芯片，高效、低成本的遗传转化体系，作图群体和种质资源，比较基因组研究等为小麦、玉米、棉花、大豆、油菜等作物功能基因组研究的深入开展奠定了良好的基础。

我国农作物基因组特别是功能基因组项目实施以来，极大地提升了我国在该领域研究的国际地位。以水稻功能基因组研究成果为例，2008 年在国际权威杂志《自然》、《科学》、《自然-遗传学》等发表的水稻基因相关研究论文共 5 篇，其中 4 篇为中国科学家完成，在其他国际顶尖杂志如《美国科学院院报》、《植物细胞》等发表的水稻功能基因分离的研究论文，来自中国实验室原创论文也占了很大的比重，并呈逐年上升的趋势。多篇论文以杂志封面发表，充分体现了我国农作物功能基因组项目实施以来该领域研究呈现的迅猛发展态势。在此基础上，张启发等于 2008 年提出了“稻 2020”计划（RICE 2020），拟通过水稻生物组学（功能基因组学、蛋白质组学、代谢组学）等方面的研究，广泛开展国际合作，到 2020 年最终阐明水稻基因组所有基因功能及重要农艺性状基因等位基因的功能多样性，并将上述的研究成果应用到水稻遗传改良中。

（二）园艺林木作物组学研究进展

我国园艺林木作物基因组研究近年来也呈良好发展态势。在 2009 年初完成了黄瓜基因组精细图构建和相关生物信息学分析，研究成果发表在《自然-遗传学》杂志上。在黄瓜基因组测序的基础上，我国第一次构建了葫芦科作物的高密度遗传图谱和细胞遗传学图谱，相关成果发表在《公共科学图书馆·科学》杂志上。利用黄瓜基因组序列，我国已经展开了重要基因克隆和比较基因组研究，其中已经克隆了黄瓜中性别决定基因，并第一次发现了植物中的着丝粒复位现象，相关成果分别发表在 *Genetics* 和《美国科学院院报》杂志上。在马铃薯、番茄和白菜国际基因组测序计划中，基于黄瓜基因组完成的经验，我国科学家发起了马铃薯和白菜利用新一代测序技术的全基因组测序计划，已经完成了马铃薯和白菜的基因组精细图序列，我国的番茄基因组重测序计划也已启动。兰花是植物界最大和进化程度最高的家族之一，是生物多样性和进化研究以及生物保护的旗舰和理想模式类群，具有极高的科研、生态、观赏、文化和药用价值，是我国最珍贵的野生植物资源之一，被喻为“植物界大熊猫”。鉴于此，我国启动了兰花基因组计划，目前已完成了小兰与蝴蝶兰全基因组测序和生物信息分析，确立了我国在兰花植物研究中的优势地位。胡杨树是第三世纪残余的古老树种，世界上的胡杨绝大部分生长在中国，长期适应极端干旱的大陆性气候，是生长在沙漠的唯一的乔木树种，十分珍贵，对于稳定荒漠河流地带的生态平衡，防风固沙，调节绿洲气候，形成肥沃的森林土壤，具有十分重要的作用，是荒漠地区农牧业发展的天然屏障。为了充分挖掘胡杨的抗逆基因资源，我国开展了胡杨的基因组测序计划，并已经完成了该基因组的框架图序列，正在与同属的杨树基因组做比较分析，将为胡杨抗旱、耐碱等分子机制提供新的信息。黄瓜、马铃薯、番茄、白菜、兰花和胡杨等重要园艺林木基因组计划的实施，为重要功能基因的克隆奠定了强大的基础。不同器官、不同发育时期、不同生理状态下的基因表达谱测序工作正在进行，重要种质资源也正在广泛收集和系统评价，以构建物种的核心种质资源库，对核心种质资源的重测序，将充分挖掘物种内的遗传变异，获得与重要农艺性状相关的候选基因。

（三）重要农业动物组学研究进展

近几年，我国科学家在农业动物组学的学科领域也取得了令人注目的成绩，在国际顶级杂志上发表一系列原创性研究论文，为我国动物组学研究紧跟世界前沿和部分领域原始创新发挥了重要促进作用。近年来，国家自然科学基金对农业动物基因组学和蛋白质组学研究的资助力度明显加大，对一些国际前沿热点领域进行了重点资助，研究内容涵盖畜禽基因组序列测定、基因组注释与重要基因（如新功能基因和非编码小 RNA 基因）的挖掘；畜禽生长、胴体、繁殖等重要经济性状遗传构筑（genetic architecture）的基因组解析；畜禽生物学性状发育与重要生命过程调控的表观基因组学研究；农业动物不同器官、不同发育时期、不同生理状态下的基因表达谱和蛋白质图谱；畜禽消化道微生态与营养调控的微生物组学研究；畜禽分子营养学与营养基因组学研究（如营养素与基因型对畜产品品质和产量的调控机制，营养在畜禽不同部位差异分配的分子调控机制，动物胃肠道结构与功能的发育规律及其基因表达调控，畜禽营养代谢相关的 SNP 及其育种设计等）；畜禽微小 RNA 组学研究（如猪 miRNA 的预测、分离、鉴定与功能分析）；畜禽抗病基因组学与抗病基因的抗病功能研究；地方畜禽品种与特种经济动物的种质评价与进化基因组学分析；我国特有地方畜禽高寒、低氧等极端环境适应生理遗传调控机制；畜禽比较蛋白质组学、蛋白质组学动态分析；家畜胚胎干细胞和诱导性多能干细胞研究；家畜内分泌组学研究（如生殖激素及其受体的发育性表达与基因调控机制）等。

我国科学家在农业动物组学研究领域已取得了一批丰硕的研究成果。2004年完成了家蚕基因组工作框架图的绘制，构建了世界第一张鳞翅目昆虫基因组框架图，该成果刊登在世界著名杂志《科学》上。这是继人类基因组计划中国卷、水稻基因组工作框架图和精细图之后，我国科学家取得的又一个里程碑式的科学成就。2005年，“中丹家猪基因组计划”（Sino-Danish Pig Genome Project）对外公布了猪基因组序列测定的阶段性成果。中国科学家参与的“国际鸡基因组计划”也取得了具有全球性影响力的重大成果。2004年，中国科学家独立构建了鸭的第一张遗传图谱。此外，国内一批学者重点围绕猪、鸡、牛、羊等传统大宗畜禽品种的生长、胴体、肉质、毛皮、泌乳力、繁殖力、抗病力、抗逆性、体型外貌等重要经济性状和生物学性状基因组解析做了大量卓有成效的工作，如在鸡重要性状QTL、猪重要经济性状QTL、半细毛羊QTL基因组扫描等方面取得了系统研究成果。此外，国内学者开展得较有特色或较为集中并取得重要进展研究还包括转基因、克隆动物与生物反应器制备；猪、鸡、牛、羊地方畜禽品种与蜂、蚕等特种经济动物的遗传多样性构成、生物地理分布、驯化适应及其进化基因组学研究；猪miRNA的基因组预测与表达谱分析；猪骨骼肌和脂肪生长发育的分子调控机制；猪、鸡抗病性状的基因组学研究；猪、羊繁殖基因组学研究（如多产性的遗传基础，母体胎盘的细胞凋亡与表观遗传学调控机制，早期胚胎发育的分子调控机制，猪精子发生、鸡卵泡招募的小RNA调控机制等）等。我国的水产学家在对虾、扇贝、牡蛎和多种鱼类构建了遗传图谱，建立了fosmid或BAC文库，正在开展牡蛎、对虾物理图谱构建和全基因组测序；先后开展了多种水产生物EST大规模测序，在免疫调控、繁殖发育、生长与品质等功能基因的筛选、克隆以及调控的网络机制上取得了国际同行瞩目的进展与成果。

（四）农业微生物组学研究进展

虽然我国农业微生物功能基因组研究开发的总体水平和产业规模与国外存在一定差距，但我国农业微生物基因组研究近年来取得了一系列重要进展。我国在“十一五”期间开展了一系列重要农业微生物基因组的全序列测定和功能分析：我国先后完成了痢疾密螺旋体（2003年）、猪链球菌（2007年）、猪胸膜肺炎放线杆菌（2008年）、副猪嗜血杆菌（2009年）、日本血吸虫（2009年）等重要病原菌和寄生虫的全基因组测序，比较基因组学、转录组学、蛋白质组学、相互作用组学和代谢组学研究蓬勃展开，为新药靶标、疫苗抗原和诊断标识的高通量筛选与鉴定奠定了良好的基础；井冈霉素、尼可霉素等阿维菌素等高产菌株和多杀菌素高产菌株的全基因组序列正在测定或已基本完成，开始了转录组学、蛋白质组学等功能基因组研究。我国较早完成了昆虫杆状病毒的全序列测定，并进行了深入的功能分析和产生了多种衍生病毒，其他昆虫病毒的序列也在测定之中；我国完成了第一个联合固氮施氏假单胞菌的全基因组序列分析，开展了联合固氮基因表达谱研究，获得了一系列可能参与固氮过程的新基因；我国在放线菌、黏细菌、植物内生菌等微生物新资源的挖掘方面走在世界前列，若干黏细菌基因组的全序列测定已初步揭示了一些特殊的代谢产物生物合成基因簇。此外，我国逐步建立了国家级研究基地和一系列基因组序列/功能研究技术平台，为农业微生物功能基因组研究与开发奠定了重要的技术和人才基础，初步具备参与国际竞争的能力与条件。

总体来看，在我国科技发展战略的指导下，近年来重要农业生物功能基因组已取得了长足的发展，部分领域已跻身世界先进行列。但从全局上看，我国与国际一流水平还有较大差距，许多工作还处在跟踪和积累阶段，在很多领域内具有重要原始创新性质的工作相对偏少。对于今后我国农业生物功能基因组研究，需要进一步加强学科和领域间的交叉，迫切需要解决如何提高原创能力，避免以前以跟踪和模仿为主要发展模式的问题。同时，需要进一步加强基础研究和产业开发的衔接，为新型现代农业的发展提供强有力的技术支撑。

三、我国农业生物组学研究人才队伍发展和建设现状

近年来，在一批国家重大科技项目资助下，涌现出一批高水平的创新团队和高层次领军人才，一批主要从事或部分涉及农业生物组学研究的杰出中青年学者已经迅速成长起来。与此同时，在国家自然科学基金与“973”计划、知识创新工程试点、21世纪教育振兴行动计划等科技计划的协作下，全国的研究队伍整体不断壮大，中青年科技人员已逐渐成为研究的主力军。人才队伍建设上取得了明显的成效，目前已基本建成了一支规模不断扩大、能适应国家战略需求的研究队伍，并取得了一批有影响力的重要研究成果。

在我国农业生物基因组研究实施过程中，已建成了相对完整和有国际竞争力的研究基地。如“十五”期间建立的两个国家植物基因研究中心（分别在北京和武汉），已成为我国作物功能基因组的主要研发基地，汇集了大批从事作物功能基因组研究的优秀人才，仪器设备和研究环境属世界一流。在作物基因组研究方面已经形成了一支在国际上有一定影响的研究队伍。

农业生物组的蛋白质组学和代谢组学学科刚刚兴起，在农业生物组研究方面表现出极大的发展前景并已初步崭露头角。但是目前国内从事这些领域的人才比较缺乏，在未来的人才队伍建设中，急需培养和引进一批高素质的尖端研究人才，充实到蛋白质组学和代谢组学平台建设中。国家需要考虑适时布局和建立我国大型的蛋白质组学和代谢组学研究中心，全面推动提升我国农业生物组学的发展。

第四节　学科发展布局

一、总体发展布局

农业生物组学发展必须符合我国经济社会和谐和可持续发展，大力建设创新型国家，以实现我国农业可持续发展和保障我国农产品供应安全为发展目标。以科学发展观为指引，从国家现实紧迫需求和可持续发展战略需求出发，解决困扰农业动植物资源匮乏、品种单一、经济性状不优等农业生产中的主要科学问题。发掘一批重要的农艺性状的功能基因，探索出基因组辅助设计育种的切实可行途径，初步培育出遗传性状显著改良的动植物新品种，同时探索出资源节约型、环境友好型的农业发展新模式，实现我国的“绿色农业”。

未来 5～10 年，农业生物组学研究要在重点研究对象、重要经济性状功能基因组学及其网络调控研究的基础上以培植新兴领域和学术生长点为重点，优先支持具有重大生物学意义的战略性研究和有优势或特色的学科前沿研究。要围绕“保证使我国在未来 10～20 年逐步成为世界农业基础科学创新与农业高新技术创新研究方面的发达国家”的战略目标而设置科学研究领域。以发展农业生物组学为主要手段，进一步推动我国在现代农业可持续发展、公共食品安全、资源利用效率、环境保护和农业生态等方面的健康发展。另外，坚持“有所为、有所不为”的原则，关注国际前沿和热点问题，积极参与国际竞争。同时强化我国优势和特色的研究领域，扶持我国空白和薄弱研究领域。要提倡和大力鼓励交叉研究，开展交叉、合作和综合研究，以此推动本学科领域取得重大突破。使我国农业生物组学的研究形成较为完整的学科布局，一批新兴交叉学科得到快速发展，若干领域进入世界先进行列。在此基础上，充分发挥农业生物组学研究的引领作用，促进农业生物遗传、育种、发育、细胞、神经、行为和进化等学科前沿领域的全面、协调发展，为建设创新型国家发挥基础性和先导性的作用。

二、重要动植物、农业微生物组学研究方向布局

以重要的禾本科模式作物水稻为主要研究对象，全面落实“稻 2020”研究计划：建成完善的水稻功能基因组研究平台；基本弄清水稻重要农艺性状的全

部基因功能；水稻代谢组、蛋白质组学、系统生物学研究平台已初步建成；采用功能基因组、代谢组、蛋白质组学技术系统研究水稻重要农艺性状调控的分子网络；建立全球稻种核心种质，并完成测序，发掘大批重要农艺性状的功能基因；具备完善的“基因组设计”育种的理论和技术体系，且成功应用于新品种的培育。

初步建立小麦、玉米、棉花、油菜、大豆、番茄和杨树等农作物功能基因组研究平台；收集主要农作物品种资源和突变体资源，建立表型数据，挖掘重要功能基因；深入开展水稻、小麦、玉米、棉花、油菜、大豆、黄瓜、番茄和杨树主要农作物功能基因组研究，获得一批重要农艺性状的功能基因和调控元件；启动小麦、玉米、黄瓜、番茄等农作物代谢组、蛋白质组学研究平台。

重点开展蚕丝蛋白合成调控网络、蚕丝纺织性状遗传基础、家蚕免疫分子机制、家蚕高表达外源蛋白机制、特殊突变体分子遗传基础和家蚕致死以及抗药性机制研究。尽快完成对虾、贝类和鱼类的全基因组测序与图谱构建，紧密结合水产生物遗传改良的研究，实施分子辅助育种，发展分子设计的前沿技术，加速水产生产的良种创制。

重点解决猪、鸡等农业动物重要经济性状间的互作调控网络与多效基因(pleiotropic gene)发掘的重大科学和技术问题；针对猪、鸡重要经济性状，创建人为设计（非自然进化）具有育种价值的新突变位点的技术体系；开发或更新重要农业动物的全基因组 SNP 芯片，构筑猪、鸡基因组设计育种的相关支撑技术体系。

建立农业微生物代谢组、蛋白质组和相互作用组技术平台，系统研究重要农业微生物水稻基因网络调控，揭示农业微生物与宿主动植物共生或致病的分子机制，利用农业微生物组学创制一批农业生物优良品种以及农业生物药物等重大产品。

第五节　优先发展领域与重大交叉研究领域

建议农业生物组学发展应本着“有所为、有所不为”的原则，优先创建“组学”研究必备的重要研究平台，如功能基因组、蛋白质组和代谢组等研究平台等。开展主要动植物重要性状的功能基因组、表观基因组、蛋白质组和代谢组等多角度系统解析调控农作物产量、抗逆、养分吸收和农业动物产肉、抗病、繁殖等重要经济性状形成的遗传调控机制，阐明经济性状的基因调控网络及性状之间的互作网络；开展重要农业动植物重要功能基因和调控因子的高通量鉴定与分离技术，获取一批有重要应用前景的功能基因，发展基因组设计育种的相关方法和技术，从而推动我国在农业生物组学领域的应用基础研究向生产应用研究的跨越。

一、优先发展领域

（一）水稻生物组学研究

水稻作为禾本科的模式植物，前期已完成水稻基因组精确测序，建立了较好的功能基因组研究技术和资源平台。水稻生物组学研究应包括应以水稻高产、优质、抗逆和养分高效利用等重要农艺性状为导向，深入开展功能基因组、蛋白质组、代谢组、表观组研究。功能基因组部分包括：水稻产量性状功能基因的分离、克隆和调控网络；水稻品质性状功能基因的分离、克隆和调控网络；水稻抗逆、营养高效功能基因的分离、克隆和调控网络；完善水稻功能基因组研究平台，建立定向基因突变技术创建全基因组饱和突变体库；收集世界稻种的“微核心种质”，应用新一代测序技术分析基因组多样性，发掘优异基因资源；研发水稻“基因组设计”育种技术，用于水稻育种。水稻蛋白质组、代谢组、表观组部分包括：构建水稻蛋白质组、代谢组、表观组研究平台；针对水稻重要农艺性状和逆境应答建立相应的蛋白质组、代谢组、表观组，建立调控重要农艺性状的蛋白质相互作用网络，鉴定一批关键的代谢产物；建立水稻全生育期、各组织、重要性状和逆境应答的表达组，建立控制重要农艺性状的分子网络；建立完善的数据库、生物信息和系统生物学分析平台。

主要科学问题：

1）水稻功能基因组研究平台建设；

2）水稻基因生物学功能的系统鉴定；

3）水稻表观基因组、基因表达谱及其调控网络研究；

4）水稻蛋白质组学研究；

5）水稻代谢组学研究；

6）全球稻种微核心种质和基因组多样性；

7）水稻公共数据库平台的构建；

8）水稻重要农艺性状基因和调控因子的分离、克隆；

9）水稻分子设计育种。

(二) 小麦、玉米、棉花、油菜、大豆等作物的功能基因组

小麦、玉米、棉花、油菜、大豆等重要农作物基因组较大，功能基因组研究相对滞后。“十二五”期间这些作物的功能基因组研究应以高产、优质、抗病、抗逆等重要农艺性状为主要目标，建立相关的技术、资源、信息平台。具体重点研究领域包括：采用理化诱变、转座子插入等途径创建突变体库，收集和整理控制重要农艺性状的突变体；构建重要发育过程、特定组织细胞或逆境应答的表达序列标签或全长 cDNA 文库；开展高产、优质和抗逆等重要农艺性状的功能基因组，不同作物特定生物学性状的功能基因组研究；通过国际合作，利用新一代测序技术，开展重要品种的基因组精确测序；筹建具有不同作物特色的生物信息学分析平台。

主要科学问题：

1）核心种质资源重测序，挖掘优异种质资源的重要功能基因；

2）建设高通量的作物功能基因研究技术平台；

3）小麦、玉米、棉花、大豆等重要作物 cDNA 文库与突变体库的构建；

4）作物重要农艺性状 QTL、关键基因发掘与调控网络解析；

5）主要农作物表型组和基因型数据库的创建。

(三) 园艺和林木作物基因组学研究

黄瓜、马铃薯、番茄、白菜、月季、兰花和杨树等重要园艺和林木作物，国内已经有一定基因组学研究基础，其中黄瓜、马铃薯、白菜、兰花和胡杨已经完成了基因组测定工作，它们的功能基因组研究需要围绕高产、优质、抗病、抗逆等重要农艺性状为主要目标，建立相关的技术、资源、信息平台。具体重点研究领域包括：利用新一代测序技术，开展核心种质资源重测序，挖掘优异种质资源的重要功能基因；对大量不同材料或组织进行大规模转录组测序，获得完整的转录组数据，完成基于转录组的功能注释；开展大规模表达谱分析，结合核心种质资源基因组序列，明确基因表达与高产、优质和抗逆等重要农艺性状相关的相互关系，确定并克隆一批重要农艺性状相关的功能基因；建立相关的生物信息学分析平台。

主要科学问题：

1）重要园艺和林木作物核心种质深度测序；

2）重要作物的 cDNA 文库、基因表达谱等功能基因组平台建设；

3）重要功能基因的分离、克隆；

4）关键农艺性状形成的分子机制；

5）生物信息学分析平台的筹建；

6）重要性状的分子设计育种。

（四）家蚕功能基因组研究

目前，家蚕已全面进入功能基因组研究阶段。开展家蚕功能基因组学研究，将有助于继续维持我国家蚕基因组学研究的优势地位，并对我国农业动物组学研究的整体发展起一定的促进作用。家蚕功能基因组学重点研究领域包括：利用突变资源、遗传连锁分析等基因克隆定位手段，分离、克隆蚕丝产量、品质性状和疾病相关等重要功能基因，探讨家蚕重大病害发生的分子机制；开展家蚕驯化遗传及遗传资源的基础研究；建立家蚕免疫的分子机制；研究家蚕重要生命过程（性别决定、变态发育、激素调节）的基因组调控机制；以家蚕作为模式动物，开展与人类疾病和病虫害防治相关的生物学基础研究。

主要科学问题：

1）完善家蚕基因组学研究信息和技术平台；

2）揭示丝蛋白合成途径、激素调控信号转导途径、免疫信号转导途径等特殊途径的调控网络；

3）分离、克隆新基因和调控因子以及有用突变体基因。

（五）主要农业动物猪、鸡、牛、羊、鱼、虾和贝的生物组学研究

目前，猪、鸡、牛、羊等主要农业动物基因组测序已经完成，功能基因组研究具有较好的技术平台和研究基础，拟从以下几个方面进一步系统开展这些重要农业动物的生物组学研究：充分利用我国丰富的地方品种资源，构建猪、鸡、牛、羊等主要农业动物的“核心种质”库，系统开展商业种群、地方种群和野生种群遗传资源评估和优良基因（优质、抗病、高产、耐粗饲）克隆挖掘，利用生物遗传资源优势为我国动物育种和畜牧经济发展提供持久的动力；依据畜禽的驯化和进化理论，在全基因组水平对不同商业种群、地方种群和野生种群进行比较，筛查人工和环境选择的印记，发现重要生产性状基因组区域和功能基因，利用反求遗传学的理念，研究高强度选择对性状形成的分子机制，了解选择的各种可能机制，为保护和利用我国丰富的驯养生物品种资源提供新的思路；以提升肉、蛋、奶及水产品优质、高产的经济性状为目标，开展猪、鸡、牛、羊、鱼、虾和贝等重要农业动物的生长、繁殖、抗病性状的功能基因组研究，利用商业种群、地方种群和野生种群建立基因定位资源群和变异库，通过

基于高密度SNP芯片的全基因组关联分析技术（GWAS）、连锁不平衡（LD）技术、图位精细定位和表达谱变异分析等方法，解析重要经济性状的基因组调控网络；以猪、鸡为重点，构建不同类型的品种、不同发育阶段、不同生理状态下、不同组织（肌肉、脂肪、肝脏等）基因组中DNA甲基化、组蛋白修饰和染色质重塑等可变表观修饰位点图谱；建立表观遗传型与重要经济性状的相关性；建立miRNA在生命活动中的调控网络；研究基因组表观遗传对动物生长发育的调控模式，建立肉、蛋、奶等重要经济性状形成的表观调控网络；基于组学技术和蛋白质互作分析，在细胞水平上验证功能基因和调控原件对性状形成和调控的生物学功能。建立整合的、细胞水平的功能研究平台，建立重要性状形成的蛋白质互做调控网络；以牛、羊为重点，建立不同品种品系间牛乳蛋白质表达谱、蛋白质差异表达谱及其相应的数据库，结合不同发育时期乳腺转录组和表观组遗传信息的对照分析，全面解析乳成分和品质性状形成的分子网络；整合现有数据库中人、鼠以及重要模式生物的基因组、转录组、蛋白质组及部分代谢组的数据资源，研发相关的生物信息学分析工具，建立综合功能基因组、表观基因组、转录组、蛋白质组、代谢组、生理组等多层次分子信息的系统生物学研究体系；发展全基因组选择技术，研究整合系统生物学的信息的“基因组育种”关键技术。

主要科学问题：

1）主要农业动物“核心种质库”的构建和评价；

2）地方畜禽特殊生物学性状控制基因的分离、鉴定与基因组变异特征分析；

3）畜禽重要经济性状的全基因组关联分析；

4）畜、禽和水产动物重要经济性状形成的遗传网络解析；

5）农业动物基因组中遗传与表观遗传的互作网络；

6）基于组学的功能基因组、表观基因组、转录组、蛋白质组、代谢组研究平台构建；

7）农业动物“基因组设计”育种技术。

（六）重要农业微生物功能基因组研究和应用

充分利用我国丰富的农业微生物资源和已有的基因组学研究成果，开展未知功能基因的发掘到功能验证；解析微生物编码蛋白相互作用网络；深入研究农业微生物与宿主动植物相互关系的分子机制；分析重建微生物代谢网络；系统开展药物靶标筛选与新药先导化合物分子设计，开发一系列新基因、新酶、新工艺、新品种或新产品，并应用于农业动植物新品种培育和病虫害防控、人口健康、环境治理、新兽药研制与开发、功能食品、生物新能源等。

通过基因组学水平的功能研究与系统性改造，全面提升我国生物农药品质，实现生物农药行业的升级和规模放大，增强我国生物农药的国际竞争力。结合国家生物资源保护与持续性发展战略，筛选和创新生物农药。解析基因组序列未知的重要动物病原的基因组序列，阐明重要病原菌血清型多样性和毒力变异的分子基础，发掘一批重要的功能基因；鉴定新药靶标、疫苗候选抗原和分子诊断标识，获得具有应用前景的基因缺失弱毒菌（毒）株和重组菌（毒）株；分离和鉴定具有抗病、促生、固氮、抗逆、污染物降解和生物质转化等新基因和新酶，为提升我国农业生物技术原始创新与产业竞争力奠定坚实的物质基础；突破一批关键技术，研制一批新品种、新制剂和新产品，培育一批农业生物新产业。

主要科学问题：

1）生防微生物功能基因组；

2）重要作物病原微生物的功能基因组及比较基因组学研究；

3）动物病原微生物功能基因组；

4）食品、环保和共生等特殊微生物功能基因组。

二、重大交叉研究领域

（一）基因组技术设计育种

传统动植物遗传改良往往通过杂交育种、转基因和分子标记辅助选择等技术对目标性状进行改良，但是目标性状的控制一般是多基因控制的，单个基因的导入常常由于受体遗传背景的不合适而影响基因的功能发挥。基因组学高通量基因型检测技术极大地提高了目标性状检测的效率，同时对遗传背景的筛选和鉴定更为有效。农业生物组学通过与动植物遗传改良等多个学科的交叉与结合，衍生出的基因组设计育种技术将极大地提升传统遗传育种的效率，培育出优良的动植物新品种。

主要科学问题：

1）重要性状调控的分子网络；

2）基因组水平基因型检测与鉴定技术；

3）动植物遗传改良目标性状遗传分析；

4）基因组水平的遗传统计分析；

5）基因组设计育种的效应评估。

（二）生物信息平台与系统生物学

农业生物组学产生的基因序列、表型、基因表达谱、代谢组和蛋白质组等海量生物学数据，需要结合计算机处理技术和计算生物学。发展生物信息学分析平台，为数据的搜索和分析提供服务平台，综合基因的序列、表达模式、表观修饰及蛋白互作等信息，构建系统生物学来研究一个生物系统中所有组成成分的构成及其关系。

主要科学问题：

1）农业生物组学数据的管理和数据库的构建；

2）生物信息学模型的建立；

3）系统生物学研究。

（三）基因组自然变异的分析与发掘

遗传资源是物种改良的源泉，世界各国投入了巨大的经费用于重要种质资源的保护和收集，我国对重要动植物和微生物相继建立了不同类型的资源库。如何评价和利用种质资源库中有用的基因资源，是动植物遗传改良面临的一个重大课题。随着新一代高通量测序技术的出现、测序成本降低和效率的提高，通过开展大规模测序，可以进行重要基因的发掘和比较基因组研究。此外，深度测序可以极致地开发全基因组 SNP。随着各种不同种质资源中 SNP 标记的开发和遗传作图群体的构建，控制重要农艺性状的基因将以前所未有的速度被克隆。农业生物组学与遗传资源学科交叉，将加速种质资源的发掘和利用。

主要科学问题：

1）种质资源的收集整理；

2）基因组自然变异的分析；

3）重要基因资源的评价和利用。

第六节　国际合作与交流

农业生物组学研究是一个复杂的，涉及多学科、多层次、多角度、大交叉的学科内容，加强国际合作和沟通是促进我国农业生物组学学科发展的必由之路。包括人类基因组计划在内的很多生命科学问题的范围、规模、成本和复杂性都超出一个国家的能力，对于基础研究特别是大科学计划，开展国际合作研究是大势所趋。目前，我国经济高速发展，综合国力空前提高，科技创新能力也明显提高，但在很多领域与发达国家仍有较大的差距。国际和国内环境变化对我国国际科技合作带来了新的机遇与挑战。面对机遇和挑战，要重视积极开展国际合作与交流，以此达到培养国内人才和吸引海外优秀人才、吸纳海外研究资源、缩小整体差距的目的，从而实现我国原始性创新能力的显著提升。对开展国际合作与交流的两点建议如下。

一、优先组织或参与国际大科学计划和大科学工程

国际大科学计划在科学发展中发挥着关键的基础作用，并且与国家的长远利益、综合国力、国际地位和外交实力密切相关，各国都重视牵头组织或参加大科学计划。我国已积极参与了一批前沿的国际大科学计划和大科学工程，如人类基因组计划、水稻基因组测序计划等项目，并取得了重大突破，为提升我国科技水平，在更深层次参与全球科技合作与竞争，提高我国国际影响力发挥了重要作用，同时也为世界科技的发展做出了贡献。

二、本着“有所为、有所不为”的原则，强化实质性合作，提升合作层次和规模

随着对外合作大环境的不断优化，各种有利的合作机遇越来越多，条件也越来越成熟。积极构建全方位、多层次、多渠道、多形式的国际合作与交流格局，走出了一条不断探索、不断前进和稳步发展的道路，为我国农业生物组学研究在国际学术舞台上占有一席之地创造了条件。

在未来的5～10年，农业生物组学领域的国际合作与交流领域建议重点部署在以下几个方面：重要农业动植物的基因组测序和比较基因组测序；水稻功能基因组（稻2020）计划；主要农业动植物重要性状的功能基因组；建立和完善蛋白质组学、代谢组学研究平台，实现与我国农业生物组未来发展领域的协调与互补。

第七节　保障措施与建议

《纲要》对今后的科技工作做出了总体部署，确定了“自主创新，重点跨

越，支撑发展，引领未来”的指导方针，提出了建设创新型国家的总体目标。本学科将着眼于国家对创新人才的需求，超前部署人才培养、引进和稳定工作。坚持“以人为本”，营造一个既有竞争又有合作的良好环境，充分发挥优秀科研人才和创新团队的带动作用，建立健全人才培养、使用、引进和流动的良性机制。建设一流的学科平台，促进研究与教育的结合，建设一支适应创新型国家建设需要的高水平的研究队伍。针对我国农业生物组学发展的现状及趋势，为保障农业生物组学科的有序发展，建议采取以下具体保障措施。

一、继续加强生物组学研究的高素质人才队伍的建设

更好地培养国内人才和吸引海外优秀人才，吸纳海外研究资源，打造优势学科队伍，加强梯队建设。基于目前从事生物组学的人才队伍状况，需要进一步稳定和提升现有功能基因组学人才队伍。积极引进和培养适应我国农作物蛋白质组、代谢组学的新型人才，造就一批多学科结合、年富力强的科研精英。培养具有国际影响的科研团队。

二、设置重大专项课题、加大对生物组学研究的资助

生物组学是生命科学深入研究发展的必然，是未来生命科学研究的制高点，研究投入是对国家未来竞争力的战略性投资。以国家投入为主，鼓励有条件的企业投资或自主开展相关研究，鼓励社会力量对学科研究的投入。促进农业生物组学的研究成果运用于我国农业可持续发展。

三、加强项目间的沟通和互补

在国家“十一五”期间，本学科的建设有了长足发展。在国家大力建设的一系列工程和平台的基础上，也带动了学科的进步。整合平台间的技术，加强项目间的沟通，高效利用平台信息，科学利用经费，瞄准国际科学技术前沿、面向国家可持续发展的战略需求，逐步完善重大科技基础设施体系。

四、加强和完善高水平的农业生物组学研究中心的建设

以现有的功能基因组学、蛋白质组学、代谢组学研究优势团队为基础，整合国家植物基因研究中心、国家动物基因研究中心和相关的国家重点实验室。

在保持和加强其创新能力的同时，根据生物组学发展的新趋势，加强和完善集功能基因组、蛋白质组及代谢组学研究为一体的生物组学研究中心。鼓励多学科的交叉整合，积极构建跨区域性、跨学科的生物组学创新研究体系。

五、加强生物信息平台和种质资源平台建设

基于“组学”高通量的研究特点，大量的基因序列、表达谱、表观修饰组、蛋白互作、代谢组等数据应当整合到公共数据库中，实现全球共享。不断积累和整理生物信息数据，发展高效生物信息学分析平台。对于研究中产生的遗传材料和种质资源应当建立专门机构予以收集和保存。建立可行的材料分发与流通机制，实现资源共享利用。

六、课题研究项目引入竞争和激励机制，实行优胜劣汰

为保证研究项目顺利实施，在课题项目的申请中引入竞争机制，实行严格的评估制度，保证将科研优势单位和人才吸纳到课题项目中来。课题项目执行过程中适时调整研究目标，培植新的研究生长点，保证课题实施有序，获得高质量的研究成果。

七、鼓励和积极推动国际合作

加强生物组学研究领域的国际合作，组织有我国特定优势的重大国际合作研究计划。充分利用国际科技资源，大力支持以我为主、实质性、高水平的国际合作研究。推动在我国建立中外联合研究机构和国际科学研究中心。支持学术交流和人才交流，并以多种方式吸引海外优秀华人学者为国服务。组织大型的国际学术交流，建立双边或多边科技合作，积极参与或筹建农业生物组学国际组织，协调国际农业生物组学的分工与协作，保障农业生物组学的健康发展。

◇参考文献◇

肖景华，吴昌银，韩斌等. 2009. 中国水稻功能基因组研究进展. 中国科学C辑：生命科学，39：909～924

Burt D W. 2009. The cattle genome reveals its secrets. Biology，8：36

Doležell J，Kubaláková M，Paux E，et al. 2007. Chromosome-based genomics in the cereals. Chromosome Res，15：51～66

Francki M，Appels R. 2002. Wheat functional genomics and engineering crop improvement.

Genome Biology，3：10131～10135
Han B，Xue Y，Li J，et al. 2007. Rice functional genomics research in China. Philos Trans R Soc B-Biological Sciences，362：1009～1021
Hocquettel J F，Lehnert S，Barendse W，et al. 2007. Recent advances in cattle functional genomics and their application to beef quality. Animal，1：159～173
Huang S W，Li R Q，Zhang Z H，et al. 2009. The genome of the cucumber，Cucumis sativus L. Nature-Genetics，41：1275～1283
Lim D，Cho Y M，Lee K T，et al. 2009. The Pig Genome Database（PiGenome）：an integrated database for pig genome research. Mamm Genome，20：60～66
McDaneld T G. 2009. MicroRNA：Mechanism of gene regulation and application to livestock. Journal of Animal Science，87：21～28
Paux E，Sourdille P，Salse J，et al. 2008. A physical map of the 1-gigabase bread wheat chromosome 3B. Science，322：101～104
Schnable P S，Ware D，Fulton R S，et al. 2009. The B73 maize genome：complexity and diversity and dynamics. Science，326：1112～1115
Slade A J，Fuerstenberg S I，Loeffler D，et al. 2005. A reverse genetic，nontransgenic approach to wheat crop improvement by tilling. Nature-Biotech，23：75～81
Tang Z，Li Y，Wan P，et al. 2007. Long SAGE analysis of skeletal muscle at three prenatal stages in Tongcheng and Landrace pigs. Genome Biology. 8：115
Wallis J W，Aerts J，Groenen M A M，et al. 2004. A physical map of the chicken genome. Nature，432：761～764
Wernersson R，Schierup M H，Jørgensen F G，et al. 2005. Pigs in sequence space：a 0. 66X coverage pig genome survey based on shotgun sequencing. BMC Genomics，6：70
Womack J E. 2005. Advances in livestock genomics：opening the barn door. Genome Research. 15：1699～1705
Wu C Y，Li X J，Yuan W Y，et al. 2003. Development of enhancer trap lines for functional analysis of the rice genome. Plant Journal，35：418～427
Xia Q Y，Cai C L，Pan G Q，et al. 2004. A draft sequence for the genome of the domesticated silkworm（Bombyx mori）. Science，306：1937～1940
Zhang Q F，Li J Y，Xue Y B，et al. 2008. Rice 2020：a call for an international coordinated effort in rice functional genomics. Molecular Plant，1：715～719
Zhang Q F. 2007. Strategies for development green super rice. PNAS，104：16402～16409